国防科技图书出版基金

运载火箭飞行控制系统设计与验证

Design and Verification for Flight Control System of Launch Vehicle

李学锋　王青　王辉　王通　编著

国防工业出版社

·北京·

图书在版编目（CIP）数据

运载火箭飞行控制系统设计与验证/李学锋等编著.—北京:国防工业出版社,2014.2

ISBN 978-7-118-09194-6

Ⅰ.①运…　Ⅱ.①李…　Ⅲ.①运载火箭—飞行控制系统—控制系统设计②运载火箭—飞行控制系统—可靠性验证　Ⅳ.①V475.1

中国版本图书馆 CIP 数据核字(2014)第 053623 号

※

国防工業出版社出版发行

(北京市海淀区紫竹院南路 23 号　邮政编码 100048)

国防工业出版社印刷厂印刷

新华书店经售

*

开本 880×1230　1/32　**印张** $6\frac{3}{4}$　**字数** 177 千字

2014 年 2 月第 1 版第 1 次印刷　**印数** 1—2500 册　**定价** 40.00 元

国防书店:(010)88540777　　发行邮购:(010)88540776

发行传真:(010)88540755　　发行业务:(010)88540717

致　读　者

本书由国防科技图书出版基金资助出版。

国防科技图书出版工作是国防科技事业的一个重要方面。优秀的国防科技图书既是国防科技成果的一部分,又是国防科技水平的重要标志。为了促进国防科技和武器装备建设事业的发展,加强社会主义物质文明和精神文明建设,培养优秀科技人才,确保国防科技优秀图书的出版,原国防科工委于 1988 年初决定每年拨出专款,设立国防科技图书出版基金,成立评审委员会,扶持、审定出版国防科技优秀图书。

国防科技图书出版基金资助的对象是:

1. 在国防科学技术领域中,学术水平高,内容有创见,在学科上居领先地位的基础科学理论图书;在工程技术理论方面有突破的应用科学专著。

2. 学术思想新颖,内容具体、实用,对国防科技和武器装备发展具有较大推动作用的专著;密切结合国防现代化和武器装备现代化需要的高新技术内容的专著。

3. 有重要发展前景和有重大开拓使用价值,密切结合国防现代化和武器装备现代化需要的新工艺、新材料内容的专著。

4. 填补目前我国科技领域空白并具有军事应用前景的薄弱学科和边缘学科的科技图书。

国防科技图书出版基金评审委员会在总装备部的领导下开展工作,负责掌握出版基金的使用方向,评审受理的图书选题,决定资助的图书选题和资助金额,以及决定中断或取消资助等。经评审给予资助的图书,由总装备部国防工业出版社列选出版。

国防科技事业已经取得了举世瞩目的成就。国防科技图书承担着记载和弘扬这些成就,积累和传播科技知识的使命。在改革开放的新形势下,原国防科工委率先设立出版基金,扶持出版科技图书,这是一项具有深远意义的创举。此举势必促使国防科技图书的出版随着国防科技事业的发展更加兴旺。

设立出版基金是一件新生事物,是对出版工作的一项改革。因而,评审工作需要不断地摸索、认真地总结和及时地改进,这样,才能使有限的基金发挥出巨大的效能。评审工作更需要国防科技和武器装备建设战线广大科技工作者、专家、教授、以及社会各界朋友的热情支持。

让我们携起手来,为祖国昌盛、科技腾飞、出版繁荣而共同奋斗!

国防科技图书出版基金
评审委员会

前　言

运载火箭控制系统是航天任务众多系统中至关重要的一个，它对完成越来越复杂的航天任务起着决定性的作用。随着现代航天任务的多元化、运载火箭结构的复杂化，如何保证控制系统的稳定性、如何提高控制系统的可靠性以及如何全面验证控制系统的性能指标，是当前面对控制系统不确定性、非线性等亟需解决的问题。

运载火箭是一个参数时变和高度非线性的不确定系统，由于建模过程进行了大量的简化，使得模型中还存在着大量的未建模动态。另外，运载火箭的各种运动形式通过动力学与控制而互相交连，它们各自均具有较大的不确定性和外界干扰。而基于小扰动假设的传统控制设计方法，虽然能通过设置稳定裕度或者直接进行鲁棒性设计来提高系统动态性能，但是必然具有一定的局限性，无法达到系统性能最优；而采用新型的现代控制方法，如自适应控制等，则可以适应这种变化。在此基础上，为了提高系统的抗干扰能力，将滑模变结构控制方法和反步法等非线性自适应控制方法应用于航天控制系统设计中。同时，综合了不同智能控制方法的相关优势，针对航天控制系统模型的非线性，设计了多项新技术相结合的控制方法。为提高控制系统可靠性，提出了冗余容错设计理念，并介绍了冗余管理策略、冗余控制方程、阈值的选择及其在工程实际中的应用。总结数学仿真的一般方法，介绍了半实物仿真的特点、系统组成；重点论述了半实物仿真试验算法、试验内容并对仿真试验进行了覆盖性和有效性评估。最后，给出半实物仿真试验实例，介绍了半实物仿真的实施流程。

全书共 6 章。第 1 章对航天控制系统的现状和发展趋势进行了概述;第 2 章针对运载火箭为主的航天器刚体运动、弹性振动、测量元件和执行机构进行了建模;第 3 章主要讲述运载火箭姿控系统经典设计方法、冗余容错控制方法和基于最优控制的现代控制方法;第 4 章将自适应控制方法应用在航天控制系统设计中,所设计的自适应补偿控制器能够消除参数不确定的影响,进一步研究了其他非线性鲁棒自适应控制方法在航天控制系统设计中的应用;第 5 章进一步探索模型严重不确定对系统的影响及对控制系统的新要求,将智能控制方法融入经典控制和现代控制方法,如自适应模糊控制、神经网络控制等,讨论复杂智能控制系统应用于航天控制系统的实现方法;第 6 章结合实际工程经验,重点介绍了控制系统半实物仿真的应用和评估方法。

本书可作为从事运载火箭与导弹控制系统分析、设计与验证工作工程技术人员和研究人员的参考书,亦可作为导航、制导与控制相关专业研究生和高年级本科生的教材。

由于作者水平有限,书中疏漏之处在所难免,恳请读者批评指正。

作 者

2013. 10

目　录

Contents

第1章　绪　　论

近年来,我国航天技术的发展取得了长足的进步,随着航天任务的日益复杂,对运载火箭系统设计提出新的挑战,进而对控制系统的精确性、稳定性和可靠性提出了更高的要求。本书主要适用于运载火箭姿态控制系统设计与验证。

运载火箭控制系统的主要任务是在内外干扰和实际飞行条件下,通过各种测量信息和控制计算,实现姿态的稳定与控制。运载火箭主要采用自主式控制系统,由敏感装置、飞行控制计算机、时序装置、综合放大器和执行机构组成,如图1－1－1所示。敏感装置测量姿态和位置的变化,包括箭体线运动和角运动参数,角运动参数是姿态控制系统的基本输入参数,有时还需要引入线运动参数。飞行控制计算机进行控制信号的计算、校正、综合与放大,输出控制信号,控制时序装置和执行机构。执行机构根据控制信号驱动舵面或摆动发动机,产生控制力矩,使各状态量(姿态及摆角等)控制在允许范围之内,实现稳定飞行并准确入轨。

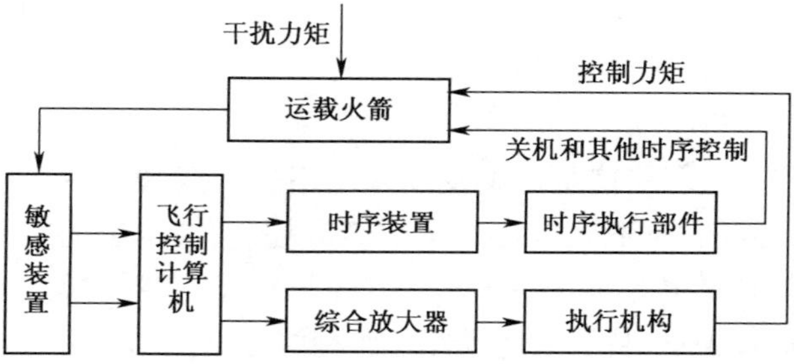

图1－1－1　控制系统顺序结构图

姿态控制系统实现运载火箭的绕质心运动,分别对俯仰、偏航、滚动三个通道进行控制和稳定。绕质心运动的动力学方程为非线性时变微分方程组。由于弹性振动的存在使方程组非常复杂,为便于使用成熟的方法进行系统设计,工程上常采用小角度假定及系数冻结法等简化方法,把原始方程组转化为定时间点的单通道常系数线性微分方程组,使俯仰、偏航及滚动通道可以独立分析、设计。由于姿态变化是短周期运动,其运动过程比方程组系数变化要快,在响应过程中,可近似认为方程组系数保持不变;所使用的控制装置模型经过简化和线性化处理,用传递函数形式表示,因此,一般采用基于线性模型的经典控制方法进行系统设计。在进行单输入、单输出姿态控制系统设计时,常采用频域分析方法,通过计算开环传递函数实现对闭环系统性能的分析。对姿控喷管控制的典型非线性系统,应用谐波线性化进行频率分析或采用相平面法进行时域分析。

采用近似的线性模型虽然能够方便地分析系统的各种特性,但很难描述出系统的非线性本质,不能全面地解释非线性现象。运载火箭系统规模庞大、结构复杂、变量众多,且自身存在未建模特性、大干扰、强耦合和参数不确定等问题,传统的线性控制理论很难表达和处理,无法建立起准确的运动规律和数学模型,也就无法设计出合理的经典控制器。但是,随着硬件设备的快速发展和各种控制系统算法实时性的提高,使采用非线性控制方法解决复杂的航天控制工程问题成为可能。

一些新的控制理论和方法已经应用到线性和非线性控制系统设计中,以下介绍几种比较常用的控制方法。

1）最优控制方法

最优控制是现代控制理论发展和应用较为深入的一个分支,针对控制对象,能够找到满足控制约束的容许控制,在给定的时间区间内,系统状态从初始状态转移到终值状态,并使某一性能指标达到最小。在最优控制方法中,基于最优线性二次型的方法应用最多,线性二次型方法的控制器形式固定,控制器的指标依赖于加权矩阵的选取,实际上加权矩阵是对状态和输入的加权，取决于设计人员对性能指标的期望。

2）自适应控制方法

在经典控制和最优控制方法中，都假定被控对象或过程的数学模型是已知的，并且具有线性定常特性。在实际飞行过程中，存在模型事先难以确定的问题，例如，火箭随高度、飞行速度的不同，气动相关参数的变化率可达10%～50%；火箭的质心位置以及重量随着燃料的消耗而迅速变化。上述模型参数的变化都可以通过自适应控制方法得到解决。

自适应控制可以解决数学模型难以确定的问题，通过实时测量系统的状态、性能或参数，从而获知系统当前的运行状态并与期望的状态相比较，进而作出决策以改变控制器的结构和参数，以保证系统运行在最优或次最优状态，因此自适应控制理论具有潜在的应用价值。

3）滑模变结构控制方法

滑模变结构控制是20世纪60年代出现的一种非线性控制理论。对于具有不确定因素的控制对象，尤其是当系统满足“完全匹配条件”时，变结构控制具有较强的鲁棒性。相比其他非线性控制而言，滑模变结构控制的分析、综合方法比较简单，且易于工程实现。从控制原理来看，这种控制技术比较适合于执行机构具有快速切换能力的系统，特别针对机动性要求较高的运载火箭或导弹，采用滑模变结构与自适应控制结合的方法，会产生比较好的控制效果。

4）神经网络控制方法

神经网络具有并行性、分布存储、高度容错、强鲁棒性、非线性运算、自学习自组织能力的特点，有关神经网络在控制系统中的应用研究层出不穷。神经网络控制在雷达、声纳多目标识别与跟踪、飞行器姿态控制等方面具有广泛的应用。虽然神经网络控制在我国航天领域处于研究阶段，但资料表明其在故障诊断、系统重构、冗余容错控制和末制导中的地图匹配方面有大量使用。

运载火箭是风险性大的一次性使用产品，是包括多项控制功能的复杂系统。控制系统不仅要有好的性能，还必须能够适应恶劣的工作环境,具有较高的可靠性,因此通常在系统中采取冗余设计保证可靠性指标的实现。冗余设计就是在系统中加入额外的硬件资源和算法,当系统中某一装置出现故障时,可通过冗余的部件和算法来对故障进行检测和重构,达到运用冗余设计吸收故障或隔离故障的目的,以保证系统正常运行。

在运载火箭控制系统设计完成后,一般不能直接进行飞行试验,需开展仿真试验验证系统性能,以优化设计。仿真试验主要分为数学仿真和半实物仿真。

数学仿真是在计算机上进行,采用数学方法建立控制系统各元件模型,通过数据传递的方式连接起来,大多数情况是按照时间逐步推进仿真。主要包括数学模型、计算方法和程序设计等。

半实物仿真试验最大限度地加入了控制系统硬件实物,因此比数学仿真更能准确地验证系统性能。其主要作用是:检验系统设计方案的正确性和参数选择的合理性;测试系统在各种干扰作用下的性能指标和抗干扰能力;检验飞行控制计算机系统的软、硬件协调性。

第2章 运载火箭控制系统建模

运载火箭控制系统的设计是以控制对象的动力学方程和运动方程为基础来进行的。本章以火箭作为控制对象，首先定义坐标系，分析作用在火箭上的力和力矩，建立运动方程，继而分析其动力学特性。本书中的研究对象主要指运载火箭与导弹，这一类研究对象的特性主要取决于外形、结构、飞行环境等因素，在模型的建立时以运载火箭为例。

2.1 飞行动力学基础

2.1.1 坐标系定义与转换关系

在推导运载火箭运动方程时，需要使用多种坐标系，这与方程建立在何种坐标系及力和力矩定义的坐标系有关。

1. 惯性坐标系 $oxyz$

在设计控制系统时，常使用发射惯性坐标系作为惯性坐标系。发射时坐标原点与发射点 o 固连，ox 轴在发射点水平面内，指向发射瞄准方向。oy 轴垂直于发射点水平面指向上方。oz 轴与 xoy 面相垂直并构成右手坐标系。发射后坐标原点和各坐标轴方向在惯性空间保持不变。为了便于进行坐标变换，通常将惯性坐标系平移，即原点 o 移至火箭质心处，各坐标轴平行移动。

2. 箭体坐标系 $ox_1y_1z_1$

原点 o 取在火箭的质心上。ox_1 轴与箭体纵轴重合，指向头部为正。oy_1 轴在箭体纵向对称平面内，垂直于 ox_1 轴，向上为正。oz_1 轴垂

直于 x_1oy_1 平面,方向按右手定则确定。此坐标系与箭体固连,也是动坐标系。

3. 速度坐标系 $ox_3y_3z_3$

原点 o 取在火箭的质心上。ox_3 轴与速度矢量 $\boldsymbol{V}$ 重合。oy_3 轴位于箭体纵向对称面内与 ox_3 轴垂直,向上为正。oz_3 轴垂直于 x_3oy_3 平面,其方向按右手定则确定。此坐标系与火箭速度矢量固连,是一个动坐标系。

4. 半速度坐标系 $ox_2y_2z_2$

半速度坐标系 $ox_2y_2z_2$ 原点 o 取在火箭的质心上。ox_2 轴同火箭的速度矢量 $\boldsymbol{V}$ 重合(即与速度坐标系 $ox_3y_3z_3$ 的 ox_3 轴完全一致)。oy_2 轴位于包含速度矢量 $\boldsymbol{V}$ 的铅垂平面内,且垂直 ox_2 轴,向上为正。oz_2 轴按照右手定则确定。

在推导火箭运动方程时,需要将各个坐标系下的力和力矩转换到统一的坐标系。在描述坐标系之间的转换关系时,常采用欧拉角方法。在进行坐标系转换时会使用到基元矩阵,下面给出基元矩阵的定义。

绕 X 轴转动 γ 角度的基元矩阵为

$$\boldsymbol{M}_1(\gamma)=\begin{pmatrix}1 & 0 & 0\\ 0 & \cos\gamma & \sin\gamma\\ 0 & -\sin\gamma & \cos\gamma\end{pmatrix} \tag{2-1-1}$$

绕 Y 轴转动 ψ 角度的基元矩阵为

$$\boldsymbol{M}_2(\psi)=\begin{pmatrix}\cos\psi & 0 & -\sin\psi\\ 0 & 1 & 0\\ \sin\psi & 0 & \cos\psi\end{pmatrix} \tag{2-1-2}$$

绕 Z 轴转动 φ 角度的基元矩阵为

$$\boldsymbol{M}_3(\varphi)=\begin{pmatrix}\cos\varphi & \sin\varphi & 0\\ -\sin\varphi & \cos\varphi & 0\\ 0 & 0 & 1\end{pmatrix} \tag{2-1-3}$$

下面给出常用坐标系之间的转换关系。

(1) 惯性坐标系与箭体坐标系之间的变换矩阵。

箭体坐标系 $ox_1y_1z_1$ 相对惯性坐标系 $oxyz$ 的方位,可用三个姿态角来确定,它们分别为俯仰角 φ、偏航角 ψ、滚转角(又称倾斜角)γ。

俯仰角 φ:火箭的纵轴 ox_1 与水平面 xoz 之间的夹角,若火箭纵轴在水平面之上,则俯仰角 φ 为正(转动角速度方向与 oz 轴的正向一致),反之为负。

偏航角 ψ:火箭的纵轴 ox_1 在水平面 xoz 上的投影与惯性坐标系 ox 轴之间的夹角,由 ox 轴逆时针方向转至火箭纵轴的投影线时,偏航角 ψ 为正(转动角速度方向与 oy 轴的正向一致),反之为负。

滚转角 γ:火箭的 oy_1 轴与包含箭体纵轴 ox_1 的铅垂平面之间的夹角,从箭体尾部顺 ox_1 轴往前看,若 oy_1 轴位于铅垂平面的右侧,滚转角 γ 为正(转动角速度方向与 ox_1 轴的正向一致),反之为负。

上述定义的三个角度称为姿态欧拉角。借助于它们可以推导出惯性坐标系 $oxyz$ 到箭体坐标系 $ox_1y_1z_1$ 的变换矩阵 $\boldsymbol{M}(\varphi,\psi,\gamma)$。在本文中采用“3－2－1”的转换顺序,如图 2－1－1 所示。

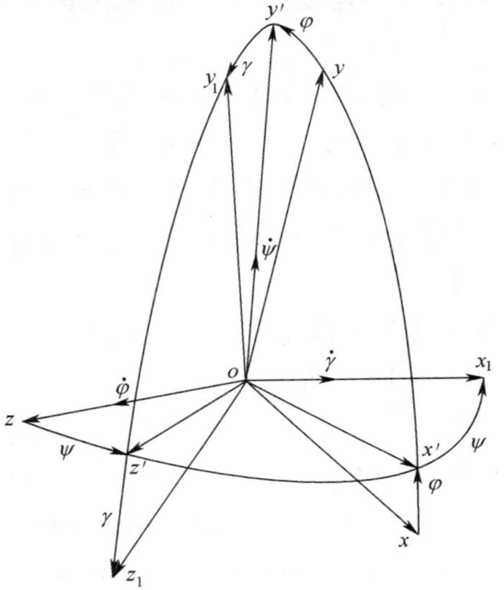

图 2－1－1　惯性坐标系与箭体坐标系

惯性坐标系 $oxyz$ 中的分量 x、y、z 转换到箭体坐标系 $ox_1y_1z_1$ 中，转换关系式为

$$\begin{pmatrix} x_1 \\ y_1 \\ z_1 \end{pmatrix} = \boldsymbol{M}_1(\gamma)\boldsymbol{M}_2(\psi)\boldsymbol{M}_3(\varphi)\begin{pmatrix} x \\ y \\ z \end{pmatrix} \tag{2-1-4}$$

令

$$\boldsymbol{M}(\varphi,\psi,\gamma) = \boldsymbol{M}_1(\gamma)\boldsymbol{M}_2(\psi)\boldsymbol{M}_3(\varphi) \tag{2-1-5}$$

$\boldsymbol{M}(\varphi,\psi,\gamma)$称为惯性坐标系到箭体坐标系的坐标变换矩阵，其式为

$$\boldsymbol{M}(\varphi,\psi,\gamma) = \begin{pmatrix} \cos\varphi\cos\psi & \sin\varphi\cos\psi & -\sin\psi \\ -\sin\varphi\cos\gamma+\cos\varphi\sin\psi\sin\gamma & \cos\varphi\cos\gamma+\sin\varphi\sin\psi\sin\gamma & \cos\psi\sin\gamma \\ \sin\varphi\sin\gamma+\cos\varphi\sin\psi\cos\gamma & -\cos\varphi\sin\gamma+\sin\varphi\sin\psi\cos\gamma & -\cos\psi\cos\gamma \end{pmatrix} \tag{2-1-6}$$

（2）惯性坐标系与半速度坐标系之间的变换矩阵。

惯性坐标系 $oxyz$ 与半速度坐标系 $ox_2y_2z_2$ 的变换可由两个角度确定：

弹道倾角 θ：火箭的速度矢量 $\boldsymbol{V}$（即 ox_2 轴）与水平面 xoz 之间的夹角，若速度矢量 $\boldsymbol{V}$ 在水平面之上，则 θ 为正，反之为负。

弹道偏角 σ：火箭的速度矢量 $\boldsymbol{V}$ 在水平面 xoz 上的投影与 ox 轴之间的夹角，沿 oy 轴负方向，当 ox 轴逆时针方向转到投影线时，弹道偏角 σ 为正，反之为负。

显然惯性坐标系到半速度坐标系的变换矩阵可通过两次旋转求得，其转换关系如图 2－1－2 所示。

其变换矩阵为

$$\boldsymbol{M}(\sigma,\theta) = \boldsymbol{M}_3(\theta)\boldsymbol{M}_2(\sigma) = \begin{pmatrix} \cos\theta\cos\sigma & \sin\theta & -\cos\theta\sin\sigma \\ -\sin\theta\cos\sigma & \cos\theta & \sin\theta\sin\sigma \\ \sin\sigma & 0 & \cos\sigma \end{pmatrix} \tag{2-1-7}$$

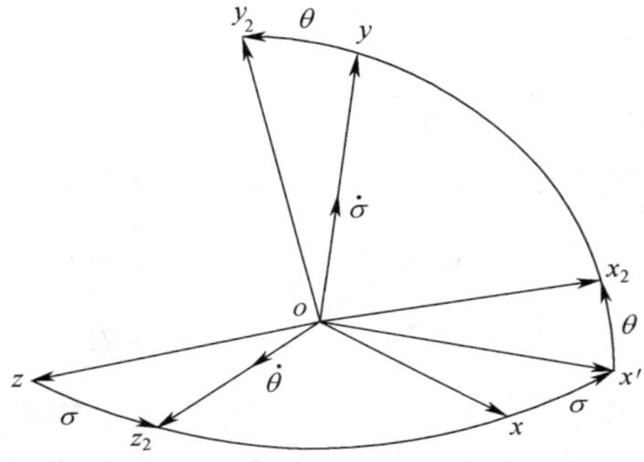

图 2－1－2　惯性坐标系与航迹坐标系

(3) 速度坐标系与箭体坐标系之间的变换矩阵。

速度坐标系与箭体坐标系之间的相对关系可由两个角度确定，分别定义如下。

攻角 α：速度矢量 $\boldsymbol{V}$ 在纵向对称平面上的投影与纵轴 ox_1 的夹角，当纵轴位于投影线的上方时，攻角 α 为正；反之为负。

侧滑角 β：速度矢量 $\boldsymbol{V}$ 与纵向对称平面之间的夹角，若来流从右侧（沿飞行方向观察）流向箭体，则所对应的侧滑角 β 为正；反之为负。

箭体坐标系 $ox_1y_1z_1$ 相对于速度坐标系 $ox_3y_3z_3$ 的方位，完全由攻角 α 和侧滑角 β 来确定，其转换关系如图 2－1－3 所示。

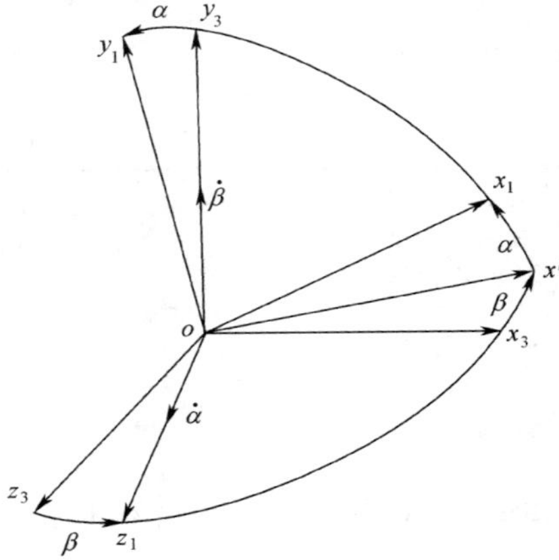

图 2－1－3　速度坐标系与箭体坐标系

其变换矩阵为

$$M(\beta,\alpha)=M_3(\alpha)M_2(\beta)$$
$$=\begin{pmatrix}\cos\alpha\cos\beta & \sin\alpha & -\cos\alpha\sin\beta \\ -\sin\alpha\cos\beta & \cos\alpha & \sin\alpha\sin\beta \\ \sin\beta & 0 & \cos\beta\end{pmatrix} \qquad (2-1-8)$$

（4）半速度坐标系与速度坐标系之间的变换矩阵。

由这两个坐标系的定义可知，ox_2 轴和 ox_3 轴都与速度矢量 $\boldsymbol{V}$ 重合，因此，它们之间的相互方位只用一个角度 γ_v 表示即可，称为速度滚转角，即火箭纵向对称平面 x_1oy_1 内的 oy_3 轴与包含速度矢量 $\boldsymbol{V}$ 的铅垂面之间的夹角（oy_2 轴与 oy_3 轴的夹角），沿着速度方向（从火箭尾部）看，oy_2 轴顺时针方向转到 oy_3 轴时，γ_v 为正，反之为负。

这两个坐标系之间的变换如图 2－1－4 所示。

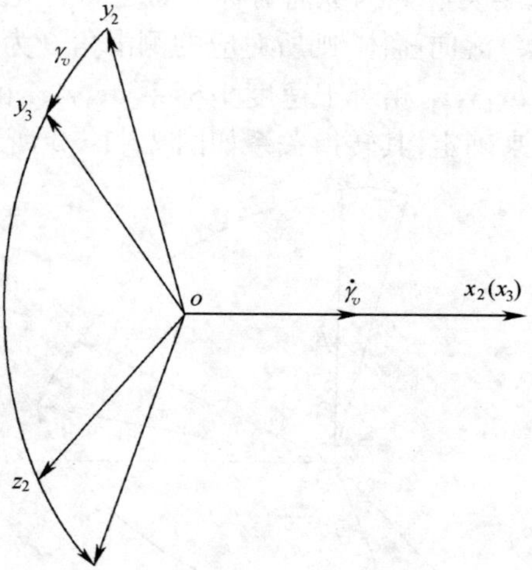

图 2－1－4　航迹坐标系与箭体坐标系

其变换矩阵如下。

$$\boldsymbol{M}(\gamma_v)=\boldsymbol{M}_1(\gamma_v)=\begin{pmatrix}1 & 0 & 0\\ 0 & \cos\gamma_v & \sin\gamma_v\\ 0 & -\sin\gamma_v & \cos\gamma_v\end{pmatrix} \tag{2-1-9}$$

（5）惯性坐标系与速度坐标系之间的变换矩阵。

以半速度坐标系作为过渡坐标系，将式(2－1－7)代入式(2－1－9)，即可得到惯性坐标系与速度坐标系之间的变换关系

$$\begin{pmatrix}x_3\\ y_3\\ z_3\end{pmatrix}=\boldsymbol{M}(\gamma_v)\boldsymbol{M}(\sigma,\theta)\begin{pmatrix}x\\ y\\ z\end{pmatrix} \tag{2-1-10}$$

因此，惯性坐标系到速度坐标系的变换矩阵为

$$\boldsymbol{M}(\sigma,\theta,\gamma_v)=\boldsymbol{M}(\gamma_v)\boldsymbol{M}(\sigma,\theta) \tag{2-1-11}$$

（6）半速度坐标系与箭体坐标系之间的变换矩阵。

以速度坐标系作为过渡坐标系，将式(2－1－8)代入式(2－1－9)，即可得到半速度坐标系与箭体坐标系之间的变换关系

$$\begin{pmatrix}x_1\\ y_1\\ z_1\end{pmatrix}=\boldsymbol{M}(\beta,\alpha)\boldsymbol{M}(\gamma_v)\begin{pmatrix}x_2\\ y_2\\ z_2\end{pmatrix} \tag{2-1-12}$$

因此，半速度坐标系到箭体坐标系的变换矩阵为

$$\boldsymbol{M}(\gamma_v,\beta,\alpha)=\boldsymbol{M}(\beta,\alpha)\boldsymbol{M}(\gamma_v) \tag{2-1-13}$$

2.1.2　作用力与力矩

在建立火箭动力学方程时，主要考虑的力和力矩包括气动力、重力、控制力、干扰力及相应力矩。

1. 气动力

空气动力的大小与气流相对于箭体的方位有关。其相对方位可用速度坐标系和箭体坐标系之间的两个角度来确定。习惯上常把作用在火箭上的空气动力 R 沿速度坐标系分解成三个分量来进行研究，这三个分量分别称为阻力 X(沿 ox 轴负向定义为正)、升力 Y(沿 oy 轴正向

定义为正）和侧向力 Z（沿 oz 轴正向定义为正）。空气动力的大小与动压头 q 和火箭的特征面积（又称参考面积）S 成正比，即

$$\begin{cases} X=-C_x qS \\ Y=C_y qS \\ Z=C_z qS \end{cases} \tag{2-1-14}$$

式中：$q=\frac{1}{2}\rho V^2$ 为动压头；C_x、C_y、C_z 为无量纲比例系数，分别称为阻力系数、升力系数和侧向力系数（总称为气动力系数）；ρ 为空气密度；V 为飞行速度；S 为参考面积。

对于气动外形轴对称的火箭而言，气动系数可以近似表示为

$$C_y \approx C_y^{\alpha}\alpha \tag{2-1-15}$$

式中：C_y^{α} 为升力系数对攻角的偏导数，又称升力线斜率，它表示攻角变化单位角度时升力系数的变化。

在火箭存在角速度时，除了火箭整体攻角产生的气动力和力矩外，还存在一部分由于局部攻角产生的力和力矩。当火箭存在角速度时，与理论尖端相距 x 位置处将会产生一个额外的线速度，该速度的方向沿着法向或横向，相当于产生了局部攻角，以法向为例，攻角的计算公式为

$$\Delta\alpha_l(x)=-(x-x_g)\Delta\dot{\varphi}/V \tag{2-1-16}$$

由该局部攻角产生的气动力和力矩可由如下积分计算获得

$$F_{y\dot{\varphi}}=\int\left[\frac{\partial c_y^{\alpha}(x)}{\partial x}\cdot qS(x-x_g)\Delta\dot{\varphi}/V\right]\mathrm{d}x=f_y^{\dot{\varphi}}\Delta\dot{\varphi} \tag{2-1-17}$$

其中，$f_y^{\dot{\varphi}}=\int\left[\frac{\partial c_y^{\alpha}(x)}{\partial x}\cdot qS(x-x_g)/V\right]\mathrm{d}x$。

侧向力 Z 是由于气流不对称地流过火箭纵向对称面的两侧而引起的，这种飞行情况称为侧滑。图 2－1－5 表示了火箭的俯视图，图上表明了侧滑角 β 所对应的侧向力。按右手坐标系，侧向力指向右翼为正。按侧滑角 β 的定义，图中侧滑角 β 为正，引起负的侧向力 Z。

对于轴对称运载火箭，若把箭体绕纵轴转过 90°，这时的 β 角就相当于原来 α 角。所以，轴对称火箭的侧向力系数的计算方法同升力系数。

考虑局部侧滑角产生的气动力，其值为

$$F_{z\dot{\psi}}=\int\left[\frac{\partial c_z^{\beta}(x)}{\partial x}\cdot qS(x-x_{\mathrm{g}})\dot{\psi}/V\right]\mathrm{d}x$$

$$=f_z^{\dot{\psi}}\dot{\psi} \tag{2-1-18}$$

其中，$f_z^{\dot{\psi}}=\int\left[\frac{\partial c_z^{\beta}(x)}{\partial x}\cdot qS(x-x_{\mathrm{g}})/V\right]\mathrm{d}x$。

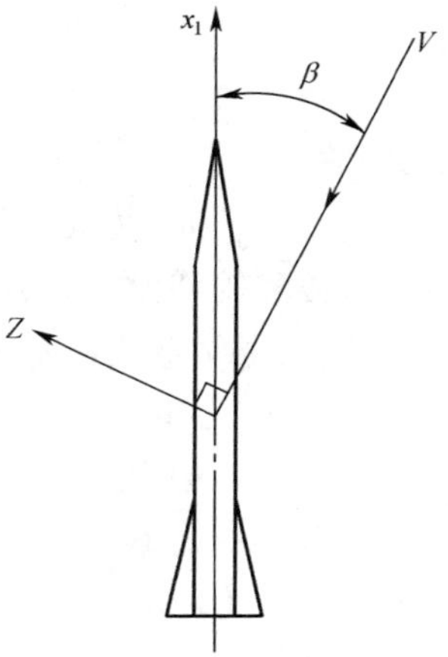

图 2-1-5　侧滑角与侧向力

阻力 X 通常分成两部分。与升力无关的部分称为零升阻力（即升力为零时的阻力）；另一部分取决于升力的大小，称为诱导阻力。即空气阻力为

$$X=X_0+X_i \tag{2-1-19}$$

式中：X_0 为零升阻力；X_i 为诱导阻力。

必须指出：当有侧向力时，与侧向力大小有关的那部分阻力也是诱导阻力。影响诱导阻力的因素与影响升力和侧向力的因素相同。在火箭气动布局和外形尺寸给定的情况下，阻力随着火箭的速度、攻角和侧滑角的增大而增大。但是，随着飞行高度的增加，阻力将减小。

2. 气动力矩

为了便于分析气动力矩对火箭绕质心运动的作用，把总的气动力矩 M 沿箭体坐标系 $ox_1y_1z_1$ 分解为三个分量，分别称为滚转力矩 M_{x_1}（与 ox_1 轴的正向一致时定义为正）、偏航力矩 M_{y_1}（与 oy_1 轴的正向一致时定义为正）和俯仰力矩 M_{z_1}（与 oz_1 轴的正向一致时定义为正）。

与研究气动力时相同，通过气动力矩系数来计算气动力矩，表达式为

$$\begin{cases} M_{x_1} = m_{x_1} qSL \\ M_{y_1} = m_{y_1} qSL \\ M_{z_1} = m_{z_1} qSL \end{cases} \tag{2-1-20}$$

式中：m_{x_1}、m_{y_1}、m_{z_1} 为无量纲的比例系数，分别称为滚转力矩系数、偏航力矩系数和俯仰力矩系数（统称为气动力矩系数）；S 为特征面积；L 为特征长度，通常选用机身长度为特征长度。

1）俯仰力矩

总的空气动力的作用线与火箭纵轴的交点称为全箭的压力中心（简称压心）。在攻角不大的情况下，常近似地把全箭升力作用线与纵轴的交点作为压心。

俯仰力矩 M_z 又称纵向力矩，它的作用是使火箭绕横轴 oz_1 做抬头或低头的转动。在气动布局和外形参数给定的情况下，俯仰力矩的大小不仅与飞行马赫数 Ma、飞行高度 H 有关，还与飞行攻角 α、火箭绕 oz_1 轴的旋转角速度 ω_z（下标“1”省略，以下同）以及攻角的变化率 $\dot{\alpha}$ 等有关。因此，俯仰力矩可表示成如下的函数形式

$$M_z = f(Ma, H, \alpha, \omega_z, \dot{\alpha}) \tag{2-1-21}$$

当 $\alpha, \omega_z, \dot{\alpha}$ 较小时，俯仰力矩与这些量呈近似线性关系，其一般表达式为

$$M_z = M_{z0} + M_z^{\alpha}\alpha + M_z^{\omega_z}\omega_z + M_z^{\dot{\alpha}}\dot{\alpha} \tag{2-1-22}$$

严格地说，俯仰力矩还取决于其他一些参数。例如，侧滑角 β，火箭绕 ox_1 轴的旋转角速度 ω_x 等，通常这些参数的影响不大，一般予以忽略。由攻角 α 引起的力矩 $M_z^{\alpha}\alpha$ 是俯仰力矩中重要的一项，是火箭升力 $Y_z^{\alpha}\alpha$ 产生的力矩，即

$$M_z^{\alpha}\alpha = Y_z^{\alpha}\alpha(x_g - x_F) = C_y^{\alpha}\alpha qS(x_g - x_F) \tag{2-1-23}$$

式中：x_g、x_F 分别为火箭的质心、压心至理论尖端的距离。

又因为

$$M_z^{\alpha}\alpha = m_z^{\alpha} qSL\alpha \tag{2-1-24}$$

则

$$m_z^{\alpha}\alpha=C_z^{\alpha}(x_g-x_F)/L=C_y^{\alpha}(\bar{x}_g-\bar{x}_F) \tag{2-1-25}$$

式中：$\bar{x}_g$、$\bar{x}_F$ 分别为火箭的质心、压心位置对应的无量纲值。

除火箭整体攻角产生的俯仰力矩外，还需要考虑局部攻角产生的气动力矩，其表达式如下

$$M_{z\dot{\varphi}}=\int\left[\frac{\partial c_y^{\alpha}(x)}{\partial x}\cdot qS\,(x-x_g)^2\Delta\dot{\varphi}/V\right]\mathrm{d}x=m_z^{\dot{\varphi}}\Delta\dot{\varphi} \tag{2-1-26}$$

其中，$m_z^{\dot{\varphi}}=\int\left[\frac{\partial c_y^{\alpha}(x)}{\partial x}\cdot qS\,(x-x_g)^2/V\right]\mathrm{d}x$。

2）偏航力矩

偏航力矩 M_y 是气动力矩在箭体坐标系轴 oy_1 上的分量，它使火箭绕 oy_1 轴转动。偏航力矩与俯仰力矩产生的原理相同，偏航力矩系数为

$$m_y=m_y^{\beta}\beta+m_y^{\bar{\omega}_y}\bar{\omega}_y+m_y^{\bar{\dot{\beta}}}\bar{\dot{\beta}} \tag{2-1-27}$$

式中：$\bar{\omega}_y=\omega_y L/V$，$\bar{\dot{\beta}}=\beta L/V$ 是无量纲参数；m_y^{β}，$m_y^{\bar{\omega}_y}$，$m_y^{\bar{\dot{\beta}}}$ 是 m_y 关于 β、$\bar{\omega}_y$、$\bar{\dot{\beta}}$的偏导数。

偏航角速率产生的局部侧滑角引起的偏航力矩如下

$$M_{y\dot{\psi}}=\int\left[\frac{\partial c_y^{\beta}(x)}{\partial x}\cdot qS\,(x-x_g)^2\dot{\psi}/V\right]\mathrm{d}x=m_y^{\dot{\varphi}}\dot{\psi} \tag{2-1-28}$$

其中，$m_y^{\dot{\psi}}=\int\left[\frac{\partial c_y^{\beta}(x)}{\partial x}\cdot qS\,(x-x_g)^2/V\right]\mathrm{d}x$。

3）滚转力矩

滚转力矩（又称滚动力矩或倾斜力矩）M_x 是绕火箭纵轴 ox_1 的气动力矩，它是由于迎面气流不对称地流过火箭所产生的。当存在侧滑角，操纵机构的偏转，或火箭绕 ox_1 及 oy_1 轴旋转时，均会使气流流动的对称性受到破坏。此外，因生产工艺误差造成的翼面不对称安装或

尺寸大小的不一致,也会破坏气流流动的对称性。因此,滚转力矩的大小取决于火箭的攻角、侧滑角、角速度、制造误差、速度、尺寸等多种因素,则滚转力矩系数可用如下线性关系近似地表示:

$$m_x = m_{x0} + m_x^{\beta}\beta + m_x^{\bar{\omega}_y}\bar{\omega}_y + m_x^{\bar{\omega}_x}\bar{\omega}_x \tag{2-1-29}$$

式中:m_{x0}为由制造误差引起的外形不对称产生的;m_x^{β},$m_x^{\bar{\omega}_y}$,$m_x^{\bar{\omega}_x}$ 为滚转力矩系数 m_x 关于 β,$\bar{\omega}_y$,$\bar{\omega}_x$ 的偏导数,主要与火箭的几何参数和马赫数有关。

3. 地球引力与重力

1) 地球引力

将地球视为一均质球体,可把地球质量 M 看作集中于地心,则距地心为 r 的一单位质点所受的引力可通过引力场来表示。对于一个保守力场,场外一单位质点所受到该力场的作用力称为场强,记为 F,它是矢量场。场强 F 与该质点在此力场中所具有的势函数 U,有如下关系

$$F = \mathrm{grad}\,U \tag{2-1-30}$$

其中,$U=\frac{fM}{r}$,f 为万有引力常数。记 $\mu = fM$,称为地球引力常数。由式(2-1-30)可得距球心为 r 处一单位质点的场强为

$$\boldsymbol{g} = -\frac{\mu}{r^2}\boldsymbol{r}^0 \tag{2-1-31}$$

若地球外一质点具有的质量为 m,则地球对该质点的引力即为

$$F = m\boldsymbol{g} \tag{2-1-32}$$

2) 重力

如地球外一质量为 m 的质点相对于地球是静止的,该质点受到地球的重力为 mg。由于地球以 $\boldsymbol{\omega}_e$ 角速度旋转,故该质点还受到随地球旋转而引起的离心惯性力 $m\boldsymbol{a}'_e$,则

$$mg = F + m\boldsymbol{a}'_e \tag{2-1-33}$$

其中 $\boldsymbol{a}'_e = -\boldsymbol{\omega}_e \times (\boldsymbol{\omega}_e \times \boldsymbol{r})$ 称离心加速度。

计算表明,离心惯性力 $m\boldsymbol{a}'_e$ 比地心引力 F 的量值小得多,在进行火箭动力学建模时,常考虑重力模型为

$$mg = -\frac{mg_0}{(R+h)^2}R^2 \tag{2-1-34}$$

式中:g_0 为地球表面处的重力加速度,一般取值为 9.81m/s^2;R_e 为地球半径,一般取值为 6371km;H 为火箭离地球表面的高度。这时,作用在物体上的重力始终指向地心,事实上也就是把地球看作是圆球形状(圆球模型),如图 2-1-6 所示。

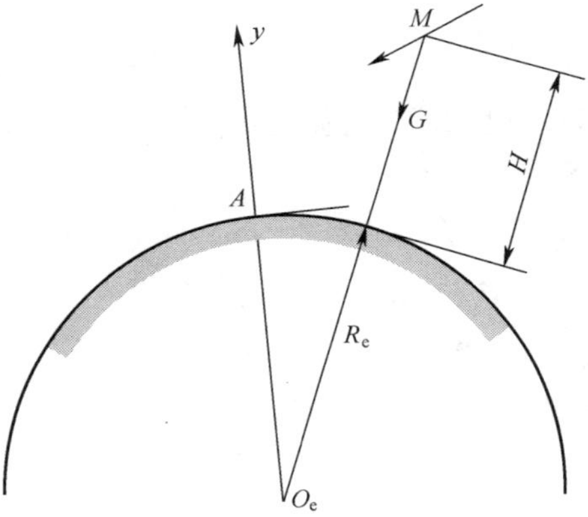

图 2-1-6　圆球模型上 M 点的重力方向

4. 控制力和力矩

执行机构根据控制指令摆动发动机或者控制舵面偏转,产生控制力和控制力矩,改变火箭飞行状态。控制力和力矩取决于执行机构的类型和配置方式,一般来说,依据火箭的类型不同,存在摇摆发动机以及气动舵面等;依据火箭的配置不同,存在十字型配置或 X 型配置。

1) 摇摆发动机产生的控制力和力矩

(1) 按十字型配置的摇摆发动机。

如果规定四台摇摆发动机的编号顺序及发动机偏转角的正向如图 2-1-7 所示,发动机摆角方向定义为从火箭尾端看,顺时针偏转为正。每台发动机的推力均为 P_c,在采用四台发动机的情况下,总推力

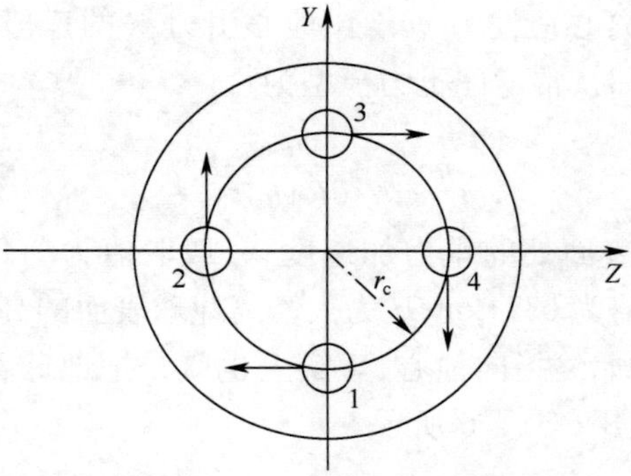

图 2-1-7 十字型配置的摇摆发动机

$P=4P_c$。当摆动发动机的摆角分别为 δ_1、δ_2、δ_3 和 δ_4 时，在箭体坐标系三个方向产生力的表达式为

$$\begin{cases} X_{1c}=P-P_c(\cos\delta_1+\cos\delta_2+\cos\delta_3+\cos\delta_4) \\ Y_{1c}=P_c(-\sin\delta_2+\sin\delta_4) \\ Z_{1c}=-P_c(-\sin\delta_1+\sin\delta_3) \end{cases} \tag{2-1-35}$$

在俯仰、偏航和滚动三个通道的控制力矩为

$$\begin{cases} M_{z1c}=-P_c(x_c-x_g)(-\sin\delta_2+\sin\delta_4) \\ M_{y1c}=-P_c(x_c-x_g)(-\sin\delta_1+\sin\delta_3) \\ M_{x1c}=-P_c r_c(\sin\delta_3+\sin\delta_1+\sin\delta_4+\sin\delta_2) \end{cases} \tag{2-1-36}$$

式中：x_c、r_c 分别为发动机摇摆轴至火箭理论尖端及箭体 x_1 轴的距离；x_g 为火箭的质心至理论尖端的距离。

当取 $\sin\delta_i=\delta_i$、$\cos\delta_i=1(i=1,\cdots,4)$ 时，并定义三通道等效控制摆角为 $\delta_\varphi=(\delta_4-\delta_2)/2$，$\delta_\psi=(\delta_3-\delta_1)/2$，$\delta_\gamma=(\delta_1+\delta_2+\delta_3+\delta_4)/4$，将发动机摆动产生的力和力矩简化为

$$\begin{cases} X_{1c}=0 \\ Y_{1c}=\dfrac{P}{2}\delta_\varphi \\ Z_{1c}=-\dfrac{P}{2}\delta_\psi \end{cases} \tag{2-1-37}$$

$$\begin{cases}M_{x1c}=-Pr_c\delta_\gamma\\ M_{y1c}=-\dfrac{P}{2}(x_c-x_g)\delta_\psi\\ M_{z1c}=-\dfrac{P}{2}(x_c-x_g)\delta_\varphi\end{cases}\tag{2-1-38}$$

在摆动发动机时除产生控制力和力矩外,还会产生惯性力和力矩,该力和力矩主要是由于火箭本身具有横法向过载的原因所致。摆动惯性力为

$$\begin{cases}Y_{1e}=n_y m_R l_R\ddot{\delta}_\varphi\\ Z_{1e}=n_z m_R l_R\ddot{\delta}_\psi\end{cases}\tag{2-1-39}$$

摆动惯性力矩为

$$\begin{cases}M_{z1e}=-[n_y m_R l_c(x_c-x_g)+n_y J_R]\ddot{\delta}_\varphi\\ M_{y1e}=-[n_z m_R l_c(x_c-x_g)+n_z J_R]\ddot{\delta}_\psi\end{cases}\tag{2-1-40}$$

式中:n_y、n_z 分别为法向和横向过载;l_c 为发动机喷管质心位置与摇摆轴的距离。

(2) 按 X 型配置摇摆发动机。

按 X 型配置时,发动机的位置和编号如图 2-1-8 所示。各个发

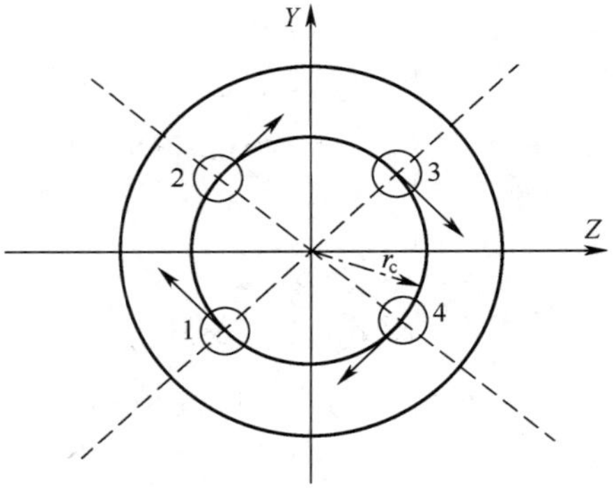

图 2-1-8　X 型配置摇摆发动机

动机具有相同的推力 P_c，则控制力和控制力矩的表达式为

$$\begin{cases}X_{1c}=P-P_c(\cos\delta_1+\cos\delta_2+\cos\delta_3+\cos\delta_4)\\ Y_{1c}=P_c\dfrac{\sqrt{2}}{2}(\sin\delta_3+\sin\delta_4-\sin\delta_1-\sin\delta_2)\\ Z_{1c}=-P_c\dfrac{\sqrt{2}}{2}(\sin\delta_2+\sin\delta_3-\sin\delta_1-\sin\delta_4)\end{cases}\tag{2-1-41}$$

$$\begin{cases}M_{x1c}=-P_c r_c(\sin\delta_1+\sin\delta_2+\sin\delta_3+\sin\delta_4)\\ M_{y1c}=-P_c\dfrac{\sqrt{2}}{2}(x_c-x_g)(\sin\delta_2+\sin\delta_3-\sin\delta_1-\sin\delta_4)\\ M_{z1c}=-P_c\dfrac{\sqrt{2}}{2}(x_c-x_g)(\sin\delta_3+\sin\delta_4-\sin\delta_1-\sin\delta_2)\end{cases}\tag{2-1-42}$$

定义等效三通道控制摆角如下

$$\begin{cases}\delta_\varphi=(\delta_3+\delta_4-\delta_1-\delta_2)/4\\ \delta_\psi=(\delta_2+\delta_3-\delta_1-\delta_4)/4\\ \delta_\gamma=(\delta_1+\delta_2+\delta_3+\delta_4)/4\end{cases}\tag{2-1-43}$$

取 $\sin\delta_i=\delta_i$、$\cos\delta_i=1\ (i=1,\cdots,4)$，则式(2-1-41)、式(2-1-42)简化为

$$\begin{cases}X_{1c}=0\\ Y_{1c}=\dfrac{\sqrt{2}}{2}P\delta_\varphi\\ Z_{1c}=-\dfrac{\sqrt{2}}{2}P\delta_\psi\end{cases}\tag{2-1-44}$$

$$\begin{cases}M_{x1c}=-Pr_c\delta_\gamma\\ M_{y1c}=-\dfrac{\sqrt{2}}{2}P(x_c-x_g)\delta_\psi\\ M_{z1c}=-\dfrac{\sqrt{2}}{2}P(x_c-x_g)\delta_\varphi\end{cases}\tag{2-1-45}$$

X 型与十字型安装的效果不同，在相同的等效偏转角条件下，除阻

力和滚动力矩外，其他控制力和控制力矩可增大$\sqrt{2}$倍，提高了控制能力。

在考虑 X 型安装情况下，同样需要考虑摆动发动机惯性力和力矩，在此不再赘述。

2）气动舵产生的控制力和力矩

气动舵产生控制力和控制力矩主要应用于导弹。在此，以导弹为例进行分析，如图 2－1－9 所示。

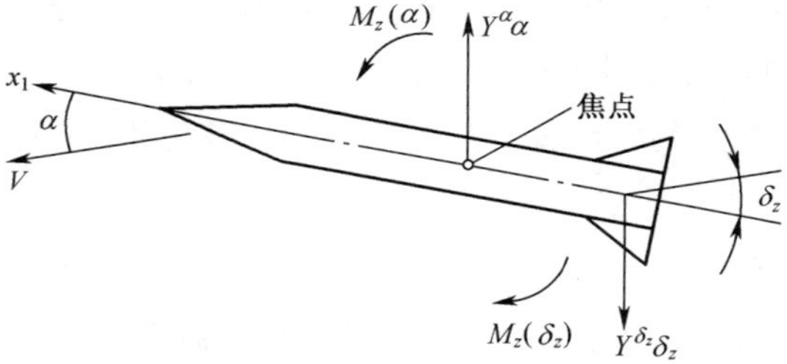

图 2－1－9　操纵力矩示意图

（1）俯仰操纵力矩。

对于具有静稳定性的正常式气动布局（舵面安装在弹身尾部）的弹体，当舵面向上偏转一个角度 $\delta_z<0$ 时，舵面会产生向下的操纵力，并形成相对于弹体质心的抬头力矩 $M_z(\delta_z)>0$，从而使攻角增大，则对应的升力对质心形成一低头力矩。舵面偏转形成的气动力对质心的力矩称为操纵力矩。其值为

$$M_z^{\delta_z}=m_z^{\delta_z}\delta_z qSL=C_y^{\delta_z}\delta_z qS(x_g-x_r) \tag{2-1-46}$$

由此得

$$m_z^{\delta_z}=C_y^{\delta_z}(\bar{x}_g-\bar{x}_r) \tag{2-1-47}$$

式中：$\bar{x}_r=x_r/L$ 为舵面压力中心至弹体头部顶点距离的无量纲值；$m_z^{\delta_z}$ 为舵面偏转单位角度时所引起的操纵力矩系数，称为舵面效率；$C_y^{\delta_z}$ 为舵面偏转单位角度时所引起的升力系数。

（2）偏航操纵力矩。

偏航操纵力矩产生的物理原因与俯仰操纵力矩类似。偏航操纵力矩系数可表式为

$$m_y^{\delta_y}=C_z^{\delta_y}(\bar{x}_g-\bar{x}_r) \tag{2-1-48}$$

（3）滚动操纵力矩。

面对称导弹绕纵轴 ox_1 转动或倾斜，主要是由一对副翼产生滚动操纵力矩实现的。副翼一般安装在弹体后缘的翼梢处，两边副翼的偏转方向相反。轴对称导弹则利用升降舵和方向舵的差动实现副翼的功能。

现以副翼偏转 δ_x 角产生的滚动操纵力矩为例，后缘向下偏转的右副翼产生正的升力增量 ΔY，而后缘向上偏转的左副翼则使升力减小了 ΔY，由此产生了负的滚动操纵力矩 $m_x<0$。该力矩一般与副翼的偏转角 δ_x 成正比，即

$$m_x(\delta_x)=m_x^{\delta_x}\delta_x \tag{2-1-49}$$

式中：$m_x^{\delta_x}$ 为副翼的操纵效率。通常定义右副翼下偏、左副翼上偏时 δ_x 为正，因此 $m_x^{\delta_x}<0$。

5. 干扰力和力矩

当进行火箭控制系统分析与设计时，不但要了解火箭运动的固有特性，还需要分析作用在火箭上的干扰力和力矩。控制系统的重要作用之一就是克服外干扰的影响。干扰按特点可以分为两类。

1）风干扰

在建立运动方程时，应用了标准大气的假设，即认为大气相对于地面是静止的，风速为零。但事实上，有风时气流相对箭体有附加的速度，形成附加的攻角和侧滑角，产生附加的空气动力和力矩。描述风干扰因素的原始物理量为风速 w。风速 w 是随机量，其大小方向受高度、地点、季节、气候等许多因素的影响。

随高度的变化，风速变化率有所不同。一般将风干扰分解成平稳风、切变风和阵风三部分。在火箭设计时，常只考虑水平风带来的影响，产生的附加攻角和附加侧滑角为

$$\alpha_w=\arctan\frac{w\sin\theta\cos A}{V+w\cos\theta\cos A} \tag{2-1-50}$$

$$\beta_w = \arctan\frac{w\sin A}{V} \tag{2-1-51}$$

式中:A 为风速与发射平面的夹角;V 为飞行速度;θ 为弹道倾角。

风干扰力和力矩计算如下

$$F'_{yd} = qSC_y^{\alpha}\alpha_w \tag{2-1-52}$$

$$M'_{zd} = qSC_y^{\alpha}\alpha_w(x_g - x_F) \tag{2-1-53}$$

$$F'_{zd} = qSC_z^{\beta}\beta_w \tag{2-1-54}$$

$$M'_{yd} = qSC_z^{\beta}\beta_w(x_g - x_F) \tag{2-1-55}$$

式中:x_g、x_F 分别为火箭的质心、压心至理论尖端的距离。

2）结构干扰

在火箭的生产制造过程中,存在包括箭体的制造公差、安装误差,发动机的推力偏斜、推力线横移等误差。在建立火箭动力学方程时,将这些误差产生的力和力矩视为结构干扰。结构干扰是一种主要的干扰,将会对火箭的运动产生较大的影响。

3）瞬时干扰

这类干扰是短时间作用,很快消失,例如,偶然的阵风,火箭发射时的起始扰动,多级火箭分离干扰,电磁干扰引起的发动机的突然摆动等。这一类的干扰只影响描述火箭运动的微分方程的初始条件。

2.1.3　动力学方程

在动坐标系中建立动力学方程,需要应用矢量的绝对导数和相对导数之间的关系,即

$$\frac{\mathrm{d}\boldsymbol{V}}{\mathrm{d}t} = \frac{\delta\boldsymbol{V}}{\delta t} + \boldsymbol{\Omega}\times\boldsymbol{V} \tag{2-1-56}$$

式中:$\mathrm{d}\boldsymbol{V}/\mathrm{d}t$ 为惯性坐标系中矢量 $\boldsymbol{V}$ 对时间的绝对导数;$\delta\boldsymbol{V}/\delta t$ 为动坐标系(半速度坐标系)中矢量 $\boldsymbol{V}$ 对时间的相对导数。

火箭质心运动方程可写成

$$m\left(\frac{\delta\boldsymbol{V}}{\delta t} + \boldsymbol{\Omega}\times\boldsymbol{V}\right) = \boldsymbol{F} \tag{2-1-57}$$

根据半速度坐标系 $ox_2y_2z_2$ 的定义可知，速度矢量 $\boldsymbol{V}$ 与 ox_2 轴重合，利用变换矩阵 $\boldsymbol{M}^{\mathrm{T}}(\sigma,\theta)$，可得半速度坐标系下的速度

$$\begin{pmatrix} V_x \\ V_y \\ V_z \end{pmatrix} = \boldsymbol{M}^{\mathrm{T}}(\sigma,\theta)\begin{pmatrix} V_{x2} \\ V_{y2} \\ V_{z2} \end{pmatrix} = \boldsymbol{M}^{\mathrm{T}}(\sigma,\theta)\begin{pmatrix} V \\ 0 \\ 0 \end{pmatrix} = \begin{pmatrix} V\cos\theta \\ V\sin\theta \\ -V\cos\theta\sin\sigma \end{pmatrix} \tag{2-1-58}$$

火箭绕质心运动的动力学矢量方程一般投影到箭体坐标系。箭体坐标系 $ox_1y_1z_1$ 是动坐标系，假设箭体坐标系相对惯性坐标系的转动角速度为 $\boldsymbol{\omega}$，在箭体坐标系中，火箭绕质心运动的动力学方程为

$$\frac{\mathrm{d}\boldsymbol{H}}{\mathrm{d}t} = \frac{\delta \boldsymbol{H}}{\delta t} + \boldsymbol{\omega}\times\boldsymbol{H} = \boldsymbol{M} \tag{2-1-59}$$

式中：$\mathrm{d}\boldsymbol{H}/\mathrm{d}t$、$\delta\boldsymbol{H}/\delta t$ 分别为动量矩相对于时间的绝对导数和相对导数。

设 $\boldsymbol{i}_1$、$\boldsymbol{j}_1$、$\boldsymbol{k}_1$ 分别为沿箭体坐标系各轴的单位矢量；ω_{x1}、ω_{y1}、ω_{z1} 为转动角速度 $\boldsymbol{\omega}$ 沿箭体坐标系各轴的分量。动量矩可表示成

$$\boldsymbol{H} = \boldsymbol{J}\cdot\boldsymbol{\omega}$$

式中：$\boldsymbol{J}$ 为惯性张量，其矩阵表示形式为

$$\boldsymbol{J} = \begin{bmatrix} J_{x1} & -J_{x1y1} & -J_{z1x1} \\ -J_{x1y1} & J_{y1} & -J_{y1z1} \\ -J_{z1x1} & -J_{y1z1} & J_{z1} \end{bmatrix} \tag{2-1-60}$$

式中：J_{x1}、J_{y1}、J_{z1} 为火箭对箭体坐标系各轴的转动惯量；J_{x1y1}、J_{y1z1}、J_{z1x1} 为火箭对箭体坐标系各轴的惯性积。

若火箭为轴对称，则箭体坐标系的 ox_1、oy_1 与 oz_1 轴就是火箭的惯性主轴。此时，火箭对箭体坐标系各轴的惯性积为零。于是，动量矩 $\boldsymbol{H}$ 沿箭体坐标系各轴的分量为

$$\begin{pmatrix} H_{x1} \\ H_{y1} \\ H_{z1} \end{pmatrix} = \begin{bmatrix} J_{x1} & 0 & 0 \\ 0 & J_{y1} & 0 \\ 0 & 0 & J_{z1} \end{bmatrix}\begin{pmatrix} \omega_{x1} \\ \omega_{y1} \\ \omega_{z1} \end{pmatrix} = \begin{pmatrix} J_{x1}\omega_{x1} \\ J_{y1}\omega_{y1} \\ J_{z1}\omega_{z1} \end{pmatrix} \tag{2-1-61}$$

火箭绕质心运动还存在以下运动学方程

$$\begin{pmatrix} \dfrac{d\gamma}{dt} \\ \dfrac{d\psi}{dt} \\ \dfrac{d\varphi}{dt} \end{pmatrix} = \begin{bmatrix} 1 & \tan\psi\sin\gamma & \tan\psi\cos\gamma \\ 0 & \cos\gamma & -\sin\gamma \\ 0 & \dfrac{\sin\gamma}{\cos\psi} & \dfrac{\cos\gamma}{\cos\psi} \end{bmatrix} \begin{pmatrix} \omega_x \\ \omega_y \\ \omega_z \end{pmatrix} \tag{2-1-62}$$

需要注意的是，上述方程在某些情况下是不能应用的。例如，当偏航角 $\psi=90°$ 时，方程是奇异的，俯仰角 φ 是不确定的。此时，可采用四元数来表示火箭的姿态，并用四元数建立火箭绕质心的运动学方程，常用来研究火箭的大角度姿态运动以及导航计算等。

2.2　刚体运动模型

2.2.1　刚体六自由度模型

根据前节给出的火箭动力学方程，本节推导刚体六自由度模型。将式(2-1-57)展开，得到

$$m\begin{pmatrix} \dfrac{dV_{x2}}{dt}+\Omega_{y2}V_{z2}-\Omega_{z2}V_{y2} \\ \dfrac{dV_{y2}}{dt}+\Omega_{z2}V_{x2}-\Omega_{x2}V_{z2} \\ \dfrac{dV_{z2}}{dt}+\Omega_{x2}V_{y2}-\Omega_{y2}V_{x2} \end{pmatrix} = \begin{pmatrix} F_{x2} \\ F_{y2} \\ F_{z2} \end{pmatrix} \tag{2-2-1}$$

根据半速度坐标系 $ox_2y_2z_2$ 的定义，速度矢量 $\boldsymbol{V}$ 与 ox_2 轴重合，则

$$\begin{pmatrix} V_{x2} \\ V_{y2} \\ V_{z2} \end{pmatrix} = \begin{pmatrix} V \\ 0 \\ 0 \end{pmatrix} \tag{2-2-2}$$

由 2.1.1 节知，发射惯性坐标系经过两次旋转后与半速度坐标系重合，两次旋转的角速度大小分别为 $\dot{\sigma}$、$\dot{\theta}$，则半速度坐标系相对惯性

坐标系的旋转角速度为

$$\begin{pmatrix}\Omega_{x2}\\ \Omega_{y2}\\ \Omega_{z2}\end{pmatrix}=\boldsymbol{M}(\sigma,\theta)\begin{pmatrix}0\\ \dot{\sigma}\\ 0\end{pmatrix}+\begin{pmatrix}0\\ 0\\ \dot{\theta}\end{pmatrix}=\begin{pmatrix}\dot{\sigma}\sin\theta\\ \dot{\sigma}\cos\theta\\ \dot{\theta}\end{pmatrix} \tag{2-2-3}$$

将式(2－2－3)代入式(2－2－1),则式(2－2－1)简化为

$$\begin{pmatrix} m\dfrac{\mathrm{d}V}{\mathrm{d}t}\\ mV\dfrac{\mathrm{d}\theta}{\mathrm{d}t}\\ -mV\cos\theta\dfrac{\mathrm{d}\sigma}{\mathrm{d}t}\end{pmatrix}=\begin{pmatrix}F_{x2}\\ F_{y2}\\ F_{z2}\end{pmatrix} \tag{2-2-4}$$

式中:$\mathrm{d}V/\mathrm{d}t$ 为加速度矢量在半速度切线(ox_2)上的投影,又称为切向加速度;$V\dfrac{\mathrm{d}\theta}{\mathrm{d}t}$为加速度矢量在半速度法线($oy_2$)上的投影,又称法向加速度;$-V\cos\theta\dfrac{\mathrm{d}\sigma}{\mathrm{d}t}$为加速度矢量在 oz_2 轴上的投影分量,又称为横向加速度。

分析式(2－2－4)右端项在半速度坐标系各轴上的投影分量,作用于火箭上的力一般包括空气动力、推力、重力和控制力等,它们在半速度坐标系各轴上的投影分量可利用变换矩阵得到。

1. 空气动力在半速度坐标系上的投影

由 2.1 节可知,作用在火箭上的空气动力 R 在速度坐标系 $ox_3y_3z_3$ 上的投影分别为阻力 X、升力 Y 和侧向力 Z。根据半速度坐标系和速度坐标系之间的变换矩阵式(2－1－9),空气动力在 $ox_2y_2z_2$ 各轴上的投影分量为

$$\begin{pmatrix}R_{x2}\\ R_{y2}\\ R_{z2}\end{pmatrix}=\boldsymbol{M}^{-1}(\gamma_v)\begin{pmatrix}-X\\ Y\\ Z\end{pmatrix}=\boldsymbol{M}^{\mathrm{T}}(\gamma_v)\begin{pmatrix}-X\\ Y\\ Z\end{pmatrix}=\begin{pmatrix}-X\\ Y\cos\gamma_v-Z\sin\gamma_v\\ Y\sin\gamma_v+Z\cos\gamma_v\end{pmatrix} \tag{2-2-5}$$

2. 推力在半速度坐标系上的投影

假设发动机的推力 P 与箭体纵轴 ox_1 重合，则推力 P 在半速度坐标系 $ox_2y_2z_2$ 各轴上的投影表达式只要作两次坐标变换即可得到。若推力 P 在 $ox_1y_1z_1$ 系中的分量用 P_{x1}、P_{y1}、P_{z1} 表示，则有

$$\begin{pmatrix} P_{x1} \\ P_{y1} \\ P_{z1} \end{pmatrix} = \begin{pmatrix} P \\ 0 \\ 0 \end{pmatrix} \tag{2-2-6}$$

首先，利用变换矩阵式（2－1－8），将推力 P 投影到速度坐标系 $ox_3y_3z_3$ 各轴上

$$\begin{pmatrix} P_{x3} \\ P_{y3} \\ P_{z3} \end{pmatrix} = \boldsymbol{M}^{\mathrm{T}}(\beta,\alpha)\begin{pmatrix} P_{x1} \\ P_{y1} \\ P_{z1} \end{pmatrix} \tag{2-2-7}$$

然后利用变换矩阵式（2－1－9），可得到推力 P 在半速度坐标系各轴上的投影

$$\begin{pmatrix} P_{x2} \\ P_{y2} \\ P_{z2} \end{pmatrix} = \boldsymbol{M}^{\mathrm{T}}(\gamma_v)\begin{pmatrix} P_{x3} \\ P_{y3} \\ P_{z3} \end{pmatrix} = \boldsymbol{M}^{\mathrm{T}}(\gamma_v)\boldsymbol{M}^{\mathrm{T}}(\beta,\alpha)\begin{pmatrix} P_{x1} \\ P_{y1} \\ P_{z1} \end{pmatrix} \tag{2-2-8}$$

将变换矩阵和式（2－2－6）代入式（2－2－8），则有

$$\begin{pmatrix} P_{x2} \\ P_{y2} \\ P_{z2} \end{pmatrix} = \begin{pmatrix} P\cos\alpha\cos\beta \\ P(\sin\alpha\cos\gamma_v+\cos\alpha\sin\beta\sin\gamma_v) \\ P(\sin\alpha\sin\gamma_v-\cos\alpha\sin\beta\cos\gamma_v) \end{pmatrix} \tag{2-2-9}$$

3. 重力在半速度坐标系上的投影

简化起见，在建立控制系统使用的火箭动力学模型时，将重力矢量 $\boldsymbol{G}$ 视为平行力场，即重力与惯性坐标系的 oy 轴平行，且其大小为 mg，则有

$$\begin{pmatrix} G_{ox} \\ G_{oy} \\ G_{oz} \end{pmatrix} = \begin{pmatrix} 0 \\ -G \\ 0 \end{pmatrix} = \begin{pmatrix} 0 \\ -mg \\ 0 \end{pmatrix} \tag{2-2-10}$$

利用变换矩阵,可得到重力 $\boldsymbol{G}$ 在半速度坐标系各轴的投影:

$$\begin{pmatrix} G_{x2} \\ G_{y2} \\ G_{z2} \end{pmatrix} = \boldsymbol{M}(\sigma,\theta)\begin{pmatrix} G_{ox} \\ G_{oy} \\ G_{oz} \end{pmatrix} = \begin{pmatrix} -mg\sin\theta \\ -mg\cos\theta \\ 0 \end{pmatrix} \quad (2-2-11)$$

4. 控制力在半速度坐标系上的投影

在建立火箭动力学方程时,以摆动发动机形式为例,将控制力转换到半速度坐标系中,转换关系如下

$$\begin{bmatrix} X_{2c} \\ Y_{2c} \\ Z_{2c} \end{bmatrix} = \boldsymbol{M}^{\mathrm{T}}(\gamma_v)\boldsymbol{M}^{\mathrm{T}}(\beta,\alpha)\begin{bmatrix} X_{1c} \\ Y_{1c} \\ Z_{1c} \end{bmatrix} \quad (2-2-12)$$

$$\begin{bmatrix} X_{2c} \\ Y_{2c} \\ Z_{2c} \end{bmatrix} = \boldsymbol{M}^{\mathrm{T}}(\gamma_v)\boldsymbol{M}^{\mathrm{T}}(\beta,\alpha)\begin{bmatrix} X_{1c} \\ Y_{1c} \\ Z_{1c} \end{bmatrix} = \boldsymbol{M}^{\mathrm{T}}(\gamma_v)\boldsymbol{M}^{\mathrm{T}}(\beta,\alpha)\begin{bmatrix} 0 \\ \frac{P}{2}\delta_\varphi \\ -\frac{P}{2}\delta_\psi \end{bmatrix}$$

$$= \begin{bmatrix} -\sin\alpha\cos\beta\,\frac{P}{2}\delta_\varphi - \sin\beta\,\frac{P}{2}\delta_\psi \\ \frac{P}{2}\delta_\varphi(\cos\gamma_v\cos\alpha - \sin\gamma_v\sin\alpha\sin\beta) + \sin\gamma_v\cos\beta\,\frac{P}{2}\delta_\psi \\ \frac{P}{2}\delta_\varphi(\sin\gamma_v\cos\alpha + \cos\gamma_v\sin\alpha\sin\beta) - \cos\gamma_v\cos\beta\,\frac{P}{2}\delta_\psi \end{bmatrix} \quad (2-2-13)$$

惯性力在半速度坐标系上的投影与控制力类似,设定为 X_{2e},Y_{2e},Z_{2e}。

将式(2-2-5)、式(2-2-9)、式(2-2-11)和式(2-2-13)代入式(2-2-4),即可得到描述火箭质心运动的动力学方程

$$m\frac{\mathrm{d}V}{\mathrm{d}t} = P\cos\alpha\cos\beta - X - mg\sin\theta + X_{2c} + X_{2e}$$

$$mV\frac{\mathrm{d}\theta}{\mathrm{d}t} = P(\sin\alpha\cos\gamma_v + \cos\alpha\sin\beta\sin\gamma_v) + (Y + F_{y\dot{\varphi}})\cos\gamma_v - Z\sin\gamma_v -$$

$$mg\cos\theta+Y_{2c}+Y_{2e}+F_{By}$$

$$-mV\cos\theta\frac{\mathrm{d}\sigma}{\mathrm{d}t}=P(\sin\alpha\sin\gamma_v-\cos\alpha\sin\beta\cos\gamma_v)+(Y+F_{y\dot{\varphi}})\sin\gamma_v+$$

$$Z\cos\gamma_v+Z_{2c}+Z_{2e}+F_{Bz} \tag{2-2-14}$$

式中：F_{By}、F_{Bz}分别为俯仰和偏航方向的干扰力。

考虑火箭为轴对称时，动量矩 $\boldsymbol{H}$ 沿箭体坐标系各轴的分量为

$$\begin{pmatrix}H_{x1}\\H_{y1}\\H_{z1}\end{pmatrix}=\begin{bmatrix}J_{x1}&0&0\\0&J_{y1}&0\\0&0&J_{z1}\end{bmatrix}\begin{pmatrix}\omega_{x1}\\\omega_{y1}\\\omega_{z1}\end{pmatrix}=\begin{pmatrix}J_{x1}\omega_{x1}\\J_{y1}\omega_{y1}\\J_{z1}\omega_{z1}\end{pmatrix} \tag{2-2-15}$$

式(2-1-59)可转化

$$\begin{pmatrix}J_x\dfrac{\mathrm{d}\omega_x}{\mathrm{d}t}+(J_z-J_y)\omega_z\omega_y\\J_y\dfrac{\mathrm{d}\omega_y}{\mathrm{d}t}+(J_x-J_z)\omega_x\omega_z\\J_z\dfrac{\mathrm{d}\omega_z}{\mathrm{d}t}+(J_y-J_x)\omega_y\omega_x\end{pmatrix}=\begin{pmatrix}M_x\\M_y\\M_z\end{pmatrix} \tag{2-2-16}$$

将方程右端的力矩表达为分量的形式，可得

$$J_x\frac{\mathrm{d}\omega_x}{\mathrm{d}t}+(J_z-J_y)\omega_z\omega_y=M_{x1}+M_{x1c}$$

$$J_y\frac{\mathrm{d}\omega_y}{\mathrm{d}t}+(J_x-J_z)\omega_x\omega_z=M_{y1}-m_y^{\dot{\varphi}}\dot{\psi}+M_{y1c}+M_{y1e}+M_{By} \tag{2-2-17}$$

$$J_z\frac{\mathrm{d}\omega_z}{\mathrm{d}t}+(J_y-J_x)\omega_y\omega_x=M_{z1}-m_z^{\dot{\varphi}}\dot{\varphi}+M_{z1c}+M_{z1e}+M_{Bz}$$

式中：M_{By}、M_{Bz}分别为作用于火箭俯仰和偏航方向的干扰力矩。

由上面的推导分别得到了质心运动方程式(2-2-14)和绕质心运动方程式(2-2-17)。

2.2.2　用于控制系统设计的模型

通过前文的推导已经建立了被控对象的动力学方程。在实际航天

控制系统设计过程中，常采用小扰动线性化方程，因此本节在相关假设的基础上进行方程小扰动线性化，并将方程分为俯仰、偏航和滚动三个通道。

质心运动方程式(2－2－14)的第2式进行小扰动线性化，并假设$\alpha,\beta,\theta,\gamma_\gamma$为小量，得到俯仰通道质心运动方程为

$$\Delta\dot{\theta}=C_1\Delta\alpha+C_2\Delta\theta+C_3\delta_\varphi+C_3'\ddot{\delta}_\varphi+C_1'\alpha_\omega+\overline{F}_{yc} \quad (2-2-18)$$

同理，根据式(2－2－17)的第3式可得到俯仰通道绕质心运动方程为

$$\Delta\ddot{\varphi}+b_1\Delta\dot{\varphi}+b_2\Delta\alpha+b_3\delta_\varphi+b_3'\ddot{\delta}_\varphi=-b_2\alpha_\omega+\overline{M}_{z1} \quad (2-2-19)$$

与俯仰通道方法类似，得到偏航和滚动方向的运动方程为

$$\dot{\sigma}=C_1\beta+C_2\sigma+C_3\delta_\psi+C_3'\ddot{\delta}_\psi+C_1'\beta_\omega+\overline{F}_{zc} \quad (2-2-20)$$

$$\ddot{\psi}+b_1\dot{\psi}+b_2\Delta\beta+b_3\delta_\psi+b_3'\ddot{\delta}_\psi=-b_2\beta_\omega+\overline{M}_{y1} \quad (2-2-21)$$

$$\ddot{\gamma}+d_1\dot{\gamma}+d_3\delta_\gamma+d_3'\ddot{\delta}_\gamma=\overline{M}_{x1} \quad (2-2-22)$$

另外，还存在如下的辅助角度关系

$$\Delta\varphi=\Delta\alpha+\Delta\theta \quad (2-2-23)$$

$$\sigma=\psi-\beta \quad (2-2-24)$$

在上述力和力矩项中，气动力和力矩与操纵力和力矩是最主要的两部分，b_2为主要的气动力矩项，它的正负反映了火箭的静稳定性，b_2大于零为静稳定，b_2小于零为静不稳定，b_2的绝对值大小反映了稳定性程度，b_3为控制力矩项，实现对绕质心运动的控制。C_1为主要的气动力项，C_3为控制力项，实现对质心运动的控制。

2.3 弹性运动模型

2.3.1 弹性运动方程

在火箭控制系统设计过程中，弹性问题是需要考虑的重要因素之一。弹性运动是通过测量装置耦合到箭体的刚体运动中，容易对刚体

运动产生较大的影响,还有可能引起火箭的不稳定。本节基于分析力学中的拉格朗日方法建立火箭梁模型弹性运动方程,火箭在分布外力下产生弹性振动如图 2－3－1 所示。

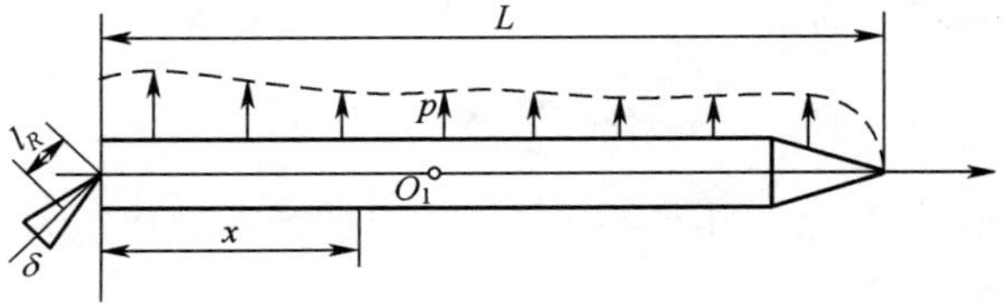

图 2－3－1　火箭梁模型示意图

拉格朗日方程的表达式

$$\frac{\mathrm{d}}{\mathrm{d}t}\left(\frac{\partial T}{\partial \dot{q}_i}\right)-\frac{\partial T}{\partial q_i}+\frac{\partial U}{\partial q_i}=Q_i \quad (i=1,\ 2,\ 3,\cdots,N) \qquad (2-3-1)$$

可以变化为

$$\frac{\mathrm{d}}{\mathrm{d}t}\left(\frac{\partial T}{\partial \dot{q}_i}\right)-\frac{\partial T}{\partial q_i}+\frac{\partial U}{\partial q_i}-Q_i=0 \qquad (2-3-2)$$

在进行火箭弹性运动建模时,应考虑到系统中阻尼力的作用。阻尼力是一种典型的非保守力,采用线性黏性阻尼模型,即认为阻尼力与广义速度$\{\dot{q}\}$成正比,在这种情况下,可引入瑞利耗散(耗能)函数

$$D\equiv\frac{1}{2}\{\dot{q}\}^{\mathrm{T}}[C]\{\dot{q}\} \qquad (2-3-3)$$

阻尼力产生的广义非保守力为

$$Q_i=-\frac{\partial D}{\partial \dot{q}_i} \qquad (2-3-4)$$

对于仅受有势力和线性阻尼力作用的系统,其拉格朗日方程为

$$\frac{\mathrm{d}}{\mathrm{d}t}\left(\frac{\partial T}{\partial \dot{q}_i}\right)-\frac{\partial T}{\partial q_i}+\frac{\partial U}{\partial q_i}+\frac{\partial D}{\partial \dot{q}}=0 \qquad (2-3-5)$$

如果系统上还作用了除有势力和阻尼力以外的非保守力,当结构受到的外激励力(对应的广义非保守力可通过非保守力的虚功求得,仍记为 Q_i)时,则系统的拉格朗日方程为

$$\frac{\mathrm{d}}{\mathrm{d}t}\left(\frac{\partial T}{\partial \dot{q}_i}\right)-\frac{\partial T}{\partial q_i}+\frac{\partial U}{\partial q_i}+\frac{\partial D}{\partial \dot{q}}=Q_i \tag{2-3-6}$$

利用拉格朗日方程建立连续系统的方程，则首先将系统离散化，建立整个弹性振动方程。对一维连续系统，假设位移为

$$u(x,t)=\sum_{i=1}^{N}\psi_i(x)q_i(t) \tag{2-3-7}$$

则系统具有 N 个自由度，$q_i(t)$ （$i=1, 2, \cdots, N$）为广义坐标，$\psi_i(x)$为系统的模态。

1. 纵向弹性振动

在建立火箭纵向振动方程时，将箭体视作一维杆，如图 2-3-2 所

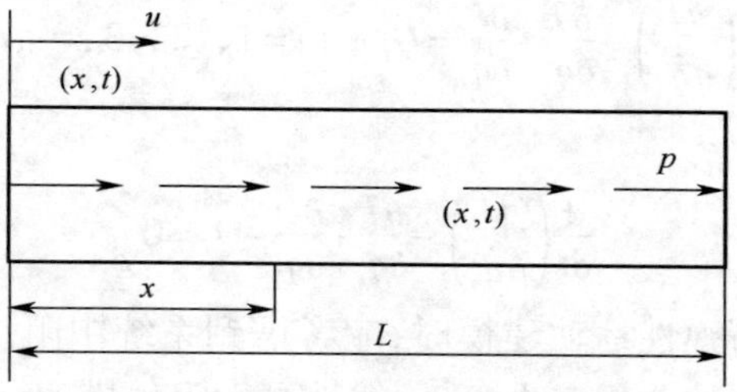

图 2-3-2 火箭纵向弹性运动

示，轴向位移为 $u=u(x,t)$。则其动能方程和势能方程如下：

$$T=\frac{1}{2}\int_0^l \rho A(\dot{u}^2)\mathrm{d}x \tag{2-3-8}$$

$$U=\frac{1}{2}\int_0^l EA(u')^2\mathrm{d}x \tag{2-3-9}$$

将 $u(x,t)=\sum\limits_i \psi_i(x)q_i(t)$ 代入式(2-3-8)、式(2-3-9)中，得到

$$T=\frac{1}{2}\sum_i\sum_j m_{ij}\dot{q}_i\dot{q}_j=\frac{1}{2}\{\dot{q}\}^{\mathrm{T}}[M]\{\dot{q}\} \tag{2-3-10}$$

$$U=\frac{1}{2}\sum_i\sum_j k_{ij}q_iq_j=\frac{1}{2}\{q\}^{\mathrm{T}}[K]\{q\} \tag{2-3-11}$$

其中

$$m_{ij} = \int_0^l \rho A \psi_i \psi_j \mathrm{d}x \ , \ k_{ij} = \int_0^l EA\psi_i' \psi_j' \mathrm{d}x \qquad (2-3-12)$$

分布轴力 $p(x,t)$ 在广义坐标上的虚功

$$\delta W = \int_0^l p(x,t)\delta u(x,t)\mathrm{d}x = \int_0^l p(x,t)\left(\sum_i \psi_i(x)\delta q(t)\right)\mathrm{d}x = \sum_i p_i \delta q_i \qquad (2-3-13)$$

广义力

$$p_i(t) = \int_0^l p(x,t)\psi_i(x)\mathrm{d}x \qquad (2-3-14)$$

代入拉格朗日方程式(2-3-6)得

$$\sum_j m_{ij}\ddot{q}_j + \sum_j k_{ij}q_j = p_i(i = 1,\ 2,\ \cdots,N) \qquad (2-3-15)$$

或矩阵方程

$$[\boldsymbol{M}]\{\ddot{q}\} + [\boldsymbol{K}]\{q\} = \{\boldsymbol{P}\} \qquad (2-3-16)$$

2. 横向弹性振动

将横向位移表示为振型和广义坐标的乘积,即

$$u(x,t) = \sum_i \psi_i(x)q_i(t) \qquad (2-3-17)$$

动能为

$$T = \frac{1}{2}\int_0^L \rho A(\dot{u})^2 \mathrm{d}x = \frac{1}{2}\sum_i \sum_j m_{ij}\dot{q}_i\dot{q}_j \qquad (2-3-18)$$

势能为

$$U = \frac{1}{2}\int_0^L EI\,(u'')^2 \mathrm{d}x = \frac{1}{2}\sum_i \sum_j k_{ij}q_i q_j \qquad (2-3-19)$$

$$m_{ij} = \int_0^L \rho A \psi_i \psi_j \mathrm{d}x, k_{ij} = \int_0^L EI\psi_i'' \psi''_j \mathrm{d}x \qquad (2-3-20)$$

分布外力做的功

$$\delta W = \int_0^L p(x,t)\delta u(x,t)\mathrm{d}x = \int_0^L p(x,t)\left(\sum_i \psi_i(x)\delta q_i(t)\right)\mathrm{d}x$$

$$= \sum_i \left(\int_0^L p(x,t)\psi_i(x)\mathrm{d}x\right)\delta q_i(t) = \sum_i Q_i \delta q_i(t) \qquad (2-3-21)$$

$$Q_i = \int_0^L p(x,t)\psi_i(x)\mathrm{d}x \tag{2-3-22}$$

代入拉格朗日方程式(2-3-6)得

$$\sum_j m_{ij}\ddot{q}_j + \sum_j k_{ij}q_j = Q_i(i=1,\ 2,\cdots,N) \tag{2-3-23}$$

或矩阵方程

$$[\boldsymbol{M}]\{\ddot{q}\}+[\boldsymbol{K}]\{q\}=\{\boldsymbol{Q}\} \tag{2-3-24}$$

将结构中的阻尼力建模为如下形式

$$p(x,t)=-\xi(x)\dot{u}(x,t) \tag{2-3-25}$$

广义力

$$\begin{aligned} Q_i &= \int_0^L p(x,t)\psi_i(x)\mathrm{d}x = \int_0^L [-\xi(x)\sum_j \psi_j(x)\dot{q}_j(t)]\psi_i(x)\mathrm{d}x \\ &= -\sum_j \dot{q}_j(t)[\int_0^L \xi(x)\psi_i(x)\psi_j(x)\mathrm{d}x] = -\sum_j C_{ij}\dot{q}_j(t) \end{aligned} \tag{2-3-26}$$

$$C_{ij} = \int_0^L \xi(x)\psi_i\psi_j\mathrm{d}x \tag{2-3-27}$$

代入拉格朗日方程式(2-3-6)得到

$$[\boldsymbol{M}]\{\ddot{q}\}+[\boldsymbol{C}]\{\dot{q}\}+[\boldsymbol{K}]\{q\}=\{\boldsymbol{Q}\} \tag{2-3-28}$$

上式中$\{Q\}$为其他的广义非保守力。从上述方程的形式上来看，弹性振动体现为一种受迫阻尼运动。

2.3.2 用于控制系统设计的弹性模型

横向弹性振动对姿态运动的影响较大，因此，控制系统主要关心横向弹性振动。在建立用于控制系统设计的弹性运动方程时，在方程式(2-3-28)中，将方程右端的广义力具体化，得到控制系统设计上使用的弹性振动方程为

$$\ddot{q}_{iy}+2\zeta_i\omega_i\dot{q}_{iy}+\omega_i^2 q_{iy}=D_{1i}\Delta\dot{\varphi}+D_{2i}\Delta\alpha+D_{3i}\delta_\varphi+D'_{3i}\ddot{\delta}_\varphi-Q_{iy} \tag{2-3-29}$$

$$\ddot{q}_{iz}+2\zeta_i\omega_i\dot{q}_{iz}+\omega_i^2q_{iz}=D_{1i}\Delta\dot{\psi}+D_{2i}\Delta\beta+D_{3i}\delta_\psi+D'_{3i}\ddot{\delta}_\psi-Q_{iz} \tag{2-3-30}$$

$$\ddot{q}_\gamma+2\zeta_\gamma\omega_\gamma\dot{q}_\gamma+\omega_\gamma^2=d_{31}\delta_\gamma+d'_{31}\ddot{\delta}_\gamma \tag{2-3-31}$$

式中：q_{iy}、q_{iz}及q_γ分别表示俯仰、偏航和滚动方向的弹性振动广义位移。

弹性振动会对作用在火箭上的力和力矩产生影响，带来质心运动方程和绕质心运动方程形式的变化。俯仰通道含弹性振动的姿态动力学方程为

$$\begin{aligned}
&\Delta\dot{\theta} = C_1\Delta\varphi - C_1\Delta\theta + C_2\Delta\theta + C_3\delta_\varphi + C'_3\ddot{\delta}_\varphi + \\
&\qquad\sum_{i=1}^{n} C_{1i}\dot{q}_{iy} + \sum_{i=1}^{n} C_{2i}q_{iy} + C'_1\alpha_\omega + \overline{F}_{yc} \\
&\Delta\ddot{\varphi} + b_1\Delta\dot{\varphi} + b_2\Delta\alpha + b_3\delta_\varphi + b'_3\ddot{\delta}_\varphi + \\
&\sum_{i=1}^{n} b_{1i}\dot{q}_{iy} + \sum_{i=1}^{n} b_{2i}q_{iy} + b_2\alpha_\omega = \overline{M}_{z1}
\end{aligned} \tag{2-3-32}$$

偏航通道含弹性振动的姿态动力学方程为

$$\begin{aligned}
&\dot{\sigma} = C_1\beta + C_2\sigma + C_3\delta_\psi + C'_3\ddot{\delta}_\psi + \sum_{i=1}^{n} C_{1i}\dot{q}_{iz} + \sum_{i=1}^{n} C_{2i}q_{iz} + C'_1\beta_\omega + \overline{F}_{zc} \\
&\ddot{\psi} + b_1\dot{\psi} + b_2\Delta\beta + b_3\delta_\psi + b'_3\ddot{\delta}_\psi \sum_{i=1}^{n} b_{1i}\dot{q}_{iz} + \sum_{i=1}^{n} b_{2i}q_{iz} = -b_2\beta_\omega + \overline{M}_{y1}
\end{aligned} \tag{2-3-33}$$

相对于刚体运动方程式（2－2－18）~式（2－2－21），考虑弹性以后的质心运动及绕质心运动方程右端多出的项来源于弹性振动对力和力矩的影响。

2.4　状态观测与测量

2.4.1　测量设备

1. 陀螺仪

陀螺仪是重要的惯性测量元件，它的主要功能就是用来测量火箭

相对于惯性空间的角度。陀螺仪种类繁多,传统陀螺仪是一种利用高速自转转子的惯性进行工作的机电型装置,其核心部分是绕自转轴(又称陀螺主轴或转子轴)高速旋转的转子。安装转子的框架或特殊支承使转子相对基座具有两个或一个转动自由度。这样,就构成了陀螺仪的两种类型:二自由度陀螺仪和单自由度陀螺仪。

垂直陀螺仪可以解算火箭的姿态角,能够输出火箭的滚动角、俯仰角;水平陀螺仪可以解算火箭的姿态角,输出火箭的偏航角、滚动角;而惯性导航系统能够解算出火箭的空间位置和速度信息,输出火箭的偏航角、滚动角、俯仰角、速度和位置等信息。

陀螺仪的传递函数通常可表示为二阶环节:

$$\frac{\varphi(s)}{\varphi_r(s)}=\frac{\omega_{\mathrm{tl}}^2}{s^2+2\xi_{\mathrm{tl}}\omega_{\mathrm{tl}}s+\omega_{\mathrm{tl}}^2} \tag{2-4-1}$$

式中:ω_{tl}为陀螺仪的固有频率;ξ_{tl}为相对阻尼系数。

2. 速率陀螺

速率陀螺测量火箭角速度,是姿态控制系统重要测量器件之一。速率陀螺的安装位置一般根据弹性振动稳定性的需要来选定,当采用单个速率陀螺方案时,若对弹性一次振型采用相位稳定,二次振型采用幅值稳定,其应选在俯仰(偏航)弹性二次振型波腹附近,并且保证一次振型斜率在考虑偏差的情况下符号不变,同时其量值不超过规定值,如

$$0<W_1'(x_{\mathrm{gs}})\pm\Delta W_1'(x_{\mathrm{gs}})<\Delta(\text{规定值})$$

在姿态控制系统设计中,速率陀螺的动态特性可用二阶微分方程来描述:

$$T_{\mathrm{gr}}^2\frac{\mathrm{d}^2}{\mathrm{d}t^2}U_{\omega\mathrm{I}}+2T_{\mathrm{gr}}\xi_{\mathrm{gr}}\frac{\mathrm{d}}{\mathrm{d}t}U_{\omega\mathrm{I}}+U_{\omega\mathrm{I}}=k_{\mathrm{gr}}\omega_{\mathrm{I}} \tag{2-4-2}$$

经拉普拉斯变换,可以得到速率陀螺传递函数:

$$\frac{U_{\omega\mathrm{I}}(s)}{\omega_{\mathrm{I}}(s)}=\frac{k_{\mathrm{gr}}}{T_{\mathrm{gr}}^2s^2+2T_{\mathrm{gr}}\xi_{\mathrm{gr}}s+1} \tag{2-4-3}$$

这是一个典型的二阶振荡环节，$T_{gr}=\dfrac{1}{\omega_{gr}}$，$\omega_{gr}$为速率陀螺的固有频率，$\xi_{gr}$为相对阻尼系数。

除了传统的速度陀螺、减振器模型，有些速率陀螺还包含 DSP 部分，对速度陀螺的输出信号进行调整和滤波，因此，速度陀螺模型是包含了速度陀螺、减振器、DSP 滤波器的整体模型，特别是 DSP 滤波部分，越来越成为单机模型的重要组成部分，其单机模型如下：

$$\frac{U_{\omega \mathrm{I}}(s)}{\omega_{\mathrm{I}}(s)}=\frac{k_{gr}}{T_{gr}^2 s^2+2T_{gr}\xi_{gr}s+1}\cdot G_{lb}(s) \qquad (2-4-4)$$

式中：$G_{lb}(s)$为滤波部分的模型。

3. 加速度计

加速度计，也称“比力计”，它是测量火箭线运动的惯性测量器件。加速度计的工作原理是基于牛顿经典力学，即基于火箭运动加速度与作用在加速度计敏感头上的惯性力成比例。加速度计按其测量敏感头的运动方式分为摆式加速度计、位移式加速度计、陀螺进动式加速度计等。

加速度传感器的传递函数一般形式为

$$\frac{X(s)}{\alpha_X(s)}=\frac{\omega_{jb}^2}{s^2+2\xi_{jb}\omega_{jb}s+\omega_{jb}^2} \qquad (2-4-5)$$

式中：ξ_{jb}为相对阻尼系数；ω_{jb}为固有频率。

4. 捷联惯性测量组合

工程中通常使用平台或者捷联惯性测量组合作为姿态敏感器件，以捷联惯性测量组合为例，它一般由三个陀螺仪、三个加速度计及输出电路组成。在使用中，三个陀螺仪正交安装，敏感轴应与火箭坐标轴平行，测量火箭绕三个轴的角速度。三个加速度计正交安装，测量沿火箭三个轴的视加速度。火箭飞行过程中飞行控制计算机接收捷联惯性测量组合的输出脉冲，进行四元数解算，获得火箭相对于惯性空间的姿态信息，以便进行控制计算。

捷联惯性测量组合的安装位置如果选择在火箭弹性振型的波腹

处,则不敏感该阶次弹性振型,测量的是刚体姿态角,这是一个理想的位置。但是,由于火箭结构、环境条件等原因,通常将捷联惯性测量组合安装在仪器舱内。

捷联惯性测量组合中陀螺的模型和加速度计模型可参照前述单个器件模型。除了传统的陀螺、本体和减振器模型,有些捷联惯性测量组合还包含 DSP 部分,对陀螺的输出信号进行调整和滤波。因此,惯组模型是包含了陀螺、本体、减振器、DSP 滤波器的整体模型,特别是 DSP 滤波部分,已经成为单机模型的重要组成部分。捷联惯性测量组合模型如下:

$$\frac{\varphi(s)}{\varphi_r(s)}=\frac{\omega_{\mathrm{tl}}^2}{s^2+2\xi_{\mathrm{tl}}\omega_{\mathrm{tl}}s+\omega_{\mathrm{tl}}^2}\cdot G_{\mathrm{lb}}(s) \tag{2-4-6}$$

$$\frac{X(s)}{\alpha_X(s)}=\frac{\omega_{\mathrm{jb}}^2}{s^2+2\xi_{\mathrm{jb}}\omega_{\mathrm{jb}}s+\omega_{\mathrm{jb}}^2}\cdot G_{\mathrm{lb}}(s) \tag{2-4-7}$$

2.4.2　测量模型

采用敏感仪器测量姿态角信息,测量的角度信息中除敏感姿态角信息外,还有敏感弹性带来的局部姿态信息。弹性带来的信息可以由图 2-4-1 表示,弹性振动体现为多种模态的叠加形式,振型叠加法是弹性分析中常用的形式。

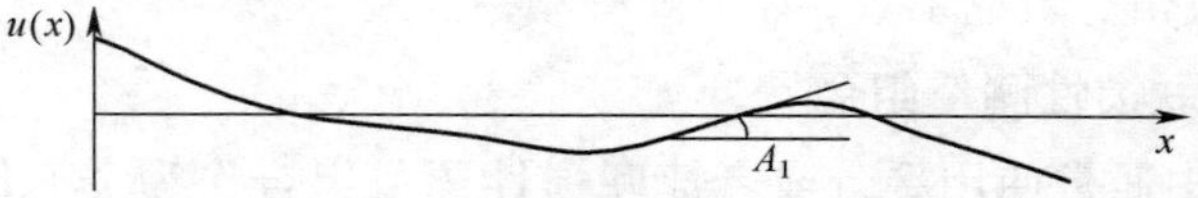

图 2-4-1　弹性测量信息示意图

从图中可以看出,弹性带来的局部测量信息可以通过测量位置处的弹性振动位移曲线的斜率近似计算,则角度信息可以表示为

$$A=A_0+A_1=A_0+\frac{\mathrm{d}u(x,t)}{\mathrm{d}x}=A_0+\sum_i\dot{\psi}_i(x)q_i(t) \tag{2-4-8}$$

角速度信息可以表示为

$$\dot{A} = \dot{A}_0 + \dot{A}_1 = \dot{A}_0 + \mathrm{d}\left(\frac{\mathrm{d}u(x,t)}{\mathrm{d}x}\right)/\mathrm{d}t = \dot{A}_0 + \sum_i \dot{\psi}_i(x)\dot{q}_i(t) \tag{2-4-9}$$

则考虑弹性的俯仰、偏航、滚动姿态角测量方程为

$$\begin{cases} \Delta\varphi_{\mathrm{PT}} = \Delta\varphi - \sum_{i=1}^{n} W_i'(X_{\mathrm{PT}})q_{yi} \\ \psi_{\mathrm{PT}} = \psi - \sum_{i=1}^{n} W_i'(X_{\mathrm{PT}})q_{zi} \\ \Delta\gamma_{\mathrm{PT}} = \Delta\gamma - \sum_{i=1}^{n} W_i'(X_{\mathrm{PT}})q_{xi} \end{cases} \tag{2-4-10}$$

考虑弹性的俯仰、偏航、滚动姿态角速度测量方程为

$$\begin{cases} \Delta\dot{\varphi}_{\mathrm{ST}} = \Delta\dot{\varphi} - \sum_{i=1}^{n} W_i'(X_{\mathrm{ST}})\dot{q}_{yi} \\ \dot{\psi}_{\mathrm{ST}} = \dot{\psi} - \sum_{i=1}^{n} W_i'(X_{\mathrm{ST}})\dot{q}_{zi} \\ \Delta\dot{\gamma}_{\mathrm{ST}} = \Delta\dot{\gamma} - \sum_{i=1}^{n} W_i'(X_{\mathrm{ST}})\dot{q}_{\gamma i} \end{cases} \tag{2-4-11}$$

2.5　执行机构模型

2.5.1　执行机构设备

1. 伺服机构

主发动机的推力在箭体主轴方向上，如果把发动机直接安装在可转动的支架上，由伺服机构推动，按照控制指令转动发动机，使发动机的推力在箭体主轴的垂直方向产生分力，控制火箭绕质心运动，如图 2－5－1 所示。如果只在火箭主轴安装一台发动机，则可通过双

向摆动完成俯仰和偏航控制，滚动则需要用其他方法；若按十字型或X型安装两台或四台发动机，则可通过摆动各发动机，使它们按不同的方向运动，完成三通道的控制。

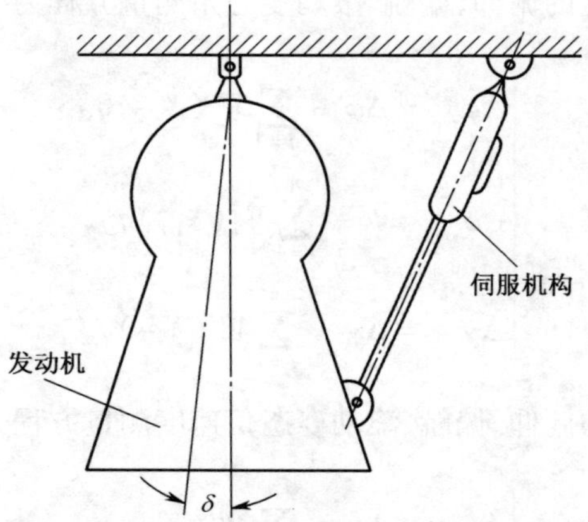

图2-5-1 发动机摆动控制示意图

摇摆发动机控制的最大优点是无推力损失，并且可提供较大的控制作用，但伺服机构需要较大的功率。

2. 姿控喷管

姿控喷管一般用于火箭在大气层外扰动较小情况下的姿态精细调整。飞行控制计算机发出控制指令，控制姿控喷管开启或关闭，通过控制开闭时间实现姿态的调节。姿控喷管调姿安装布局示意图如图2-5-2所示。

如图2-5-2所示，通过1号和3号喷管控制俯仰方向的运动，通过2号和4号喷管控制偏航方向的运动，5号和7号或6号和8号喷管控制滚动方向的运动，其中，5号和7号喷管提供顺时针方向的力矩，6号和8号喷管提供逆时针方向的力矩。

2.5.2 执行机构模型

在进行火箭控制系统分析与设计时，为了准确分析整个控制系统

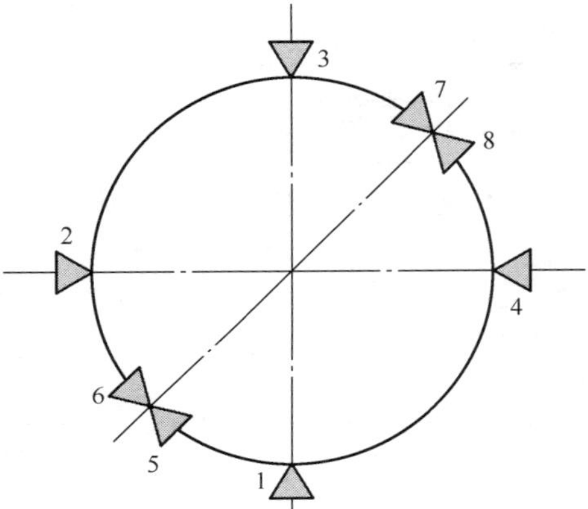

图 2－5－2　姿控喷管调姿安装布局示意图

的性能,需要考虑执行机构的特性,建立执行机构的数学模型。

1. 伺服机构数学模型

伺服机构根据控制系统的指令摆动发动机,伺服机构的模型为二阶环节及一阶环节的组合,通常为如下形式

$$\frac{\delta(s)}{\delta_c(s)}=\frac{((s/\omega_3)^2+2\xi_3 s/\omega_3+1)}{(s/\omega_0+1)((s/\omega_1)^2+2\xi_1 s/\omega_1+1)((s/\omega_2)^2+2\xi_2 s/\omega_2+1)} \tag{2-5-1}$$

为了保证执行机构小回路的闭环特性,尤其是频率特性,引入控制系统小回路修正方法。在引入小回路修正的情况下,执行机构除包括传统的伺服机构、液压部分、能源部分等模型,还包含 DSP 部分。伺服机构接收控制指令和反馈电位计信号,对两者求差,并进行相应的校正,实现对发动机谐振特性的调整,因此,伺服机构模型是包含了伺服机构、液压部分、能源部分、DSP 校正环节的整体模型。

加入基于 DSP 小回路修正后的伺服机构结构如图 2－5－3 所示。

2. 姿控喷管数学模型

姿控喷管的推力上升曲线如图 2－5－4 所示,下降曲线相似。

姿控喷管的传递函数可表示为

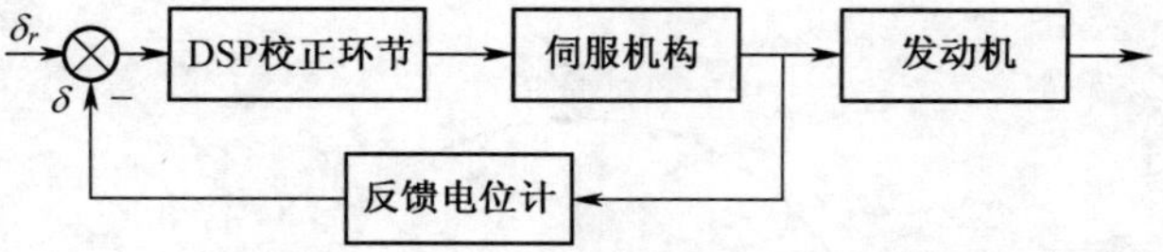

图 2-5-3 加入基于 DSP 小回路修正后的伺服机构结构图

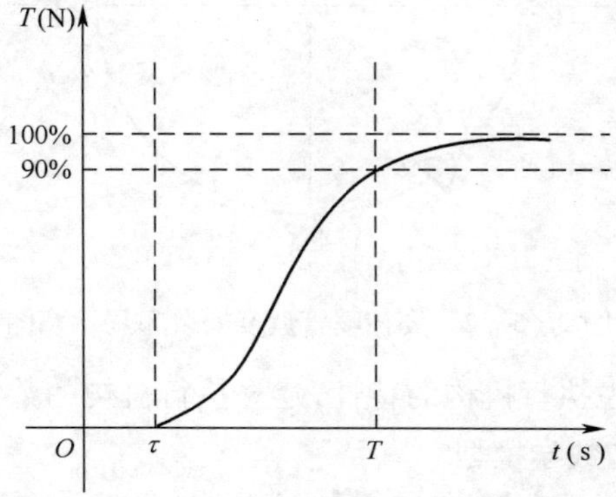

图 2-5-4 姿控喷管推力上升曲线

$$\frac{\delta(s)}{\delta_c(s)}=\frac{e^{-\tau s}}{(Ts+1)} \qquad (2-5-2)$$

式中：τ 为延迟时间；T 为一阶环节的上升时间。

第3章　运载火箭控制系统设计方法

3.1　引　言

运载火箭姿态控制系统的主要功能是控制箭体的绕质心运动，实现飞行程序要求，克服各种干扰影响，保证姿态角等被控量稳定在允许范围内(图3-1-1)。具体来说，姿态控制系统的任务有：

(1) 火箭飞行中受到各种内、外干扰作用，当偏离理想状态时，姿控系统控制执行机构产生控制力矩，控制绕质心运动，使其稳定。

(2) 按弹道程序和制导要求的导引信号发出控制指令，改变箭体推力矢量方向，控制火箭质心运动，使其沿预定的弹道飞行。

(3) 在某些特殊场合，要求控制火箭的飞行姿态参数在一定范围内，如控制火箭起飞漂移、载荷、滑行和关机姿态等。

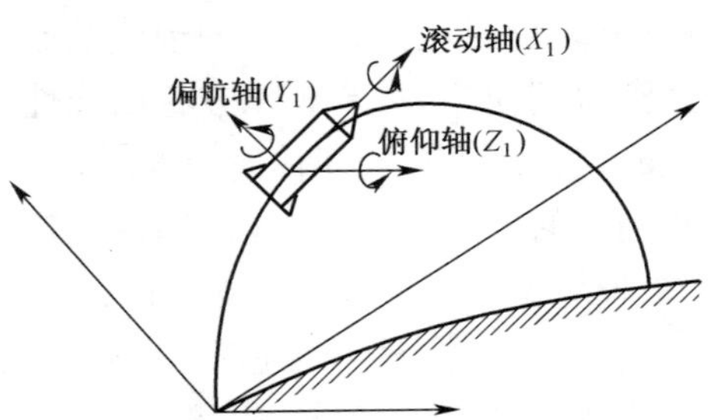

图3-1-1　火箭绕质心运动示意图

姿态控制装置与控制对象构成闭合回路，俯仰、偏航、滚动通道组成基本相同，每个通道包括敏感姿态角运动的测量装置、计算控制信号的飞行控制计算机和产生动作的执行机构。三个控制通道之间经过气动力、惯性力和控制力相互交连。对于运载火箭和弹道导弹等，一般是小角度绕质心运动，正常飞行条件下这种交连并不严重，因此，分析和设计姿态控制系统回路可以将三个控制通道视作各自独立的通道。

经典的运载火箭姿态控制系统设计主要采用频域法，针对三通道线性化模型，计算系统的开环传递函数，设计系统控制参数，使各通道稳定裕度达到指标要求，从而保证控制系统稳定并满足一定的性能要求。当飞行过程中系统参数大范围变化时，需要针对不同的飞行状态和飞行环境，设计不同的控制参数。3.2 节将阐述控制系统频域设计的主要方法和准则，并通过实例加以说明。

运载火箭是风险性大的一次性使用产品，控制功能比较复杂。不仅要有好的性能，还必须能够适应恶劣的飞行环境，具有较高的可靠性。在设计、制造、试验和使用过程中必须采取有效措施，保证可靠性指标的实现，在设计中通常采用冗余设计。3.3 节将针对不同控制设备叙述冗余设计的主要方法和具体应用。

在设计具有多输入多输出或多反馈回路的系统时，经典控制方法具有一定的局限性。现代控制系统设计技术直接基于系统的状态空间模型，建立起描述系统性能的指标函数，借助于数值计算方法将所有控制增益同时求得，实现更快更直接的设计。以线性系统分析与综合、最优控制、最优估计和系统辨识理论为基础的现代控制理论在运载火箭控制系统设计中逐渐得到应用，本章 3.4 节将以线性二次型最优控制的调节器问题为例介绍控制系统的现代设计方法。

随着控制工程问题的复杂化，现代控制理论也逐渐遇到了很多实际应用问题，由于被控对象的模型很难精确描述，模型的不确定性对控制系统性能的影响较大，当参数发生变化时，系统的性能也无法达到期望的指标。为解决这些问题，自适应控制、预测控制、鲁棒控制等控制方法应运而生。自适应控制根据对象或扰动的变化调节控制参数或结构，保证控制性能。另外，针对系统的非线性模型直接进行控制系统设计的非线性控制方法也得到了广泛的研究，反馈线性化、变结构控制、反步法等方法是其中的代表。本书第 4 章将介绍以自适应控制等为代表的几种典型方法及其在控制系统设计中的应用。

现代控制理论主要依赖于控制对象精确模型，解决了系统的可观、可控、稳定性等问题，但对非线性强耦合系统的控制仍存在一定的局限性。智能控制方法的出现打破了传统控制器设计思想，为复杂非线性系统控制提供了新的途径。本书第 5 章将介绍以模糊控制、神经网络为代表的智能控制方法及其在非线性系统设计中的应用。

3.2　控制系统频域设计方法

3.2.1　控制系统频域设计

控制系统中的信号可以表示为不同频率正弦信号的合成，其频率特性是系统在正弦输入作用下，稳态输出的幅值和相位随正弦输入频率变化的规律，它和传递函数、微分方程一样，表征了系统的固有特性，应用频率特性研究线性系统的经典方法称为频域分析法。在火箭控制工程中，对数频率特性分析方法应用最为广泛。

对于单位负反馈系统来说，其开、闭环传递函数之间的关系为

$$\Phi(s)=\frac{G(s)}{1+G(s)}$$

式中：$\Phi(s)$为闭环传递函数；$G(s)$为开环传递函数。

闭环传递函数的结构和参数，唯一地取决于开环传递函数，这样可以直接利用开环频率特性来分析闭环系统的动态响应。

开环对数频率特性曲线包括对数幅频和对数相频两条曲线，其横坐标为输入信号的圆频率(rad/s)，按对数分度；纵坐标为对数幅频特性的函数值和对数相频特性的函数值，按线性分度。

相位裕度和幅值裕度是系统开环频率的重要指标，它们与闭环系统的动态性能密切相关。如图 3－2－1 所示，相位裕度的物理意义在于，在稳定系统的截止频率 ω_c 处，若系统相位再滞后 γ 角，则处于临界稳定状态；若相位滞后大于 γ 角，则系统处于不稳定状态。幅值裕度

的物理意义在于，稳定系统的开环增益再增大 h 倍，则 $\omega=\omega_g$ 处的幅值 $A(\omega_g)$ 等于1，系统处于临界稳定状态；若开环增益增大 h 倍以上，则系统将变成不稳定的。

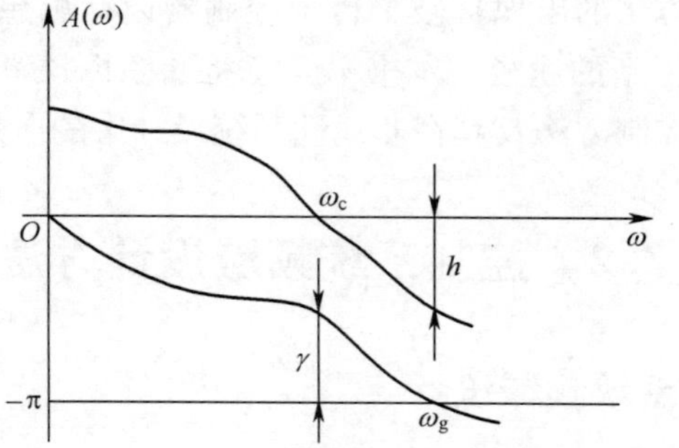

图 3-2-1　开环频率特性稳定裕度示意图

对于最小相位系统，要使系统稳定，要求相位裕度 $\gamma>0$，幅值裕度 $h>0\text{dB}$。为保证系统具有一定的相对稳定性，稳定裕度不能太小。在工程设计中，要求 $\gamma>30°$（一般选 $\gamma=40°\sim60°$），$h>6\text{dB}$（一般选10dB～20dB）。

以运载火箭为例，其频域设计和稳定性分析的主要步骤包括：

1）选取系统增益

（1）静态增益是指姿态角偏差到发动机摆角之间的稳态放大系数，取值决定于控制精度和稳定性要求，一般随飞行时间变化。

（2）动态增益是指姿态角速度到发动机摆角之间的稳态放大系数，取值应考虑稳定所需的信号超前量和各控制装置（主要是伺服机构）的惯性。

2）设计校正网络

姿态控制系统要同时对刚体姿态、弹性振动进行控制，设计具有足够稳定裕度的校正网络。系统开环频率特性的低频段表征了闭环系统的稳态性能；中频段表征了闭环系统的动态性能；高频段表征了闭环系统的复杂性和滤波性能。因此频域设计的实质，就是在系统中加入频率特性合适的校正网络，使其形成期望的开环频率特性。为保证系统控制精度,低频段要有足够的幅值;为保证系统具有适当的稳定裕度,中频段对数幅频穿越零分贝线的斜率应为每倍频程 6dB 左右;高频段应尽快减小幅值,以便滤掉不必要的高频附加运动和内外干扰。

针对弹性振动问题,控制系统频率特性的稳定方法有幅值稳定和相位稳定两种,各自的概念和特点如下:

(1) 幅值稳定。弹性振动幅值稳定的实质是发动机摆角产生的对弹性振动的激励小于弹性振动在固有阻尼作用下产生的衰减。因此弹性振动幅值稳定依赖于弹性振动的固有阻尼和控制系统对弹性振动信号的足够的衰减。因此幅值稳定方法的实质是如何加强校正网络在弹性频率处的滤波作用。

在工程中常常是把选择姿态角测量元件的安装位置和高频滤波结合起来使用。对校正网络来说,幅值稳定需要加强滤波,这会在低频引起较大的相位滞后,而刚体的稳定性又要求在低频有相位超前,这是矛盾的。所以通常只对相对于刚体控制频率而言振型频率较高的弹性振型采用幅值稳定方法。

(2) 相位稳定。弹性振动相位稳定的实质是把弹性振动信号作为控制信号的一部分,通过控制装置得到合适的相位,而对弹性振动产生附加阻尼作用,达到稳定的目的。因此,相位稳定不依赖于弹性振动的固有阻尼,但这将对控制装置的相频特性提出严格的要求,也即是对校正网络的相频特性提出严格的要求,此时校正网络应起到相位整形的作用。当弹性振型频率较低时,采用相位稳定比较容易和可靠。

3.2.2　系统特性对频域设计的要求

在频域中对系统进行分析、设计时,通常是以频域指标作为依据的,但是频域指标不如时域指标直观。下面讨论系统开环对数频率特性与系统时域响应性能指标的关系,并从系统特性出发对频域设计提出要求。

将实际系统的开环对数幅频特性分为三个频段:低频段、中频段和高频段。这三个频段包含了闭环系统性能不同方面的信息,需要分别进行讨论。

1. 系统稳态误差对低频段特性的要求

低频段通常是指开环对数幅频特性的渐近线第一个转折频率左边的频段,这一频段的特性完全由积分环节和开环增益决定。设低频段对应的传递函数为

$$G_{\mathrm{d}}(s)=\frac{K}{s^{v}}$$

则低频段对数幅频特性为

$$20\lg|G_{\mathrm{d}}(j\omega)|=20\lg\frac{K}{\omega^{v}}$$

"0"型系统:低频段的斜率为 0dB/dec。

"Ⅰ"型系统:低频段的斜率为-20dB/dec。

"Ⅱ"型系统:低频段的斜率为-40dB/dec。

将低频段对数幅频特性曲线延长线交于 0dB 线,交点频率 $\omega_0=K^{\frac{1}{v}}$。可以看出,对应积分环节数目越多,低频段斜率绝对值越大,开环增益越大,在闭环系统稳定的条件下,其稳态误差越小,稳态精度越高。因此,根据低频段确定系统型别 v 和开环增益 K,利用静态误差系数法可以求出系统在给定输入下的稳态误差。

2. 系统动态性能对中频段特性的要求

中频段是指开环对数幅频特性在截止频率 ω_{c} 附近的频段,这段特性集中反映了闭环系统动态响应的平稳性和快速性。

如果开环对数幅频特性曲线的中频段斜率为-20dB/dec,并且占据较宽的频率范围,只从平稳性和快速性着眼,可将开环系统特性近似为-20dB/dec 的直线,其对应的开环传递函数为

$$G(s)\approx\frac{K}{s}=\frac{\omega_{\mathrm{c}}}{s}$$

对于单位反馈系统,其闭环传递函数

$$\Phi(s)=\frac{G(s)}{1+G(s)}=\frac{\dfrac{\omega_{\mathrm{c}}}{s}}{1+\dfrac{\omega_{\mathrm{c}}}{s}}=\frac{1}{\dfrac{1}{\omega_{\mathrm{c}}}s+1}$$

这相当于一阶系统,其阶跃响应按指数规律变化,即系统具有较高的平稳性。而调节时间 $t_s = 3T = 3/\omega_c$,截止频率越高,t_s 越小,系统快速性越好。

因此将中频段配置为较宽的 -20dB/dec 斜率线,截止频率 ω_c 提高,系统将具有近似一阶模型的动态过程,超调量和调节时间小。

如果中频段是 -40dB/dec 的斜率,且占据较宽的频率范围,只从平稳性和快速性着眼,可将开环系统特性近似为 -40dB/dec 的直线,其对应的开环传递函数

$$G(s) \approx \frac{K}{s^2} = \frac{{\omega_c}^2}{s^2}$$

对于单位反馈系统,闭环传递函数

$$\Phi(s) \approx \frac{G(s)}{1+G(s)} \approx \frac{\dfrac{{\omega_c}^2}{s^2}}{1+\dfrac{{\omega_c}^2}{s^2}} = \frac{{\omega_c}^2}{s^2+{\omega_c}^2}$$

这相当于零阻尼($\zeta=0$)的二阶系统,系统处于临界稳定状态,动态过程持续振荡。

因此,中频段斜率为 -40dB/dec,所占频率范围不宜过宽,否则超调量和调节时间显著增大。

中频段斜率更陡,闭环系统将难以稳定。

因此,为保证系统具有满意的动态性能,希望开环对数幅频特性曲线以 -20dB/dec 的斜率穿越 0dB 线,并保持较宽的中频段范围,以得到良好的平稳性;并通过提高 ω_c 来满足系统的快速性要求。

3. 系统抗高频干扰能力对高频段特性的要求

高频段是指开环对数幅频特性曲线在中频段以后($\omega>10\omega_c$)的区段,这部分特性是由系统中时间常数很小且频带很高的部件决定的,其转折频率均远离截止频率 ω_c,所以对系统的动态性能影响不大。但是,从系统抗干扰的角度出发,研究高频段的特性是具有实际意义的。

在高频段,一般有 $20\lg|G(j\omega)| \ll 0$,即 $|G(j\omega)| \ll 1$。故可得

$$|\Phi(j\omega)|=\frac{|G(j\omega)|}{|1+G(j\omega)|}\approx|G(j\omega)|$$

即在高频段，闭环幅频特性近似等于开环幅频特性。

因此，高频段的幅值直接反映出系统对高频输入信号的抑制能力，高频段的分贝值越低，说明系统对高频信号的衰减作用越大，即系统的抗高频干扰能力越强。

综上所述，所希望的开环对数幅频特性应具有下述特点：

(1) 如果要求具有一阶或二阶无差度（即系统在阶跃或斜坡作用下无稳态误差），则低频段应具有-20dB/dec 或-40dB/dec 的斜率。为保证系统的稳态精度，低频段应具有较高的分贝值。

(2) 在中频段应以-20dB/dec 或-40dB/dec 的斜率穿过零分贝线，且具有一定的宽度。这样，系统就有足够的稳定裕度，使闭环系统具有较好的平稳性。

(3) 系统应具有较高的截止频率 ω_c，以提高闭环系统的快速性。

(4) 系统高频段幅值应尽可能小，以增强系统的抗高频干扰能力。

3.2.3 频域设计实例

本节以某火箭作为研究对象给出频域设计的过程，该设计过程具有一般性特点。未加入设计的增益和校正网络，考虑两阶弹性振动的俯仰通道开环传递函数的 bode 图如图 3-2-2 所示。

从图 3-2-2 中看出，整个频率段可以分成多个小段进行分析，大致分成三段：①低频段：0.3rad/s 以下的部分，这部分体现刚体的低频特性；②中频段：0.3rad/s ~ 5rad/s 的部分，这部分为刚体的主要特性频段，这一部分特性将对火箭的响应快慢起决定性的作用；③高频段：5rad/s 以上的部分，该部分的特性主要体现为弹性频率的特性，反映了弹性振动对刚体特性的影响。

在刚体部分，较高的截止频率体现出刚体运动的快速性，另外，相位裕度的高低也反映了稳定的裕度特性。因此针对刚体频段应能实现两个方面：①刚体的截止频率在合理的范围内；②有较高的相位裕度。

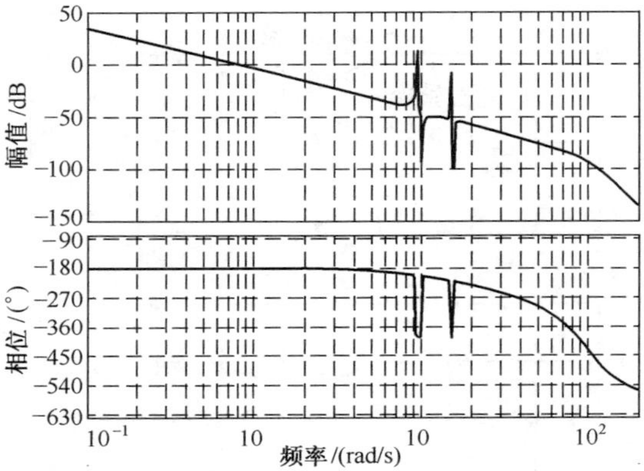

图3-2-2　俯仰通道2s频率特性图

1）静态增益的设计

对于俯仰通道，初选静态增益 a_0 时，a_0 按如下的方式确定

$$a_0=(2.5\sim3)\frac{|b_2|}{b_3}$$

2）动态增益的设计

一般是取动态增益 a_1 与静态增益 a_0 的比值来设计。

针对前面提到的控制对象，应用上述思路，设计的增益参数如图3-2-3所示。

在原火箭频率特性基础上，加入增益后的频率特性变化如图3-2-4所示。

从图3-2-4中可以看出，加入增益后，截止频率由0.8rad/s提高到1rad/s左右，提高截止频率的同时弹性频率的峰值也被相应地提高，这会导致弹性幅值不稳，因此有必要设计合适的校正网络，适当提高截止频率并降低弹性峰值。

针对图3-2-4所示的火箭弹性特性，在低频段设计一个超前环节，适当提高截止频率，超前环节传递函数如下所示

$$W(s)=\frac{(s/0.8+1)}{(s/1.5+1)}$$

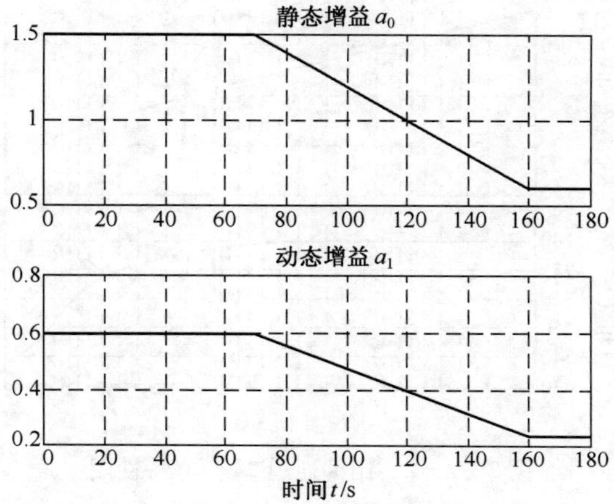

图 3－2－3 动静态增益参数曲线

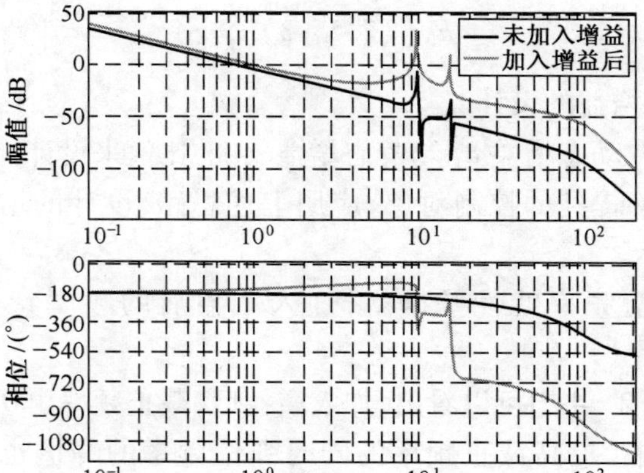

图 3－2－4 加入增益后频率特性对比图

超前环节频率特性如图 3－2－5 所示。

在中频段，设计一个漏斗形网络，减小弹性峰值来获得足够的裕度，设计的校正网络传递函数如下

$$W(s)=\frac{((s/15)^2+2\times0.05s/15+1)}{((s/12)^2+2\times0.8s/12+1)}\cdot\frac{((s/15)^2+2\times0.01s/15+1)}{((s/12)^2+2\times0.7s/12+1)}$$

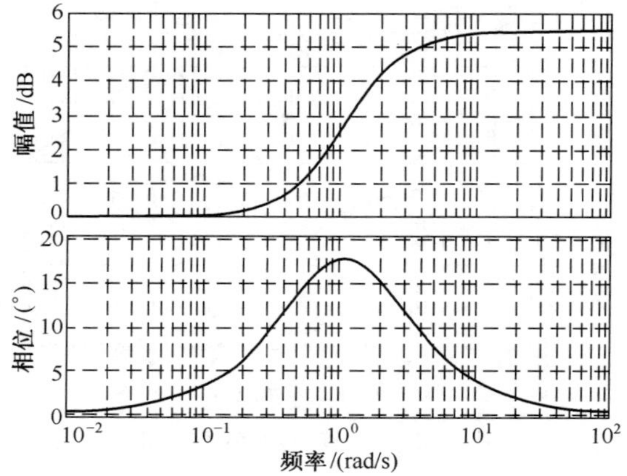

图3-2-5　超前环节频率特性

漏斗型陷波网络频率特性如图3-2-6所示。

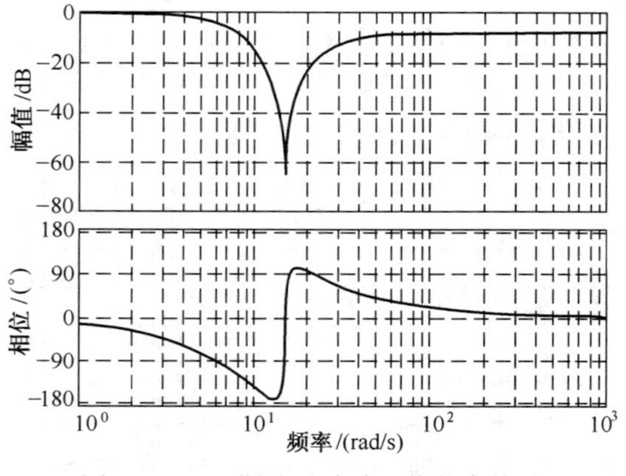

图3-2-6　漏斗型陷波网络频率特性

在高频段，设计一个低通滤波器来衰减高频信号，传递函数如下：

$$W(s)=\frac{1}{(s/10+1)}$$

校正网络频率特性如图 3-2-7 所示。

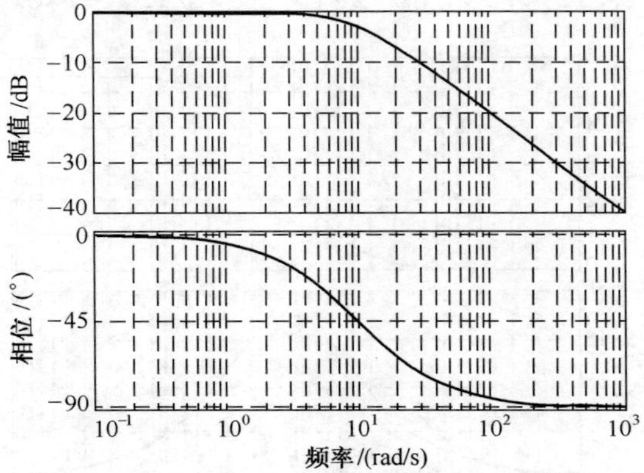

图 3-2-7 校正网络频率特性

综上所述,设计的综合校正网络如下:

$$W(s)=\frac{(s/0.8+1)}{(s/1.5+1)}\cdot\frac{((s/15)^2+2\times0.05s/15+1)}{((s/12)^2+2\times0.8s/12+1)}\cdot\frac{((s/15)^2+2\times0.01s/15+1)}{((s/12)^2+2\times0.7s/12+1)}\cdot\frac{1}{(s/10+1)}$$

综合校正网络频率特性如图 3-2-8 所示。

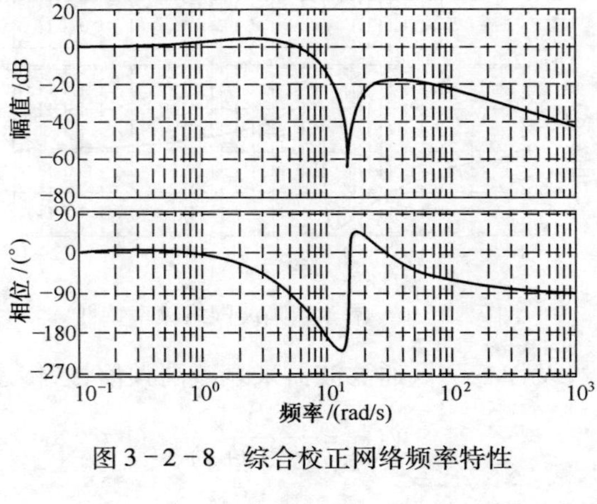

图 3-2-8 综合校正网络频率特性

未加入网络和加入网络后的频率特性对比图如图 3－2－9 所示。

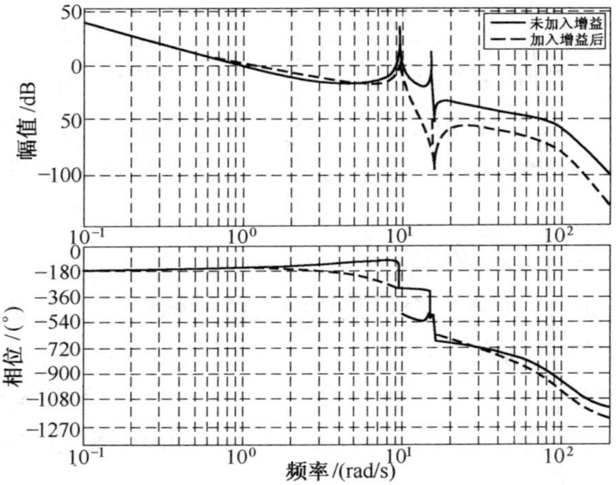

图 3－2－9　加入网络后频率特性对比图

从图 3－2－9 更可以看出，上述校正网络实现了两方面的作用：①实现了刚体截止频率和相位裕度的提高，截止频率由 1rad/s 提高到了 1.2rad/s 左右，这部分作用主要来源于超前环节；②实现了一阶弹性的相位稳定和二阶弹性的幅值稳定，二阶弹性幅值由原来的大于零到小于零，实现幅值稳定，这部分作用主要由两个陷波器网络和一个低通滤波器实现。在进行陷波器和低通滤波器设计时保证了对中频段的影响较小，从而使得高频段和中频段可以分开设计，降低了设计难度。

3.3　控制系统冗余设计

冗余设计就是在系统中加入额外的硬件资源和算法，当系统中某一装置出现故障时，可通过冗余的部件和算法对故障进行检测和重构，达到运用冗余设计吸收故障或隔离故障的目的，以保证系统正常运行，提高系统的可靠性。

3.3.1 惯性测量装置冗余

捷联惯组用于敏感火箭的姿态角速度，然后将信息发送给飞行控制计算机，计算机中的飞行软件进行导航计算，获得火箭相对于惯性空间的姿态角，以便进行导航、制导与控制。姿态角作为重要的控制量，其可靠性可通过多套捷联惯组系统级冗余或者单套捷联惯组的多表系统级冗余来实现。

1. 三捷联惯组系统级冗余

三捷联惯组系统级冗余可采用三套捷联惯组共支架安装的方式构成，一套惯组进行瞄准，另外两套惯组可通过安装位置关系确定方位。图3-3-1为三套惯组安装示意图。每套捷联惯组可测量的数据包括箭体绕三个轴的角速度 ω_x、ω_y、ω_z 和沿三个方向的视加速度 a_x、a_y、a_z。

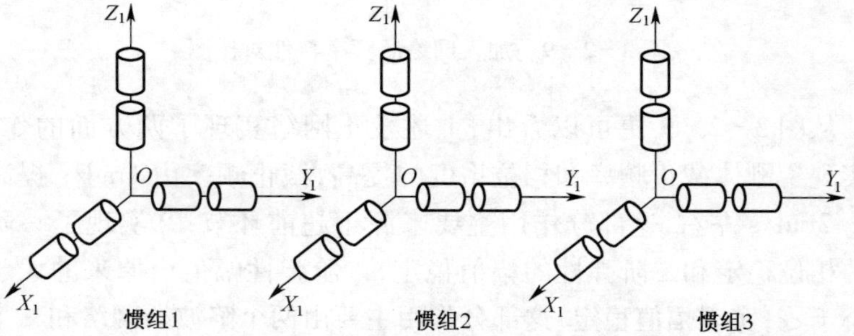

图3-3-1 三套惯组同轴安装示意图

惯性测量装置系统级冗余是根据获得的三惯组输出量，从整个控制系统的角度，进行典型故障阈值的设计，通过故障的判别和表决，输出诊断后的正确结果，计算火箭的姿态角、速度和位置等导航信息，进行控制律计算，实现火箭的稳定飞行。基本原理如图3-3-2所示。

其中，阈值的选择是非常重要的环节，数值必须在合理的范围内。数值不能选择太小，否则会将良好信息切除，出现误判；不能选择太大，否则无法判别出故障，出现漏判。阈值的设计必须根据火箭的飞行时间、过载、机动性、稳定性等要求进行选择，不同飞行段的阈值可能会有

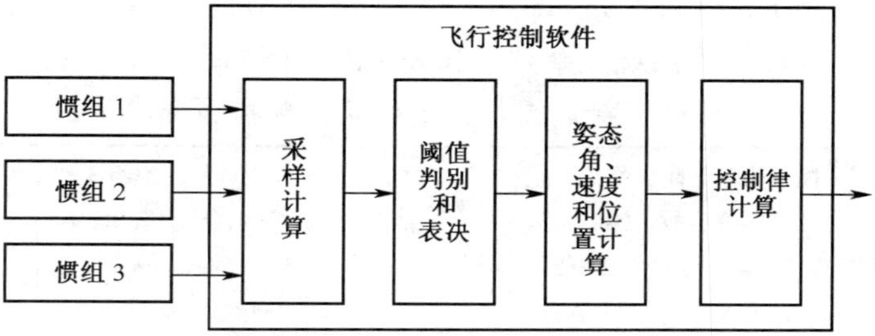

图3-3-2 三惯组系统级冗余示意图

所不同。

针对火箭飞行过程中惯组的常零值、极大值等不同故障模式,选择合适的阈值进行判别,得到各种故障模式下的故障标志;根据这些标志,获得陀螺和加表的综合故障标志;最后,对这些综合标志进行表决,获得最终的取值结果。具体的表决公式如下:

$$Flag_1 = Flag_{1gyro} + Flag_{1acc}$$

$$Flag_2 = Flag_{2gyro} + Flag_{2acc}$$

$$Flag_3 = Flag_{3gyro} + Flag_{3acc}$$

其中:$Flag_1$、$Flag_2$、$Flag_3$ 分别为惯组1、2、3的故障标志;

$Flag_{1gyro}$、$Flag_{2gyro}$、$Flag_{3gyro}$ 分别为惯组1、2、3的陀螺综合故障标志;

$Flag_{1acc}$、$Flag_{2acc}$、$Flag_{3acc}$ 分别为惯组1、2、3的加表综合故障标志。

在使用过程中,遵循下列原则

(1)当 $Flag_1$、$Flag_2$、$Flag_3$ 都为0时,取惯组1或2或3的数值;

(2)当 $Flag_1$ 为1,而 $Flag_2$、$Flag_3$ 都为0时,取惯组2或3的数值;

(3)当 $Flag_2$ 为1,而 $Flag_1$、$Flag_3$ 都为0时,取惯组1或3的数值;

(4)当 $Flag_3$ 为1,而 $Flag_1$、$Flag_2$ 都为0时,取惯组1或2的数值;

（5）当 $Flag_1$ 和 $Flag_2$ 都为 1，而 $Flag_3$ 为 0 时，取惯组 3 的数值。

rv 三捷联惯组系统冗余判别和表决的示例如表 3－1－1 所列。

表 3－11　三捷联惯组系统级冗余判别和表决示例

序号	惯组 1 陀螺综合故障标志 $Flag_{1gyro}$	惯组 2 陀螺综合故障标志 $Flag_{2gyro}$	惯组 3 陀螺综合故障标志 $Flag_{3gyro}$	陀螺判别结果	惯组 1 加表综合故障标志 $Flag_{1acc}$	惯组 2 加表综合故障标志 $Flag_{2acc}$	惯组 3 加表综合故障标志 $Flag_{3acc}$	加表判别结果	惯组表决结果
1	0	0	0	陀螺均无故障	0	0	0	加表均无故障	陀螺和加表均取惯组 1
2	1	0	0	惯组 1 陀螺 α 轴故障	0	0	0	加表均无故障	陀螺和加表均取惯组 2
3	0	1	0	惯组 2 陀螺 α 轴故障	0	0	0	加表均无故障	陀螺和加表均取惯组 1
4	0	0	1	惯组 3 陀螺 α 轴故障	0	0	0	加表均无故障	陀螺和加表均取惯组 1

（续）

序号	惯组1陀螺综合故障标志 $Flag_{1gyro}$	惯组2陀螺综合故障标志 $Flag_{2gyro}$	惯组3陀螺综合故障标志 $Flag_{3gyro}$	陀螺判别结果	惯组1加表综合故障标志 $Flag_{1acc}$	惯组2加表综合故障标志 $Flag_{2acc}$	惯组3加表综合故障标志 $Flag_{3acc}$	加表判别结果	惯组表决结果
5	1	0	0	惯组1陀螺α轴故障	0	1	0	惯组2加表α轴故障	陀螺和加表均取惯组3
…	…	…	…	…	…	…	…	…	…

从中可以看出：根据陀螺和加表的综合故障标志，实现了故障情况下的惯组输出表决，能够选择无故障惯组进行飞行控制，提高火箭的故障适应能力。

2. 单惯组多表冗余

考虑到控制系统对惯性测量装置的质量要求，某些火箭只允许安装一套捷联惯组装置。为此，从系统重构的角度出发，采用单惯组多表冗余方案，以保证控制系统的可靠性。这种冗余方式的优点是硬件配置简单，可以诊断部分两度故障；缺点是奇偶检测门限设计有一定难度。在此，以单惯组十表冗余方案为例，说明其工作原理。

单惯组十表冗余方案安装如图3－3－3所示，该方案共包括5个加速度表和5个陀螺仪，其中在X轴、Y轴、Z轴各安装1个加速度表和1个陀螺仪，另外增加斜置F轴和斜置S轴，斜置轴安装在与X轴、Y轴、Z轴成一定夹角的方向上，且在每个斜置轴上也安装1个加速度表和1个陀螺仪。在对火箭绕三个轴的角速度ω_x、ω_y、ω_z和沿三个方向的视加速度a_x、a_y、a_z实时测量的过程中，当某一正交轴故障时，根据斜置轴上的数据,经过投影可以推算出可用的导航信息。也就是说在单惯组十表冗余方案中,当任一轴出现一度故障时,仍然可以解算出火箭的导航信息,提高系统的可靠性。

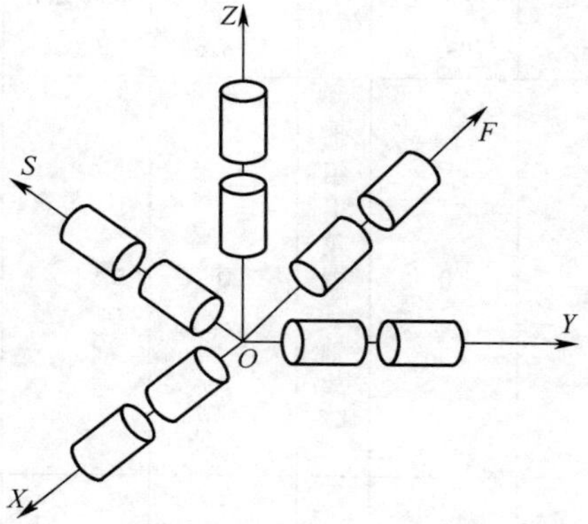

图 3-3-3 单惯组十表冗余方案安装示意图

单惯组多表冗余方案的误差与故障模型、动态阈值设计、故障检测方法等与三捷联惯组系统级冗余方案基本类似,在此不做详细分析。

3.3.2 速率陀螺冗余

对于一些大型的航天运载器,在姿态控制系统中,除了用捷联惯组获得角速度,在箭体其他位置也安装了速率陀螺,这不仅可解决弹性振动的稳定问题,还可以提高系统抗交变干扰的能力,降低校正网络设计的难度。为了提高角速度信息的可靠性,速率陀螺系统级冗余显得尤为重要。本节中将讨论这类安装在航天火箭其他位置的速率陀螺的冗余设计。

在实际的应用中,根据双速率陀螺信息的不同使用方法,有两种冗余方案。

第一种方案是在各通道速率陀螺安装处再备份一套速率陀螺,以这两组速率陀螺构成双冗余系统。双速率陀螺冗余方案的姿态控制系统框图如图3－3－4所示。

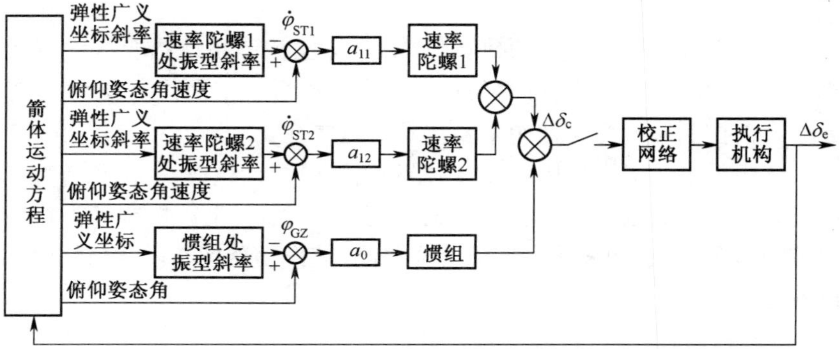

图3－3－4 双速率陀螺冗余方案姿态控制系统框图

对系统进行简化，则系统控制方程可简化为

$$\Delta\delta_c = a_0\varphi_{GZ}W_{GZ}(s) + a_{11}\dot{\varphi}_{ST1}W_{ST1}(s) + a_{12}\dot{\varphi}_{ST2}W_{ST2}(s) \tag{3-3-1}$$

不加冗余部件的系统控制方程为

$$\Delta\delta_c = a_0\varphi_{GZ}W_{GZ}(s) + a_1\dot{\varphi}_{ST}W_{ST}(s) \tag{3-3-2}$$

式中：a_0 为惯组通道放大系数；a_{11}、a_{12} 为速率陀螺通道放大系数；$W_{ST1}(s)$，$W_{ST2}(s)$ 为速率陀螺传递函数；$W_{GZ}(s)$ 为惯组传递函数。令 $a_{11} = a_{12} = a_1/2$，$W_{ST1}(s) = W_{ST2}(s)$。

由式(3－3－1)可知，当两套速率陀螺都正常工作时，系统稳定，且稳定裕度不变；当有一套速率陀螺出现故障，且速率陀螺输出大于故障门限时，系统剔除故障信息，稳定裕度不变；当有一套速率陀螺出现故障，且速率陀螺输出小于故障门限时，系统吸收故障，稳定裕度下降。

由式(3－3－2)可知，若不加冗余部件，则速率陀螺出现任何故障都会代入系统，稳定裕度严重下降，可能使系统不稳定。

第二种方案是利用捷联惯组和两套速率陀螺进行系统级冗余，当某一套速率陀螺出现故障时，系统可剔除故障，使用正常速率陀螺信息，且稳定裕度不变。具体方案不再赘述。

3.3.3　伺服系统冗余

伺服系统是控制系统的执行机构，它根据控制系统指令操纵发动机摆动，以实现飞行时的推力矢量控制。伺服系统采用冗余技术，是提高航天器控制系统可靠性的重要技术措施之一。

伺服系统一般由伺服阀、作动器和反馈电位计组成，三个环节都利用三冗余故障吸收方案。在航天器飞行过程中，由飞行控制计算机发出控制指令，通过功率放大器驱动伺服阀，使作动器摆动。冗余伺服系统框图如图3-3-5所示。

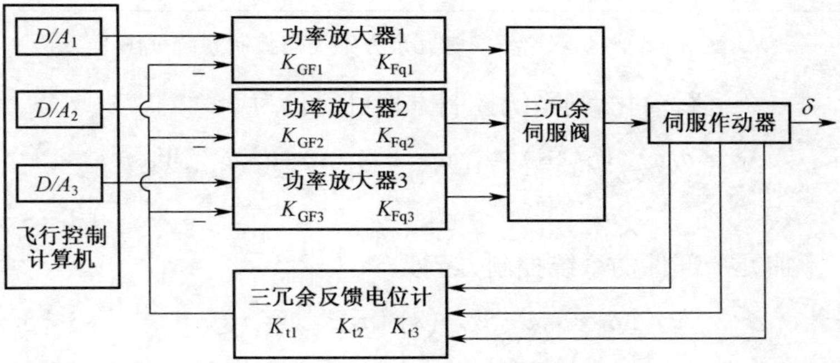

图3-3-5　冗余伺服系统框图

当这种故障吸收电路中的一路信号输出失效时，虽然不影响伺服机构工作，但对伺服机构性能是有影响的。

冗余伺服系统简化框图如图3-3-6所示。

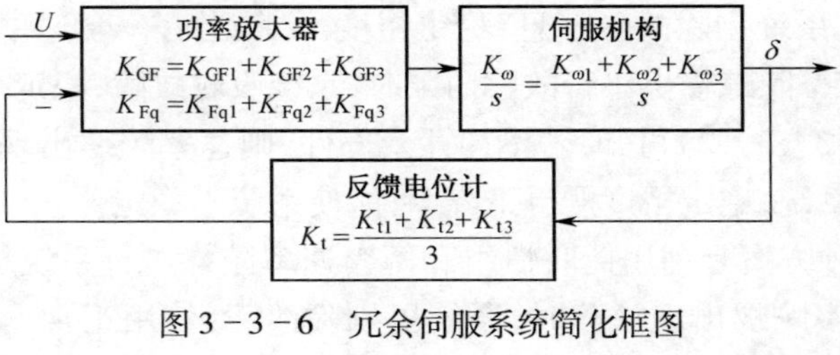

图3-3-6　冗余伺服系统简化框图

图 3-3-9 中

$$K_{\mathrm{GF1}}=K_{\mathrm{GF2}}=K_{\mathrm{GF3}}=\frac{1}{3}K_{\mathrm{GF}}$$

$$K_{\mathrm{Fq1}}=K_{\mathrm{Fq2}}=K_{\mathrm{Fq3}}=\frac{1}{3}K_{\mathrm{Fq}}$$

$$K_{\mathrm{t1}}=K_{\mathrm{t2}}=K_{\mathrm{t3}}=\frac{1}{3}K_{\mathrm{t}}$$

$$K_{\omega1}=K_{\omega2}=K_{\omega3}=\frac{1}{3}K_{\omega}$$

伺服系统传递函数为

$$\frac{\delta}{u}=K_{\mathrm{GF}}\frac{\frac{K_{\omega}}{s}}{1+K_{t}K_{\mathrm{Fq}}\frac{K_{\omega}}{s}}=K_{\mathrm{GF}}\frac{K_{\mathrm{ZX}}}{Ts+1}$$

式中：$K_{\mathrm{ZX}}=\frac{1}{K_{\mathrm{t}}K_{\mathrm{Fq}}}$；$T=\frac{1}{K_{\mathrm{t}}K_{\mathrm{Fq}}K_{\omega}}$。

例如，当反馈电位计一路信号失效后，静态特性方面，K_{t} 变为正常状态下的 2/3，K_{ZX}变为正常状态下的 3/2，则伺服系统放大系数是正常状态下的 1.5 倍，即增加 3.5dB。系统设计时，一般额定状态刚体幅值裕度要大于 6dB，故不会造成系统的失稳。动态特性方面，伺服系统时间常数 T 为原来的 1.5 倍，快速下降，对伺服系统动态特性有所影响。实现了伺服机构通过冗余设计吸收故障的目的。

3.4　控制系统现代设计方法

现代控制理论适用于多变量时变系统，在本质上是一种“时域法”，但不是经典频域法的时域回归，而是新的分析方法。现代控制理论研究内容非常广泛，主要包括三方面基本内容：多变量线性系统理论、最优控制理论以及最优估计与系统辨识理论。现代控制理论从理论上解决了系统的能控性、能观性、稳定性以及复杂系统的控制问题。

最优控制理论是研究和解决从所有可能的控制方案中寻找最优解的一门学科。具体地说,就是研究被控系统在给定的约束条件和性能指标下,寻求使性能指标达到最佳值的控制规律问题。本节以线性二次型最优控制问题为例介绍了现代控制理论在运载火箭控制系统设计中的应用,其他的现代先进控制方法和智能控制方法将在后续章节中介绍。

3.4.1 线性二次型最优控制问题

线性系统的二次型最优控制器设计可归结为求解非线性黎卡提(Riccati)矩阵微分方程或代数方程。目前,黎卡提矩阵方程的求解已有标准的计算机程序可供使用。

所要研究的线性二次型最优控制问题可表示如下:

设线性时变系统的状态方程为

$$\dot{\boldsymbol{X}}(t)=\boldsymbol{A}(t)\boldsymbol{X}(t)+\boldsymbol{B}(t)\boldsymbol{U}(t) \tag{3-4-1}$$

$$\boldsymbol{Y}(t)=\boldsymbol{C}(t)\boldsymbol{X}(t) \tag{3-4-2}$$

式中:$\boldsymbol{X}(t)$为n维状态向量;$\boldsymbol{U}(t)$为m维控制向量;$\boldsymbol{Y}(t)$为l维输出向量;$\boldsymbol{A}(t)$为$m\times n$维系统矩阵;$\boldsymbol{B}(t)$为$n\times m$维控制矩阵;$\boldsymbol{C}(t)$为$l\times n$维输出矩阵。假设$0<l\leqslant m\leqslant n$,且$\boldsymbol{U}(t)$不受任何约束。

令误差向量$\boldsymbol{e}(t)$为

$$\boldsymbol{e}(t)=\boldsymbol{Z}(t)-\boldsymbol{Y}(t) \tag{3-4-3}$$

式中:$\boldsymbol{Z}(t)$为l维理想输出向量。

最优二次型控制问题就是寻找最优控制,使下面的性能指标最小

$$J(u)=\frac{1}{2}\boldsymbol{e}^{\mathrm{T}}(t_f)\boldsymbol{P}\boldsymbol{e}(t_f)+\frac{1}{2}\int_{t_0}^{t_f}[\boldsymbol{e}^{\mathrm{T}}(t)\boldsymbol{Q}(t)\boldsymbol{e}(t)+\boldsymbol{U}^{\mathrm{T}}(t)\boldsymbol{R}(t)\boldsymbol{U}(t)]\mathrm{d}t \tag{3-4-4}$$

式中:$\boldsymbol{P}$是$l\times l$维对称半正定常数阵;$\boldsymbol{Q}(t)$是$l\times l$维对称半正定阵;$\boldsymbol{R}(t)$是$m\times m$维对称正定阵;t_f是终端时间。

综合而言,性能指标$J(u)$最小表示用适当的控制量来保持较小的误差,以达到能量消耗、动态误差和终端误差的综合最优。

连续系统的有限时间状态调节器问题可以归结为黎卡提矩阵微分方程的求解，其最优反馈控制器是状态反馈形式，且状态反馈增益阵是时变的，工程实现难度很大。因此，工程应用领域更希望获得常值最优反馈增益阵。

当系统状态方程和性能指标中的加权矩阵都是定常的，积分指标上限无穷大时，可得到常值最优反馈增益阵，称为无限时间的状态调节器问题。

线性定常系统：

$$\dot{\boldsymbol{X}}(t)=\boldsymbol{AX}(t)+\boldsymbol{BU}(t) \tag{3-4-5}$$

$\boldsymbol{X}$ 为 n 维矩阵，$\boldsymbol{U}$ 为 m 维矩阵，系统是可控的或至少是可镇定的（可镇定指不可控的状态是渐近稳定的）。性能指标为

$$J=\frac{1}{2}\int_0^{\infty}(\boldsymbol{X}^{\mathrm{T}}\boldsymbol{QX}+\boldsymbol{U}^{\mathrm{T}}\boldsymbol{RU})\,\mathrm{d}t \tag{3-4-6}$$

其中 $\boldsymbol{U}$ 不受约束，$\boldsymbol{Q}$ 和 $\boldsymbol{R}$ 为常数对称正定阵，或者可将对 $\boldsymbol{Q}$ 的要求改为 $\boldsymbol{Q}$ 对称半正定，(A,Q_1) 可观测，或至少可检测（可检测指不可观测的状态是渐近稳定的），$\boldsymbol{Q}_1$ 是 $\boldsymbol{Q}$ 的矩阵平方根，即 $\boldsymbol{Q}=\boldsymbol{Q}_1^{\mathrm{T}}\boldsymbol{Q}_1$。

使 J 取极小值的最优控制可表示为

$$U(t)=-\boldsymbol{R}^{-1}\boldsymbol{B}^{\mathrm{T}}\boldsymbol{K}X(t)=-\boldsymbol{G}X(t) \tag{3-4-7}$$

其中 $\boldsymbol{G}$ 为 $m\times n$ 维常数阵，称为反馈增益阵，$\boldsymbol{K}$ 为 $n\times n$ 维正定对称阵，满足下面的黎卡提矩阵代数方程：

$$-\boldsymbol{KA}-\boldsymbol{A}^{\mathrm{T}}\boldsymbol{K}+\boldsymbol{KBR}^{-1}\boldsymbol{B}^{\mathrm{T}}\boldsymbol{K}-\boldsymbol{Q}=0 \tag{3-4-8}$$

3.4.2　运载火箭最优控制器设计

本节以运载火箭姿态控制系统的设计为例说明线性二次型最优控制在航天控制工程中的应用。

为分析问题方便，这里仅考虑火箭的刚体运动，忽略箭体自身弹性振动的影响，其在外干扰的情况下的俯仰扰动运动方程为

$$\dot{\theta}=c_1\alpha+c_2\theta+c_3\delta_{\varphi}+c_3''\delta_{\varphi}'+c_1'(\alpha_w+\alpha_{\mathrm{np}})-F_{\mathrm{yc}}$$

$$\ddot{\varphi}+b_1\dot{\varphi}+b_2\alpha+b_3\delta_\varphi+b_3''\ddot{\delta}_\varphi+b_2(\alpha_w+\alpha_{\mathrm{np}})=M_{\mathrm{zc}}$$
$$\varphi=\alpha+\theta$$

式中:α 为攻角;θ 为弹道倾角;α_w 为切变风风攻角;α_{np} 为平稳风风攻角;δ_φ 为舵偏角;F_{yc} 和 M_{zc} 为结构干扰力和力矩;$c_1,c_2,c_3,c_3'',c_1',b_1,b_2,b_3,b_3''$ 为俯仰通道动力学系数。

选 θ、φ 和 $\dot{\varphi}$ 为状态变量,δ_φ 为控制变量,因 $c_3''\ddot{\delta}_\varphi$ 为小量,可视作干扰量对待。俯仰通道的状态方程写成矩阵的形式为

$$\begin{bmatrix}\dot{\theta}\\ \dot{\varphi}\\ \ddot{\varphi}\end{bmatrix}=\begin{bmatrix}c_2-c_1 & c_1 & 0\\ 0 & 0 & 1\\ b_2 & -b_2 & -b_1\end{bmatrix}\begin{bmatrix}\theta\\ \varphi\\ \dot{\varphi}\end{bmatrix}+\begin{bmatrix}c_3\\ 0\\ -b_3\end{bmatrix}\delta_\varphi+\begin{bmatrix}c_3''\ddot{\delta}_\varphi+c_1'(\alpha_w+\alpha_{\mathrm{np}})-F_{yc}\\ 0\\ -b_3''\ddot{\delta}_\varphi-b_2(\alpha_w+\alpha_{\mathrm{np}})+M_{zc}\end{bmatrix} \tag{3-4-9}$$

设

$$[\boldsymbol{A}(t)]=\begin{bmatrix}c_2-c_1 & c_1 & 0\\ 0 & 0 & 1\\ b_2 & -b_2 & -b_1\end{bmatrix},[\boldsymbol{B}(t)]=\begin{bmatrix}c_3\\ 0\\ -b_3\end{bmatrix}$$

$$[\boldsymbol{D}(t)]=\begin{bmatrix}c_3''\ddot{\delta}_\varphi+c_1'(\alpha_w+\alpha_{\mathrm{np}})-F_{yc}\\ 0\\ -b_3''\ddot{\delta}_\varphi-b_2(\alpha_w+\alpha_{\mathrm{np}})+M_{zc}\end{bmatrix},[\boldsymbol{X}_\varphi]=\begin{bmatrix}\theta\\ \varphi\\ \dot{\varphi}\end{bmatrix}$$

将上式表示为

$$[\dot{\boldsymbol{X}}_\varphi]=[\boldsymbol{A}(t)][\boldsymbol{X}_\varphi]+[\boldsymbol{B}(t)]\delta_\varphi+[\boldsymbol{D}(t)] \tag{3-4-10}$$

上述方程的系数是随时间变化的。但是姿态控制系统关心的是箭体绕质心的姿态角运动,而运载火箭绕质心运动的暂态过程比方程系数变化要快得多。因此可以近似认为在姿态角偏差暂态过程中方程系

数不变。

经上述简化，式(3－4－9)在不同的飞行时刻可视为常系数方程。因此，式(3－4－10)中的矩阵可视为常数阵。

在某飞行时刻，式(3－4－10)可写为

$$\dot{\boldsymbol{X}}_{\varphi}=\boldsymbol{A}X_{\varphi}+\boldsymbol{B}\delta_{\varphi}+\boldsymbol{D}$$

因此，可以基于上述模型进行控制器的设计。

为简化分析，在设计的过程中将干扰项忽略，并引入姿态输出，运载火箭的模型简化为

$$\begin{bmatrix}\dot{\theta}\\ \dot{\varphi}\\ \ddot{\varphi}\end{bmatrix}=\begin{bmatrix}c_2-c_1 & c_1 & 0\\ 0 & 0 & 1\\ b_2 & -b_2 & -b_1\end{bmatrix}\begin{bmatrix}\theta\\ \varphi\\ \dot{\varphi}\end{bmatrix}+\begin{bmatrix}c_3\\ 0\\ -b_3\end{bmatrix}\delta_{\varphi}$$

$$[\boldsymbol{\varphi}]=[0\quad 1\quad 0]\begin{bmatrix}\theta\\ \varphi\\ \dot{\varphi}\end{bmatrix}$$

从上式可以看出，$[\theta\quad \varphi\quad \dot{\varphi}]$为状态量，舵偏角 δ_{φ} 为控制量，也是执行机构的输出量。

执行机构可简化为一阶系统：

$$Z(s)=\frac{1}{Ts+1}$$

考虑执行机构模型，以执行机构的指令 u 为系统输入，以姿态角 φ 为系统输出，得到增广后的系统方程。

$$\begin{bmatrix}\dot{\delta}_{\varphi}\\ \dot{\theta}\\ \dot{\varphi}\\ \ddot{\varphi}\end{bmatrix}=\begin{bmatrix}-\frac{1}{T} & 0 & 0 & 0\\ c_3 & c_2-c_1 & c_1 & 0\\ 0 & 0 & 0 & 1\\ -b_3 & b_2 & -b_2 & -b_1\end{bmatrix}\begin{bmatrix}\delta_{\varphi}\\ \theta\\ \varphi\\ \dot{\varphi}\end{bmatrix}+\begin{bmatrix}\frac{1}{T}\\ 0\\ 0\\ 0\end{bmatrix}u$$

$$[\boldsymbol{\varphi}]=[0\quad 0\quad 1\quad 0]\begin{bmatrix}\delta_\varphi\\ \theta\\ \varphi\\ \dot{\varphi}\end{bmatrix}$$

即

$$\dot{X}=\boldsymbol{A}\boldsymbol{X}+\boldsymbol{B}U$$
$$Y=\boldsymbol{C}\boldsymbol{X}$$

其中

$$\boldsymbol{X}=[\delta_\varphi\quad \theta\quad \varphi\quad \dot{\varphi}]^{\mathrm{T}},Y=\varphi$$

某飞行时刻的俯仰通道模型为

$$\begin{bmatrix}\dot{\delta}_\varphi\\ \dot{\theta}\\ \dot{\varphi}\\ \ddot{\varphi}\end{bmatrix}=\begin{bmatrix}-0.25 & 0 & 0 & 0\\ 0.0002 & -0.0049 & 0.0064 & 0\\ 0 & 0 & 0 & 1\\ -0.3652 & -0.6079 & 0.6079 & 0\end{bmatrix}\begin{bmatrix}\delta_\varphi\\ \theta\\ \varphi\\ \dot{\varphi}\end{bmatrix}+\begin{bmatrix}0.25\\ 0\\ 0\\ 0\end{bmatrix}u$$

$$[\boldsymbol{\varphi}]=[0\quad 0\quad 1\quad 0]\begin{bmatrix}\delta_\varphi\\ \theta\\ \varphi\\ \dot{\varphi}\end{bmatrix}$$

其开环特征多项式为

$$\Delta(s)=s^4+0.2549s^3-0.6067s^2-0.1511s+0.000228$$

其特征根为

$$s_1=0.7765,s_2=-0.7828,s_3=-0.2504,s_4=0.00149$$

可以看出系统在右半平面有两个不稳定的极点。以下式作为性能指标对控制系统进行设计：

$$J=\frac{1}{2}\int_{t_0}^{t_f}[\boldsymbol{x}^{\mathrm{T}}(t)\boldsymbol{Q}(t)\boldsymbol{x}(t)+\boldsymbol{u}^{\mathrm{T}}(t)\boldsymbol{R}(t)\boldsymbol{u}(t)]\mathrm{d}t$$

在 MATLAB 中进行最优二次型设计，利用其中命令 $[K,P,E]=LQR(A,B,Q,R,N)$ 调整矩阵 $\boldsymbol{Q}$ 和 $\boldsymbol{R}$ 的取值，可以得到不同的反馈增益阵 $\boldsymbol{K}$，利用得到的矩阵 $\boldsymbol{K}$ 构成闭环反馈系统，施加单位阶跃信号，得到响应曲线，取其中跟踪性能较为理想的一组作为选定的反馈参数。

通过试凑，选择 $\boldsymbol{Q}=\mathrm{diag}(0\quad 0\quad 10000\quad 0)$，$\boldsymbol{R}=1$ 使响应满足要求。此时反馈增益阵

$$\boldsymbol{K}=[16.5389\quad 29.1711\quad -129.1651\quad -104.9416]$$

系统闭环特征根为

$$s_1=-2.1913,s_2=-1.0967+1.7217\mathrm{i},$$
$$s_3=-1.0967-1.7217\mathrm{i},s_4=-0.0052$$

可以看出，通过最优控制器的设计，系统由不稳定变得稳定。

给出初始俯仰姿态角偏差 0.5°，通过仿真得到系统时域响应满足性能指标的要求，响应曲线如图 3-4-1、图 3-4-2 所示。

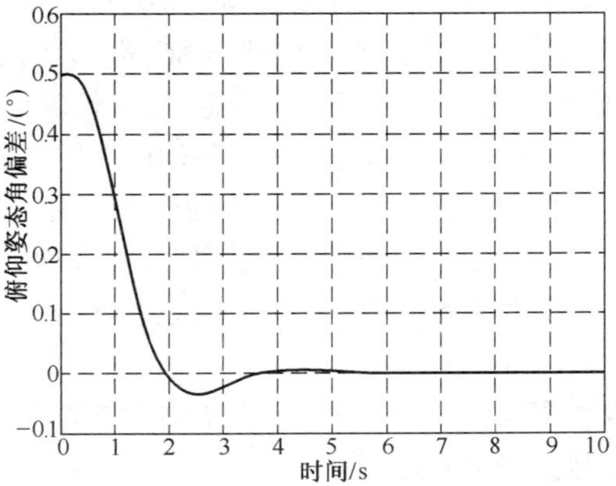

图 3-4-1　俯仰姿态角偏差响应曲线

3.4.3　加权矩阵设计优化

最优二次型控制器的控制系统性能与加权阵 $\boldsymbol{Q}$、$\boldsymbol{R}$ 的选择有关，合理的加权阵可以使系统响应快速、平稳。当 $\boldsymbol{Q}$、$\boldsymbol{R}$ 阵的选择不合理时，虽然也能够得到最优二次型问题的解，但这时系统的响应无法满足设

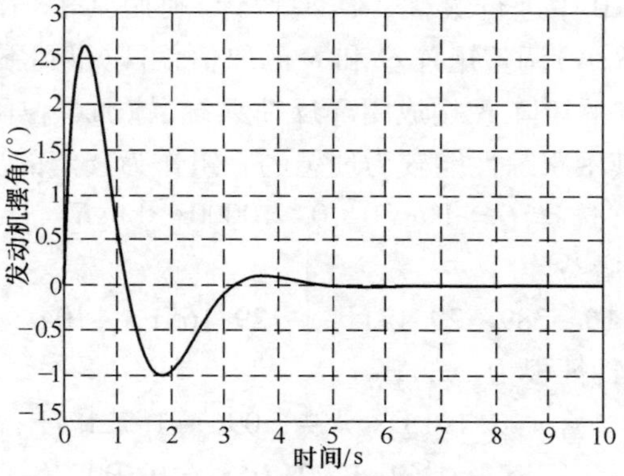

图 3-4-2 发动机摆角响应曲线

计要求。目前,加权阵 $\boldsymbol{Q}$、$\boldsymbol{R}$ 的选择尚未形成一定的准则,为寻求适当的加权阵通常需要反复调节加权阵,不断重复设计流程。繁复的试凑影响了设计效率,同时也不能保证系统满足特定的性能指标。

遗传算法是模拟生物在自然界中遗传和进化过程而形成的一种自适应全局优化概率搜索算法。其基本思想是:从代表优化问题解的一组初值开始进行搜索,这组解称为种群,种群由一定数量、基因编码的个体组成,每个个体称为染色体。通过不同染色体的复制、交叉或变异产生新的个体,按照适者生存和优胜劣汰的原理,在每一代里根据问题域中个体的适应度大小挑选并淘汰个体,逐代演化计算出最优的近似解。

因此,可以利用遗传算法自动寻优进行加权矩阵的设计优化。

首先将加权阵($\boldsymbol{Q}$,$\boldsymbol{R}$)编码为

$$\boldsymbol{\Lambda}=\{q_1 \quad \cdots \quad q_n \quad r_1 \quad \cdots \quad r_m\} \tag{3-4-11}$$

已知 $\boldsymbol{Q}$ 阵为正定阵,$\boldsymbol{R}$ 阵为半正定阵,通常情况下可将其取为对角阵。上式中,$q_i>0(i=1,\cdots,n)$表示 $\boldsymbol{Q}$ 阵对角线元素,$r_i\geqslant 0(i=1,\cdots,m)$表示 $\boldsymbol{R}$ 阵对角线元素。

选择 $\boldsymbol{Q}=\boldsymbol{C}'\boldsymbol{C}$,$\boldsymbol{R}=\boldsymbol{B}'\boldsymbol{B}$ 作为遗传算法的初始种群,定义遗传算法的适应度函数为

$$J_{\text{fit}}=\int_0^t|\varphi(t)|\,\mathrm{d}t \tag{3-4-12}$$

上式表示系统时域响应绝对值的积分,积分值小对应系统趋于稳态的时域响应具有较小的调节时间和超调量。另外,在搜索过程中还需通过控制量阈值设置来调节寻优方向,避免控制量超限。也可通过适当形式将控制量引入适应度函数来平衡控制输出,这里不再赘述。

运行遗传算法需要设定的参数还包括:种群大小、交叉概率和变异概率等。这些参数的取值均会影响遗传算法搜索的效率与精度,此处不再赘述,有兴趣的读者可参考文献。

在上一节设计和仿真的基础上,最优控制的$\boldsymbol{Q}$、$\boldsymbol{R}$阵的选取如下:

$$\boldsymbol{Q}=\begin{bmatrix}q_1 & & & 0\\ & q_2 & & \\ & & q_3 & \\ 0 & & & q_4\end{bmatrix} \tag{3-4-13}$$

$$\boldsymbol{R}=r$$

则遗传算法的优化变量取为

$$\boldsymbol{g}=\{q_1,q_2,q_3,q_4,r\} \tag{3-4-14}$$

上述问题为非线性有约束最优化问题。MATLAB 7.1 遗传算法工具箱中的主函数 $ga(\cdot)$ 可以直接求解带有各种约束条件的最优化问题。

经过遗传算法优化后,所得($\boldsymbol{Q}$,$\boldsymbol{R}$)阵使适应度函数最小,从而使相应的时域性能指标最优,避免了繁复的试凑工作。

经过遗传算法优化的结果为

$$\boldsymbol{Q}=\begin{bmatrix}0 & & & \\ & 0 & & \\ & & 9.6704\times10^5 & \\ & & & 0\end{bmatrix} \tag{3-4-15}$$

$$\boldsymbol{R}=0.7984$$

相应的反馈控制器为

$$u(t) = -kx(t)$$

$$\boldsymbol{k} = [36.5601, 62.4874, -1.1630\times10^3, -482.4971] \tag{3-4-16}$$

同样给出初始俯仰姿态角偏差 0.5°，仿真得到系统时域响应，通过比较可知：经过遗传算法寻优所得的系统响应性能指标明显优于上一节的传统试凑法，并提高了设计效率。相关结果如图 3－4－3 和图 3－4－4 所示。

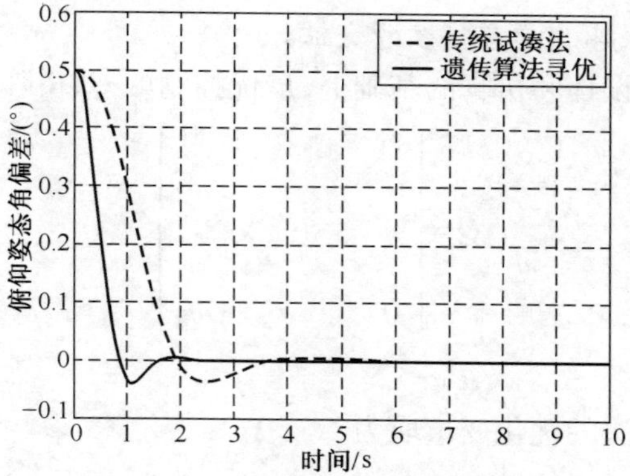

图 3－4－3　俯仰姿态角偏差响应曲线对比

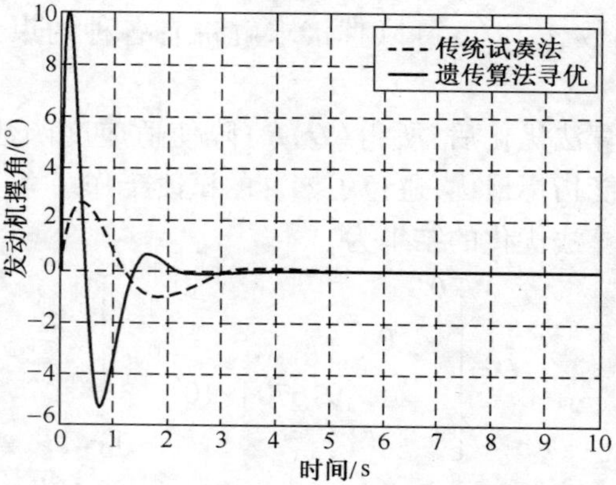

图 3－4－4　发动机摆角响应曲线对比

第4章　运载火箭自适应控制技术

4.1　引　言

自适应控制是不确定非线性控制研究的主要方向之一。近年来，自适应控制理论已经成为了规范的科学学科：从发现问题到严格的问题表达；从解决基本问题到对广泛的系统提出更多要求；从存在性、可解性的质疑，到面向应用的鲁棒性和性能问题的研究。

自适应控制方法可分为直接和间接的方法或者基于 Lyapunov 的方法和基于估计的方法。间接自适应控制通过在线辨识系统的参数，设计合适的控制律，而直接自适应控制则是直接对控制器的参数进行调整。基于 Lyapunov 的方法和基于估计的方法的区别较大，主要在于参数更新律以及相应的稳定性和收敛性的证明有所不同。

自适应控制主要有以下三个特点。

(1) 自适应控制有能力处理系统的不确定性和故障情况。

(2) 与鲁棒控制相比，自适应控制可以在线调整系统的反馈控制增益，且自适应控制不依赖于对象的模型，自适应控制相比鲁棒控制需要更少的模型先验信息，其可以看作是一种参数高度鲁棒的控制律。

(3) 绝大多数的自适应控制均基于 Lyapunov 理论推导，其在实现系统自适应的同时，也保证了整个系统的稳定。

运载火箭的一个显著特点是工作过程中箭体参数变化范围很大，部分参数的变化是无法预知或者无法完全确定的。针对这样的对象，通常采取的是变增益和变网络的方法。从广义上讲，这样的控制系统已经是自适应系统，但它对系统的控制并不是根据系统实时的特性和参数变化的实际情况适应性改变的,而是事先确定下来的,不符合测量、辨识、决策、改造的过程。因此,现有的控制方案并不是完整意义上的自适应控制,且当被控对象特性变化较大时,其适应性将受到限制。

考虑到被控对象的特点,自适应控制理论具有潜在的应用价值,同时由于自适应控制持续地活跃在不确定非线性系统的控制领域,一些工程化应用问题也逐渐得到解决,并进行了大量的实际验证与测试。因此针对运载火箭的控制系统设计问题,研究其自适应控制方法具有重要的实际意义。

4.2 模型参考自适应控制

本节给出一类结构简单的导弹模型参考自适应控制方案,由一个名义反馈控制器和一个自适应补偿控制器组成,名义控制器针对已知的标称系统设计,自适应补偿控制器消除执行机构效益不确定及系统参数不确定的影响。以某型导弹的纵向模型为例,介绍模型参考自适应控制方法,其实现了在执行机构效益不确定及系统参数不确定情况下的稳定控制。

某型导弹的线性化模型可采用如下的状态方程描述

$$\dot{\boldsymbol{x}}(t)=\boldsymbol{A}\boldsymbol{x}(t)+\boldsymbol{B}\boldsymbol{u}(t) \tag{4-2-1}$$

式中:$\boldsymbol{A}$,$\boldsymbol{B}$ 分别为系统参数矩阵和控制矩阵。$\boldsymbol{x}=[V,h,\alpha,q,\theta]^{\mathrm{T}}$,$\boldsymbol{u}=[\delta_{\mathrm{e}},\boldsymbol{\eta}]^{\mathrm{T}}$,这里 V、h、α、q、θ 分别为弹体的速度、高度、攻角、俯仰角速度和俯仰角,δ_{e},$\boldsymbol{\eta}$ 分别为俯仰舵偏和油门开度。

这里考虑控制执行机构部分失效的导弹模型

$$\dot{\boldsymbol{x}}(t)=\boldsymbol{A}\boldsymbol{x}(t)+\boldsymbol{B}\boldsymbol{L}(\boldsymbol{u}(t)+\Delta(\boldsymbol{x})) \tag{4-2-2}$$

式中:$\boldsymbol{L}$ 为对角的未知控制效益矩阵,其元素均为正值,$\boldsymbol{L}$ 表征控制执行机构故障情况下不确定的控制幅值;$\Delta(\boldsymbol{x})$ 为系统未知的匹配不确定性。

4.2.1 名义控制器与参考模型

设 $\boldsymbol{A}$ 为未知的系统参数矩阵,$\boldsymbol{B}$ 为已知的控制矩阵,假定 $\boldsymbol{A}$ 可分

解为 $\boldsymbol{A}=\boldsymbol{A}^0+\Delta\boldsymbol{A}$，$\boldsymbol{A}^0$ 为已知的名义参数矩阵，$\Delta\boldsymbol{A}$ 为未知的参数矩阵。控制器设计的目标是在执行机构部分失效及系统参数不确定的情况下，设计控制器使得系统获得期望的性能。

根据已知的名义参数矩阵 $\boldsymbol{A}^0$ 和控制矩阵 $\boldsymbol{B}$，可设计名义控制器

$$\boldsymbol{u}_{\mathrm{bl}}=-\boldsymbol{K}^{\mathrm{T}}\boldsymbol{x}-\boldsymbol{K}_{\mathrm{r}}^{\mathrm{T}}\boldsymbol{r} \tag{4-2-3}$$

使得 $\boldsymbol{A}^m=\boldsymbol{A}^0-\boldsymbol{B}\boldsymbol{K}^{\mathrm{T}}$ Hurwitz 稳定，$\boldsymbol{B}^m=-\boldsymbol{B}\boldsymbol{K}_{\mathrm{r}}^{\mathrm{T}}$。因此可选择参考模型

$$\dot{\boldsymbol{x}}^m=\boldsymbol{A}^m\boldsymbol{x}^m+\boldsymbol{B}^m\boldsymbol{r} \tag{4-2-4}$$

4.2.2　自适应控制器设计与稳定性分析

设计的控制器为

$$\boldsymbol{u}=\boldsymbol{u}_{\mathrm{bl}}+\boldsymbol{u}_{\mathrm{ad}} \tag{4-2-5}$$

式中：$\boldsymbol{u}_{\mathrm{bl}}$采用式(4-2-3)的设计；$u_{\mathrm{ad}}$为自适应补偿控制器，用于消除控制执行机构效益和系统参数不确定的影响，使控制对象跟踪参考模型的状态，并使其保持接近参考模型的控制性能。模型参考自适应控制系统结构图如图4-2-1所示。

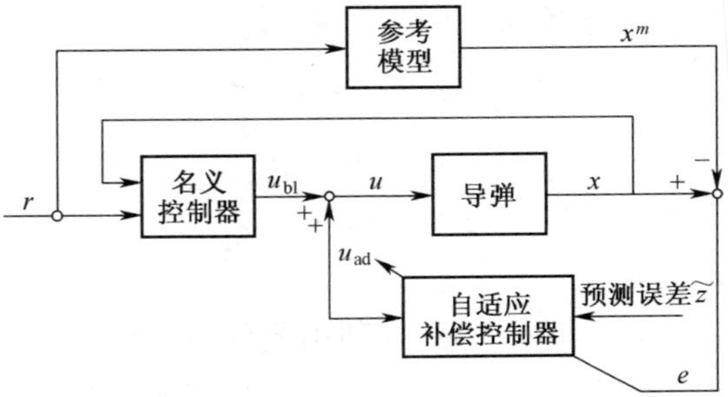

图4-2-1　模型参考自适应控制系统结构图

假设4.1：对于未知的控制效益矩阵 $\boldsymbol{L}$，存在一个未知的控制增益矩阵 $\boldsymbol{K}'$，使得

$$\boldsymbol{A}^m=\boldsymbol{A}-\boldsymbol{B}\boldsymbol{L}\boldsymbol{K}'^{\mathrm{T}} \tag{4-2-6}$$

成立。

假设4.2：系统未知的匹配不确定性可线性参数化为

$$\boldsymbol{\Delta}(\boldsymbol{x})=\boldsymbol{\theta}^{\mathrm{T}}\xi(\boldsymbol{x}) \tag{4-2-7}$$

式中:$\boldsymbol{\theta}$ 为未知的权值矩阵;$\xi(\cdot)$为已知的基函数矢量。

根据假设4.1,存在理想的控制增益 $\boldsymbol{K}_{\mathrm{a}}$,使得下式成立

$$\boldsymbol{A}^{m}=\boldsymbol{A}-\boldsymbol{B}\boldsymbol{L}(\boldsymbol{K}+K_{\mathrm{a}})^{\mathrm{T}} \tag{4-2-8}$$

将式(4-2-5)代入式(4-2-2)并利用关系式(4-2-8),式(4-2-2)可写成如下的形式:

$$\dot{\boldsymbol{x}}=\boldsymbol{A}^{m}\boldsymbol{x}+\boldsymbol{B}\boldsymbol{L}(\boldsymbol{u}_{\mathrm{ad}}+\boldsymbol{K}_{\mathrm{a}}^{\mathrm{T}}x+(\boldsymbol{L}^{-1}-\boldsymbol{I})\boldsymbol{K}_{\mathrm{r}}^{\mathrm{T}}\boldsymbol{r}+\boldsymbol{\theta}^{\mathrm{T}}\xi(x))+\boldsymbol{B}^{m}\boldsymbol{r} \tag{4-2-9}$$

式(4-2-9)也可等价的写成

$$\dot{\boldsymbol{x}}=\boldsymbol{A}^{m}\boldsymbol{x}+\boldsymbol{B}\boldsymbol{L}(\boldsymbol{u}_{\mathrm{ad}}+\boldsymbol{W}^{\mathrm{T}}\varphi(\boldsymbol{x}))+\boldsymbol{B}^{m}\boldsymbol{r} \tag{4-2-10}$$

式中:$\boldsymbol{W}^{\mathrm{T}}=[\boldsymbol{K}_{\mathrm{a}}^{\mathrm{T}},\boldsymbol{L}^{-1}-\boldsymbol{I},\theta^{\mathrm{T}}]$,$\boldsymbol{\varphi}(\overline{\boldsymbol{x}})=[\boldsymbol{x}^{\mathrm{T}},r^{\mathrm{T}}K_{\mathrm{r}},\xi^{\mathrm{T}}(\boldsymbol{x})]^{\mathrm{T}}$。

定义系统跟踪误差:

$$\boldsymbol{e}=\boldsymbol{x}-\boldsymbol{x}^{m} \tag{4-2-11}$$

则可得如下的跟踪误差模型:

$$\dot{\boldsymbol{e}}=\boldsymbol{A}^{m}\boldsymbol{e}+\boldsymbol{B}\boldsymbol{L}(\boldsymbol{u}_{\mathrm{ad}}+\boldsymbol{W}^{\mathrm{T}}\boldsymbol{\varphi}(\boldsymbol{x})) \tag{4-2-12}$$

为消除系统不确定的影响,引入三个滤波器:

$$\dot{\boldsymbol{e}}_{f}=-\sigma\boldsymbol{e}_{\mathrm{f}}+\boldsymbol{e} \tag{4-2-13}$$

$$\dot{\varphi}_{f}=-\sigma\varphi_{\mathrm{f}}+\varphi \tag{4-2-14}$$

$$\dot{\boldsymbol{u}}_{f}=-\sigma\boldsymbol{u}_{\mathrm{f}}+\boldsymbol{u}_{\mathrm{ad}} \tag{4-2-15}$$

式中:$\sigma>0$ 为滤波常数。

对式(4-2-13)进行求导,并利用式(4-2-12),式(4-2-14)和式(4-2-15)可得

$$\ddot{\boldsymbol{e}}_{f}=-\sigma\dot{\boldsymbol{e}}_{f}+\boldsymbol{A}^{m}(\dot{\boldsymbol{e}}_{f}+\sigma\boldsymbol{e}_{f})+\boldsymbol{B}\boldsymbol{L}[\dot{\boldsymbol{u}}_{f}+\sigma\boldsymbol{u}_{f}+\boldsymbol{W}^{\mathrm{T}}(\dot{\varphi}_{f}+\sigma\varphi_{f})] \tag{4-2-16}$$

整理可得

$$\frac{\mathrm{d}}{\mathrm{d}t}[\dot{\boldsymbol{e}}_{f}-\boldsymbol{A}^{m}\boldsymbol{e}_{f}-\boldsymbol{B}\boldsymbol{L}(\boldsymbol{u}_{f}+\boldsymbol{W}^{\mathrm{T}}\varphi_{f})]=-\sigma[\dot{\boldsymbol{e}}_{f}-\boldsymbol{A}^{m}\boldsymbol{e}_{f}-\boldsymbol{B}\boldsymbol{L}(\boldsymbol{u}_{f}+\boldsymbol{W}^{\mathrm{T}}\varphi_{f})] \tag{4-2-17}$$

若滤波状态的初值均设为0，则有

$$\dot{\boldsymbol{e}}_f=\boldsymbol{A}^m\boldsymbol{e}_f+\boldsymbol{BL}(\boldsymbol{u}_f+\boldsymbol{W}^{\mathrm{T}}\varphi_f) \tag{4-2-18}$$

定义预测模型

$$\hat{\boldsymbol{z}}=\hat{\boldsymbol{L}}(\boldsymbol{u}_f+\hat{\boldsymbol{W}}^{\mathrm{T}}\varphi_f) \tag{4-2-19}$$

由于 $\dot{\boldsymbol{e}}_f,\boldsymbol{e}_f$ 及矩阵 $\boldsymbol{A}^m$ 和 $\boldsymbol{B}$ 均可知，因此预测模型的真实值是可获得的。设 $\tilde{\boldsymbol{z}}=\hat{\boldsymbol{z}}-\boldsymbol{z}$ 为预测误差，则有

$$\tilde{\boldsymbol{z}}=\tilde{\boldsymbol{L}}(\boldsymbol{u}_f+\hat{\boldsymbol{W}}^{\mathrm{T}}\varphi_f)+\boldsymbol{L}\tilde{\boldsymbol{W}}^{\mathrm{T}}\varphi_f \tag{4-2-20}$$

式中：$\tilde{\boldsymbol{L}}=\hat{\boldsymbol{L}}-\boldsymbol{L}$，$\tilde{\boldsymbol{W}}=\hat{\boldsymbol{W}}-\boldsymbol{W}$。

设 $\boldsymbol{Q}>0$ 为对称正定矩阵，则存在唯一的对称正定矩阵 $\boldsymbol{P}>0$，使得

$$(\boldsymbol{A}^m)^{\mathrm{T}}\boldsymbol{P}+\boldsymbol{PA}^m=-\boldsymbol{Q} \tag{4-2-21}$$

定理4.1：考虑式(4-2-2)描述的模型，若假设4.1和假设4.2均满足，参考模型定义为式(4-2-4)的形式，则自适应控制器包含名义反馈控制(4-2-3)、自适应补偿控制器(4-2-22)和参数估计律(4-2-23)

$$\boldsymbol{u}_{\mathrm{ad}}=-\dot{\hat{\boldsymbol{W}}}^{\mathrm{T}}\varphi_f-\hat{\boldsymbol{W}}^{\mathrm{T}}\varphi \tag{4-2-22}$$

$$\dot{\hat{\boldsymbol{W}}}=\boldsymbol{\Gamma}_{\mathrm{W}}(\varphi_f\boldsymbol{e}_f^{\mathrm{T}}\boldsymbol{PB}-\varphi_f\tilde{\boldsymbol{z}}^{\mathrm{T}}) \tag{4-2-23}$$

式中：$\boldsymbol{\Gamma}_{\mathrm{W}}=\boldsymbol{\Gamma}_{\mathrm{W}}^{\mathrm{T}}>0$ 为自适应学习速率。则对于任意的有界参考输入 $r(t)$，闭环系统所有信号有界，系统跟踪误差 e 及预测误差 $\tilde{z}$ 全局渐近收敛。

证明：选择如下的滤波控制信号

$$\boldsymbol{u}_f=-\hat{\boldsymbol{W}}^{\mathrm{T}}\varphi_f \tag{4-2-24}$$

将式(4-2-24)分别代入式(4-2-18)和(4-2-20)，有

$$\dot{\boldsymbol{e}}_f=\boldsymbol{A}^m\boldsymbol{e}_f-\boldsymbol{B}\tilde{\boldsymbol{L}}\boldsymbol{W}^{\mathrm{T}}\varphi_f \tag{4-2-25}$$

$$\tilde{\boldsymbol{z}}=\boldsymbol{L}\tilde{\boldsymbol{W}}^{\mathrm{T}}\varphi_f \tag{4-2-26}$$

考虑如下的 Lyapunov 函数

$$\boldsymbol{V}=\boldsymbol{e}_f^{\mathrm{T}}\boldsymbol{P}\boldsymbol{e}_f+\mathrm{tr}(\tilde{\boldsymbol{W}}^{\mathrm{T}}\boldsymbol{\Gamma}_{\mathrm{W}}^{-1}\tilde{\boldsymbol{W}}\boldsymbol{L}) \tag{4-2-27}$$

式中：tr(·)为矩阵的迹。

对 V 沿滤波的跟踪误差动态式(4-2-25)的轨迹进行求导可得

$$\dot{V}=-e_f^{\mathrm{T}}Qe_f-2e_f^{\mathrm{T}}PBL\tilde{W}^{\mathrm{T}}\varphi_f+2\mathrm{tr}(\tilde{W}^{\mathrm{T}}\Gamma_{\mathrm{W}}^{-1}\dot{\hat{W}}L) \tag{4-2-28}$$

利用迹的相关性质则有

$$\dot{V}=-e_f^{\mathrm{T}}Qe_f+2\mathrm{tr}(L\tilde{W}^{\mathrm{T}}\{\Gamma_{\mathrm{W}}^{-1}\dot{\hat{W}}-\varphi_f e_f^{\mathrm{T}}PB\}) \tag{4-2-29}$$

将自适应参数估计律(4-2-23)代入可得

$$\dot{V}=-e_f^{\mathrm{T}}Qe_f-2\mathrm{tr}(L\tilde{W}^{\mathrm{T}}\varphi_f\tilde{z}^{\mathrm{T}}) \tag{4-2-30}$$

利用式(4-2-26)，则有

$$\begin{aligned}\dot{V}&=-e_f^{\mathrm{T}}Qe_f-2\mathrm{tr}(\tilde{z}\tilde{z}^{\mathrm{T}})\\&=-e_f^{\mathrm{T}}Qe_f-2\tilde{z}^{\mathrm{T}}\tilde{z}\\&\leqslant 0\end{aligned} \tag{4-2-31}$$

由于 $\dot{V}$ 是半负定的，因此闭环系统所有的信号是有界的。此外，由于 V 是下有界且是单调递减的，$\int_0^{\infty}\dot{V}(t)\mathrm{d}t$ 存在且有限，因此可知 $e_f,\tilde{z}\in L_2\cap L_\infty$，且 $\dot{e}_f$ 和 $\dot{z}$ 有界。根据 Barbalat 引理可知：当 $t\to\infty$ 时，$e_f\to 0,\tilde{z}\to 0$。利用滤波方程式(4-2-13)，可以看出，当 $t\to\infty$ 时，$e\to 0$，则系统全局渐近收敛。

实际的控制输入 u_{ad} 可根据式(4-2-24)定义的滤波控制信号得到

$$u_{\mathrm{ad}}=\dot{u}_f+\sigma u_f=-\dot{\hat{W}}^{\mathrm{T}}\varphi_f-\hat{W}^{\mathrm{T}}\varphi \tag{4-2-32}$$

4.2.3 仿真结果分析

为验证提出方法的有效性，以上述模型进行仿真分析，这里仅考虑纵向运动模型，在马赫数 8、飞行高度 26.12km、动压 96000Pa、攻角 2.1628°、俯仰舵偏−9.072°和油门开度 1.2743 的稳态条件下的线性模型如下

$$A^0=\begin{bmatrix}-8.1626e-2 & 1 & -8.4420e-5\\ 3.0354 & -9.5218e-2 & 1.55e-5\\ 7.7679e-6 & 1 & -7.7679e-6\end{bmatrix},$$

$$B=\begin{bmatrix}3.3486e-3\\ 1.0825\\ 0\end{bmatrix}$$

状态量为 $\boldsymbol{x}=(\alpha,q,\theta)^{\mathrm{T}}$，控制输入为俯仰舵偏 δ_{e}，控制输出为俯仰角 θ。基于上述的名义系统模型，名义控制增益可设计为 $\boldsymbol{K}^{\mathrm{T}}=[2.8041,2.0785,2.3557]$，$\boldsymbol{K}_{\mathrm{r}}=2.3557$，则闭环系统的特征值为 $\{-0.091\quad -1.1726\pm 1.084i\}$，参考模型可选为

$$\dot{\boldsymbol{x}}^m=\begin{bmatrix}-0.091 & 0.993 & -0.008\\ 0 & -2.3452 & -2.55\\ 0 & 1 & 0\end{bmatrix}\boldsymbol{x}^m+\begin{bmatrix}-0.0079\\ -2.55\\ 0\end{bmatrix}\boldsymbol{r}$$

仿真中，假定执行机构故障发生在 20s，控制效益 L 由 1 变为 0.5，未知系统矩阵 $\Delta\boldsymbol{A}$ 和匹配不确定性 $\Delta(\boldsymbol{x})$ 取为

$$\Delta\boldsymbol{A}=\begin{bmatrix}0.004 & 0.0017 & 0.008\\ 0.1353 & 0.5413 & 0.2706\\ 0 & 0 & 0\end{bmatrix},\Delta(\boldsymbol{x})=0.0175e^{-\frac{(\alpha-0.0349)^2}{0.0011}}$$

很容易判断 $\Delta\boldsymbol{A}$ 和 $\Delta(\boldsymbol{x})$ 满足假设 4.1 和 4.2。若仅采用名义反馈增益进行控制，则系统在控制效益降为 0.5 时不稳定，矩阵 $\boldsymbol{A}-\boldsymbol{BLK}^{\mathrm{T}}$ 的特征值为 $\{-1.2797\quad 0.2574\pm 0.0726\mathrm{i}\}$，因此必须引入自适应补偿。自适应补偿控制器参数设计为 $\boldsymbol{T}_{\mathrm{W}}=\mathrm{diag}([10^5I_4,10^3I_{11}])$，滤波常数 $\sigma=100$。取对称正定矩阵 $\boldsymbol{Q}=\mathrm{diag}\{[10\quad 10\quad 10]\}$，解 Lyapunov 等式可得对称正定矩阵 $\boldsymbol{P}$。

仿真结果如图 4-2-2 所示，为对比分析，图中分别给出了考虑控制执行机构失效和系统参数不确定情况下仅采用名义反馈控制的仿真结果和采用名义反馈加自适应补偿控制的仿真结果。从图中可以看出，采用模型参考自适应控制设计方法，较好的消除了执行机构失效不确定和系统参数不确定的影响，达到了很好的控制效果。

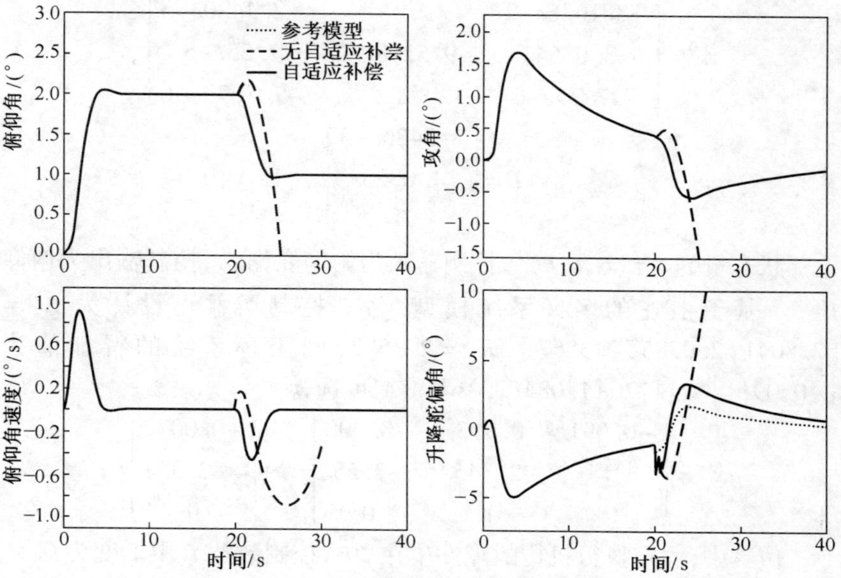

图 4-2-2 有无自适应补偿两种情况的控制性能对比

4.3 非导数自适应控制

绝大多数自适应控制器在设计时，假定系统不确定的参数化未知权值是理想的常值，在自适应律设计时认为理想权值的变化为零，然而，在很多的情况下，未知权值往往并非常值，而是随时间变化的，尤其对于动力学特性快速变化的系统，如导弹气动特性和控制执行机构效益的快速变化可能导致系统不确定的参数化未知权值快速变化，甚至可能是不连续变化的。针对未知权值时变的情况，本节研究了一种非导数的自适应控制方法，利用过去的权值估计信息及系统的当前状态和误差信息形成自适应律，该方法放宽了大多数自适应律设计时未知的理想权值为常值的假设，允许未知的权值为时变的情况。由于提出的自适应律没有对权值的导数作任何的限制，因此理想权值可以是任意快的变化。与一般的自适应控制方法相比,基于非导数的自适应控制方法非常适于动力学特性快速变化的系统,其可以提供更平滑的瞬时性能和更快速的自适应,而无需采用大的自适应增益,同时对于本身包含非自适应积分控制的系统,非导数自适应律可避免积分型自适应律导致的跟踪误差缓慢收敛问题。

本节设计了基于非导数自适应律和基于非导数最优自适应律的模型参考控制系统。设计的控制器由名义反馈控制器和自适应控制器组成,名义反馈控制器保证名义系统的稳定,自适应控制器补偿系统不确定性的影响,提高系统的跟踪控制性能。自适应律采用非导数的形式设计,采用 Lyapunov - Krasovskii 函数证明了系统跟踪误差和权值误差的一致最终有界性。

4.3.1 非导数自适应控制器设计

考虑如下多输入多输出不确定系统

$$\begin{cases}\dot{\boldsymbol{x}}(t)=\boldsymbol{A}\boldsymbol{x}(t)+\boldsymbol{B}(\boldsymbol{u}(t)+\Delta(\boldsymbol{x}))\\ \boldsymbol{y}(t)=\boldsymbol{C}\boldsymbol{x}(t)\end{cases} \tag{4-3-1}$$

式中:$\boldsymbol{x}(t)\in\mathbb{R}^n$ 为系统状态矢量;$\boldsymbol{u}\in\mathbb{R}^m$ 为控制输入;$\boldsymbol{y}(t)\in\mathbb{R}^q$ 为系统控制的输出;$\boldsymbol{A}\in\mathbb{R}^{n\times n}$、$\boldsymbol{B}\in\mathbb{R}^{n\times m}$ 和 $\boldsymbol{C}\in\mathbb{R}^{q\times m}$ 分别为系统矩阵、控制矩阵和输出矩阵;$\Delta(\cdot):\mathbb{R}^n\to\mathbb{R}^m$ 为系统未知的匹配不确定性。

系统的控制目标是在系统不确定性存在的情况下设计控制器 $\boldsymbol{u}(t)$ 使得系统控制的输出 $\boldsymbol{y}(t)$ 跟踪有界分段连续的参考信号 $\boldsymbol{\tau}(t)$。

考虑如下的反馈控制律

$$\boldsymbol{u}(t)=\boldsymbol{u}_{\delta 1}(t)+\boldsymbol{u}_{\mathrm{ad}}(t) \tag{4-3-2}$$

设计名义基准控制器

$$\boldsymbol{u}_{\delta 1}(t)=\boldsymbol{K}\boldsymbol{x}(t)+\boldsymbol{K}_{\tau}\boldsymbol{\tau}(t) \tag{4-3-3}$$

式中:$\boldsymbol{K}\in\mathbb{R}^{m\times n}$ 和 $\boldsymbol{K}_{\tau}\in\mathbb{R}^{m\times q}$ 为名义反馈控制增益,且 $\boldsymbol{K}$ 使矩阵 $\boldsymbol{A}+\boldsymbol{BK}$ Hurwitz 稳定;$\boldsymbol{K}_{\tau}$ 使得名义系统的输出跟踪给定的参考信号 $\boldsymbol{\tau}(t)$。

自适应增稳控制器 $\boldsymbol{u}_{\mathrm{ad}}$ 采用模型参考自适应的控制方法设计,选择参考系统

$$\dot{\boldsymbol{x}}_{\mathrm{m}}(t)=\boldsymbol{A}_{\mathrm{m}}\boldsymbol{x}_{\mathrm{m}}(t)+\boldsymbol{B}_{\mathrm{m}}\boldsymbol{\tau}(t) \tag{4-3-4}$$

式中：$\boldsymbol{x}_{\mathrm{m}}(t)$为参考系统的状态矢量；$\boldsymbol{A}_{\mathrm{m}}$ 为 Hurwitz 稳定矩阵；$\boldsymbol{B}_{\mathrm{m}}$ 为合适的指令输入矩阵。

假设

$$\boldsymbol{A}_{\mathrm{m}}=\boldsymbol{A}+\boldsymbol{B}\boldsymbol{K} \tag{4-3-5}$$

$$\boldsymbol{B}_{\mathrm{m}}=\boldsymbol{B}\boldsymbol{K}_{\tau} \tag{4-3-6}$$

将式(4-3-3)代入式(4-3-1)可得

$$\dot{\boldsymbol{x}}_{\mathrm{m}}(t)=\boldsymbol{A}_{\mathrm{m}}\boldsymbol{x}_{\mathrm{m}}(t)+\boldsymbol{B}_{\mathrm{m}}\boldsymbol{\tau}(t)+\boldsymbol{B}(\boldsymbol{u}_{\mathrm{ad}}(t)+\Delta(\boldsymbol{x})) \tag{4-3-7}$$

因此系统的控制目标可以转化为在系统不确定 Δ 存在的情况下设计控制器 $\boldsymbol{u}_{\mathrm{ad}}$，使得不确定系统(4-3-7)的状态跟踪参考系统的状态，即 $\boldsymbol{x}\to\boldsymbol{x}_{\mathrm{m}}$。

本节将针对不确定 Δ 的参数化未知权值为时变的情况设计系统的控制器。

假设 4.3：式(4-3-1)的匹配不确定可以线性参数化为

$$\Delta(\boldsymbol{x})=\boldsymbol{W}^{\mathrm{T}}(t)\boldsymbol{\xi}(\boldsymbol{x}) \tag{4-3-8}$$

式中：$\boldsymbol{W}(t)$为适当维数的未知时变的权值矩阵；$\boldsymbol{\xi}(\cdot)$为已知的基函数矢量。

假设 4.4：未知时变的权值存在且有界

$$\|\boldsymbol{W}(t)\|\leqslant\overline{\boldsymbol{W}} \tag{4-3-9}$$

式中：$\overline{\boldsymbol{W}}$ 为已知的正数。

利用假设 4.3，式(4-3-7)也可写成

$$\dot{\boldsymbol{x}}=\boldsymbol{A}_{\mathrm{m}}\boldsymbol{x}+\boldsymbol{B}_{\mathrm{m}}\boldsymbol{\tau}+\boldsymbol{B}(\boldsymbol{u}_{\mathrm{ad}}+\boldsymbol{W}^{\mathrm{T}}(t)\boldsymbol{\xi}(\boldsymbol{x})) \tag{4-3-10}$$

设计自适应增稳控制器

$$\boldsymbol{u}_{\mathrm{ad}}=-\hat{\boldsymbol{W}}^{\mathrm{T}}(t)\boldsymbol{\xi}(\boldsymbol{x}) \tag{4-3-11}$$

式中：$\hat{\boldsymbol{W}}(t)\in\mathbb{R}^{s\times m}$为未知时变权值矩阵的估计。

将 $\boldsymbol{u}_{\mathrm{ad}}$代入式(4-3-10)，有

$$\dot{\boldsymbol{x}}=\boldsymbol{A}_{\mathrm{m}}\boldsymbol{x}+\boldsymbol{B}_{\mathrm{m}}\boldsymbol{\tau}+\boldsymbol{B}\tilde{\boldsymbol{W}}^{\mathrm{T}}(t)\boldsymbol{\xi}(\boldsymbol{x}) \tag{4-3-12}$$

式中：$\tilde{\boldsymbol{W}}=\boldsymbol{W}-\hat{\boldsymbol{W}}$ 为自适应权值的估计误差。

定义系统跟踪误差

$$\boldsymbol{e}=\boldsymbol{x}-\boldsymbol{x}_{\mathrm{m}} \tag{4-3-13}$$

则可得跟踪误差动力学系统

$$\dot{\boldsymbol{e}}=\boldsymbol{A}_{\mathrm{m}}\boldsymbol{e}+\boldsymbol{B}\tilde{\boldsymbol{W}}^{\mathrm{T}}(t)\boldsymbol{\xi}(x) \tag{4-3-14}$$

考虑如下的非导数自适应律

$$\hat{\boldsymbol{W}}(t)=\alpha_1\hat{\boldsymbol{W}}(t-\tau)+\alpha_2\xi(\boldsymbol{x})\boldsymbol{e}^{\mathrm{T}}\boldsymbol{PB} \tag{4-3-15}$$

式中：$\tau>0$，$|\alpha_1|<1$，$\alpha_2>0$，$\boldsymbol{P}=\boldsymbol{P}^{\mathrm{T}}>0$ 为对称正定矩阵，满足 Lyapunov 方程

$$\boldsymbol{A}_m^{\mathrm{T}}\boldsymbol{P}+\boldsymbol{P}\boldsymbol{A}_m=-\boldsymbol{Q} \tag{4-3-16}$$

式中：$\boldsymbol{Q}=\boldsymbol{Q}^{\mathrm{T}}>0$ 为对称正定矩阵。

4.3.2　系统稳定性分析

下面分析采用非导数自适应律的闭环系统的稳定性，先介绍两个重要的不等式。

引理 4.1（Young's 不等式）：对于任意的矢量 $\boldsymbol{a}\in\mathbb{R}^n$ 和 $\boldsymbol{b}\in\mathbb{R}^n$，有

$$\boldsymbol{a}^{\mathrm{T}}\boldsymbol{b}\leqslant\eta\boldsymbol{a}^{\mathrm{T}}\boldsymbol{a}+\frac{1}{4\eta}\boldsymbol{b}^{\mathrm{T}}\boldsymbol{b} \tag{4-3-17}$$

式中：$\eta>0$ 为任意的正常数。

推论 4.1（推广的 Young's 不等式）：对于适当维数的任意矩阵 $\boldsymbol{A}$ 和 $\boldsymbol{B}$，有

$$\begin{aligned}\mathrm{tr}(\boldsymbol{A}^{\mathrm{T}}\boldsymbol{B})&=\mathrm{vec}(\boldsymbol{A})^{\mathrm{T}}\mathrm{vec}(\boldsymbol{B})\\&\leqslant\eta\mathrm{vec}(\boldsymbol{A})^{\mathrm{T}}\mathrm{vec}(\boldsymbol{A})+\frac{1}{4\eta}\mathrm{vec}(\boldsymbol{B})^{\mathrm{T}}\mathrm{vec}(\boldsymbol{B})\\&=\eta\mathrm{tr}(\boldsymbol{A}^{\mathrm{T}}\boldsymbol{A})+\frac{1}{4\eta}\mathrm{tr}(\boldsymbol{B}^{\mathrm{T}}\boldsymbol{B})\end{aligned} \tag{4-3-18}$$

式中：vec（·）为列堆垛算子。

并给出如下的假设。

设 $\boldsymbol{D}_\xi$ 为误差矢量 $\boldsymbol{\xi}=[\boldsymbol{e}(t),\overline{\boldsymbol{\omega}}(t,\tau)]^{\mathrm{T}}$，$\tilde{\boldsymbol{\omega}}^2(t,\tau)=\mathrm{tr}\left(\int_{-\tau}^{0}\tilde{\boldsymbol{W}}^{\mathrm{T}}(\delta)\tilde{\boldsymbol{W}}(\delta)\mathrm{d}\delta\right)$ 的定义域，$\boldsymbol{B}_R$ 表示领域 $\boldsymbol{D}_\xi$ 中的最大凸集合

$$\boldsymbol{B}_R=\{\boldsymbol{\xi}\in\boldsymbol{D}_\xi:\|\boldsymbol{\xi}\|<\boldsymbol{R}\},R>0 \tag{4-3-19}$$

假设4.5 假定

$$R>\sigma\sqrt{\frac{\lambda_{\max}(\boldsymbol{T})}{\lambda_{\min}(\boldsymbol{T})}}\geqslant\sigma \tag{4-3-20}$$

式中：$\lambda_{\max}(T)$ 和 $\lambda_{\min}(T)$ 分别为矩阵 $\boldsymbol{T}$ 的最大和最小特征值

$$\boldsymbol{T}=\begin{bmatrix}\boldsymbol{P} & 0\\ 0 & l\end{bmatrix} \tag{4-3-21}$$

其中

$$\sigma=\sqrt{\xi_1^2+\tau\xi_2^2} \tag{4-3-22}$$

$$\xi_1=\sqrt{\frac{d}{c_1}} \tag{4-3-23}$$

$$\xi_2=\sqrt{\frac{d}{c_2}} \tag{4-3-24}$$

式中：c_1,c_2 和 d 将在后面定义。

定义 Lyapunov 函数意义下紧集

$$\boldsymbol{B}_{\mathrm{c}}=\{\boldsymbol{\xi}\in\boldsymbol{B}_{\mathrm{R}}:\|\boldsymbol{\xi}\|\leqslant\boldsymbol{C}\} \tag{4-3-25}$$

$$\boldsymbol{\Omega}_\alpha=\{\boldsymbol{\xi}\in\boldsymbol{B}_{\mathrm{R}}:\boldsymbol{V}\leqslant\alpha\triangleq\min_{\|\boldsymbol{\xi}\|=R}\boldsymbol{V}\} \tag{4-3-26}$$

$$\boldsymbol{\Omega}_\beta=\{\boldsymbol{\xi}\in\boldsymbol{B}_{\mathrm{R}}:\boldsymbol{V}\leqslant\beta\triangleq\min_{\|\boldsymbol{\xi}\|=C}\boldsymbol{V}\} \tag{4-3-27}$$

假设4.5定义的误差空间集合的几何关系如图4-3-1。

在上述理论基础下，令 $\alpha_2\boldsymbol{\xi}(x)\boldsymbol{e}^{\mathrm{T}}\boldsymbol{PB}$ 为 $\theta(t)$ 的估计，即

$$\hat{\theta}(t)=\alpha_2\boldsymbol{\xi}(x)\boldsymbol{e}^{\mathrm{T}}\boldsymbol{PB} \tag{4-3-28}$$

则有

$$\hat{\boldsymbol{W}}(t)=\alpha_1\hat{\boldsymbol{W}}(t-\tau)+\hat{\theta}(t) \tag{4-3-29}$$

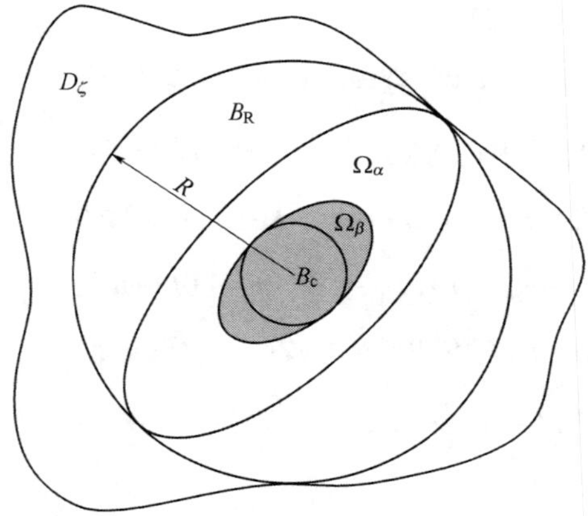

图 4-3-1　误差空间集合的几何关系

由此可定义理想权值：

$$\boldsymbol{W}(t)=\alpha_1\boldsymbol{W}(t-\tau)+\theta(t) \tag{4-3-30}$$

则权值更新误差可以写成

$$\tilde{\boldsymbol{W}}(t)=\boldsymbol{W}(t)-\hat{\boldsymbol{W}}(t)=\alpha_1\tilde{\boldsymbol{W}}(t-\tau)+\theta(t)-\hat{\theta}(t) \tag{4-3-31}$$

将式(4-3-31)代入式(4-3-14)，误差跟踪模型变为

$$\dot{\boldsymbol{e}}=\boldsymbol{A}_m\boldsymbol{e}+B[\alpha_1\overline{\boldsymbol{W}}(t-\tau)+\theta(t)-\hat{\theta}(t)]^{\mathrm{T}}\boldsymbol{\xi}(x) \tag{4-3-32}$$

考虑如下的 Lyapunov - Krasovskii 函数

$$\boldsymbol{V}=\boldsymbol{e}^{\mathrm{T}}\boldsymbol{Pe}+l\mathrm{tr}\left(\int_{t-\tau}^{t}\tilde{\boldsymbol{W}}^{\mathrm{T}}(\delta)\tilde{\boldsymbol{W}}(\delta)\mathrm{d}\delta\right) \tag{4-3-33}$$

沿闭环系统的轨迹(4-3-32)对式(4-3-33)进行求导，可得

$$\begin{aligned}\dot{V}=&\boldsymbol{e}^{\mathrm{T}}(\boldsymbol{A}_{\mathrm{m}}^{\mathrm{T}}\boldsymbol{P}+\boldsymbol{PA}_{\mathrm{m}})\boldsymbol{e}+2\boldsymbol{e}^{\mathrm{T}}\boldsymbol{PB}[\alpha_1\tilde{W}(t-\tau)]^{\mathrm{T}}\boldsymbol{\xi}(x)+\\&2\boldsymbol{e}^{\mathrm{T}}\boldsymbol{PB\theta}^{T}\boldsymbol{\xi}(x)-2\boldsymbol{e}^{\mathrm{T}}(t)\boldsymbol{P\hat{B}\theta}^{\mathrm{T}}\boldsymbol{\xi}(x)+\\&l\mathrm{tr}(\tilde{\boldsymbol{W}}^{\mathrm{T}}(t)\tilde{\boldsymbol{W}}(t)-\tilde{\boldsymbol{W}}^{\mathrm{T}}(t-\tau)\tilde{\boldsymbol{W}}(t-\tau))\end{aligned} \tag{4-3-34}$$

令 $h=1+g,g\geqslant 0$，将式(4-3-23)改写成如下的形式

$$\begin{aligned}\dot{V}=&-\boldsymbol{e}^{\mathrm{T}}\boldsymbol{Qe}+2\boldsymbol{e}^{\mathrm{T}}\boldsymbol{PB}[\alpha_1\tilde{\boldsymbol{W}}(t-\tau)]^{\mathrm{T}}\boldsymbol{\xi}(x)+\\&2\boldsymbol{e}^{\mathrm{T}}\boldsymbol{PB\theta}^{\mathrm{T}}\boldsymbol{\xi}(x)-2\boldsymbol{e}^{\mathrm{T}}(t)\end{aligned}$$

$$\boldsymbol{P}\hat{\boldsymbol{B}}\boldsymbol{\theta}^{\mathrm{T}}\boldsymbol{\xi}(x)+$$

$$l\mathrm{tr}(-g\tilde{\boldsymbol{W}}^{\mathrm{T}}(t)\tilde{\boldsymbol{W}}(t)+h\tilde{\boldsymbol{W}}^{\mathrm{T}}(t)\tilde{\boldsymbol{W}}(t)-\tilde{\boldsymbol{W}}^{\mathrm{T}}(t-\tau)\tilde{\boldsymbol{W}}(t-\tau)) \quad (4-3-35)$$

利用 $\tilde{W}(t)$ 的表达式将式(4－3－35)展开可得

$$\begin{aligned}\dot{V}=&-\boldsymbol{e}^{\mathrm{T}}\boldsymbol{Q}\boldsymbol{e}+2\boldsymbol{e}^{\mathrm{T}}\boldsymbol{P}\boldsymbol{B}\left[\alpha_1\tilde{W}(t-\tau)\right]^{\mathrm{T}}\boldsymbol{\xi}(x)+2\boldsymbol{e}^{\mathrm{T}}\boldsymbol{P}\boldsymbol{B}\boldsymbol{\theta}^{\mathrm{T}}\boldsymbol{\xi}(x)-\\&2\boldsymbol{e}^{\mathrm{T}}(t)\boldsymbol{P}\hat{\boldsymbol{B}}\boldsymbol{\theta}^{\mathrm{T}}\boldsymbol{\xi}(x)+l\mathrm{tr}\{-g\tilde{\boldsymbol{W}}^{\mathrm{T}}(t)\tilde{\boldsymbol{W}}(t)+h\left[\alpha_1\tilde{\boldsymbol{W}}(t-\tau)\right]^{\mathrm{T}}\\&\left[\alpha_1\tilde{\boldsymbol{W}}(t-\tau)\right]+h\boldsymbol{\theta}^{\mathrm{T}}\boldsymbol{\theta}+h\hat{\boldsymbol{\theta}}^{\mathrm{T}}\hat{\boldsymbol{\theta}}+2h\left[\alpha_1\tilde{\boldsymbol{W}}(t-\tau)\right]^{\mathrm{T}}\theta-\\&2h\left[\alpha_1\tilde{\boldsymbol{W}}(t-\tau)\right]^{\mathrm{T}}\hat{\theta}-2h\boldsymbol{\theta}^{\mathrm{T}}\hat{\boldsymbol{\theta}}-\tilde{\boldsymbol{W}}^{\mathrm{T}}(t-\tau)\tilde{\boldsymbol{W}}(t-\tau)\}\end{aligned} \quad (4-3-36)$$

利用迹的相关性质

$$\boldsymbol{e}^{\mathrm{T}}\boldsymbol{P}\boldsymbol{B}[\alpha_1\tilde{\boldsymbol{W}}(t-\tau)]^{\mathrm{T}}\boldsymbol{\xi}(x)=\mathrm{tr}\{[\alpha_1\tilde{\boldsymbol{W}}(t-\tau)]^{\mathrm{T}}\boldsymbol{\xi}(x)\boldsymbol{e}^{\mathrm{T}}\boldsymbol{P}\boldsymbol{B}\} \quad (4-3-37)$$

$$\boldsymbol{e}^{\mathrm{T}}\boldsymbol{P}\boldsymbol{B}\boldsymbol{\theta}^{\mathrm{T}}\boldsymbol{\xi}(x)=\mathrm{tr}\{\boldsymbol{\theta}^{\mathrm{T}}\boldsymbol{\xi}(x)\boldsymbol{e}^{\mathrm{T}}\boldsymbol{P}\boldsymbol{B}\} \quad (4-3-38)$$

$$\boldsymbol{e}^{\mathrm{T}}\boldsymbol{P}\hat{\boldsymbol{B}}\boldsymbol{\theta}^{\mathrm{T}}\boldsymbol{\xi}(x)=\mathrm{tr}\{\hat{\boldsymbol{\theta}}^{\mathrm{T}}\boldsymbol{\xi}(x)\boldsymbol{e}^{\mathrm{T}}\boldsymbol{P}\boldsymbol{B}\} \quad (4-3-39)$$

令 $\alpha_2=\dfrac{1}{lh}$,则有

$$\begin{aligned}\dot{V}=&-\boldsymbol{e}^{\mathrm{T}}\boldsymbol{Q}\boldsymbol{e}-\boldsymbol{e}^{\mathrm{T}}(t)\boldsymbol{P}\hat{\boldsymbol{B}}\boldsymbol{\theta}^{\mathrm{T}}\boldsymbol{\xi}(x)+\\&l\mathrm{tr}\{-g\tilde{\boldsymbol{W}}^{\mathrm{T}}(t)\tilde{\boldsymbol{W}}(t)+h[\alpha_1\tilde{\boldsymbol{W}}(t-\tau)]^{\mathrm{T}}[\alpha_1\tilde{\boldsymbol{W}}(t-\tau)]+\\&h\boldsymbol{\theta}^{\mathrm{T}}\boldsymbol{\theta}+2h\left[\alpha_1\tilde{\boldsymbol{W}}(t-\tau)\right]^{\mathrm{T}}\theta-\tilde{\boldsymbol{W}}^{\mathrm{T}}(t-\tau)\tilde{\boldsymbol{W}}(t-\tau)\}\end{aligned} \quad (4-3-40)$$

根据推论 4.1,对任意的 $\eta>0$,有

$$\mathrm{tr}[[\alpha_1\tilde{\boldsymbol{W}}(t-\tau)]^{\mathrm{T}}\theta]\leqslant\mathrm{tr}(\eta\left[\alpha_1\tilde{\boldsymbol{W}}(t-\tau)\right]^{\mathrm{T}}[\alpha_1\tilde{\boldsymbol{W}}(t-\tau)])+\mathrm{tr}\frac{1}{4\eta}\boldsymbol{\theta}^{\mathrm{T}}\boldsymbol{\theta} \quad (4-3-41)$$

利用式(4－3－41)的关系式,有

$$\begin{aligned}\dot{V}\leqslant&-\boldsymbol{e}^{\mathrm{T}}\boldsymbol{Q}\boldsymbol{e}-\boldsymbol{e}^{\mathrm{T}}(t)\boldsymbol{P}\hat{\boldsymbol{B}}\boldsymbol{\theta}^{\mathrm{T}}\boldsymbol{\xi}(x)+l\mathrm{tr}\{-g\tilde{\boldsymbol{W}}^{\mathrm{T}}(t)\tilde{\boldsymbol{W}}(t)+\\&h\left[\alpha_1\tilde{\boldsymbol{W}}(t-\tau)\right]^{\mathrm{T}}[\alpha_1\tilde{\boldsymbol{W}}(t-\tau)]+h\boldsymbol{\theta}^{\mathrm{T}}\boldsymbol{\theta}+\\&\eta\left[\alpha_1\tilde{\boldsymbol{W}}(t-\tau)\right]^{\mathrm{T}}+\frac{h^2}{\eta}\boldsymbol{\theta}^{\mathrm{T}}\boldsymbol{\theta}-\tilde{\boldsymbol{W}}^{\mathrm{T}}(t-\tau)\tilde{\boldsymbol{W}}(t-\tau)\}\end{aligned}$$

$$\leqslant -\boldsymbol{e}^{\mathrm{T}}\boldsymbol{Q}\boldsymbol{e}-\alpha_2\boldsymbol{e}^{\mathrm{T}}\boldsymbol{P}\boldsymbol{B}\boldsymbol{B}^{\mathrm{T}}\boldsymbol{P}e(t)\boldsymbol{\xi}^{\mathrm{T}}(x)\boldsymbol{\xi}(x)-gl\mathrm{tr}(\tilde{\boldsymbol{W}}^{\mathrm{T}}(t)\tilde{\boldsymbol{W}}(t))$$
$$-l\mathrm{tr}\{\tilde{\boldsymbol{W}}^{\mathrm{T}}(t-\boldsymbol{\tau})(1-a_1^2(h+\boldsymbol{\eta}))\tilde{\boldsymbol{W}}(t-\boldsymbol{\tau})\}+l\left(h+\frac{h^2}{\boldsymbol{\eta}}\right)(\boldsymbol{\theta}^{\mathrm{T}}\boldsymbol{\theta}) \tag{4-3-42}$$

很明显,若 $a_1^2<\frac{1}{h+\boldsymbol{\eta}}$,则有

$$\dot{\boldsymbol{V}}\leqslant -c_1\ \|e\|^2-c_2\ \|\tilde{\boldsymbol{W}}(t)\|^2-c_3\ \|\tilde{\boldsymbol{W}}(t-\boldsymbol{\tau})\|^2+d \tag{4-3-43}$$

式中:$c_1=\boldsymbol{\lambda}_{\min}(Q)$;$c_2=gl$;$c_3=l\boldsymbol{\lambda}_{\min}(I-a_1^2(h+\boldsymbol{\eta}))$;$d=l\left(h+\frac{h^2}{\boldsymbol{\eta}}\right)(1+|\alpha_1|^2)\tilde{\boldsymbol{W}}^2$,且 c_1,c_2 和 c_3 满足 $c_1>0,c_2>0$ 和 $c_3>0$。

显然,当 $\|e\|>\sqrt{\frac{d}{c_1}}=\xi_1$ 或 $\|\tilde{\boldsymbol{W}}(t)\|>\sqrt{\frac{d}{c_2}}=\xi_2$ 或 $\|\tilde{\boldsymbol{W}}(t-\boldsymbol{\tau})\|>\sqrt{\frac{d}{c_3}}$时,$\dot{\boldsymbol{V}}<0$。因此,闭环系统稳定,系统跟踪误差 $e(t)$和自适应权值估计误差 $\tilde{\boldsymbol{W}}(t)$一致最终有界。

另外,利用假设 4.5 不难分析出系统误差轨迹的最终界为 $C\sqrt{\frac{\boldsymbol{\lambda}_{\max}(T)}{\boldsymbol{\lambda}_{\min}(T)}}$。

非导数自适应控制的控制结构如图 4-3-2 所示。

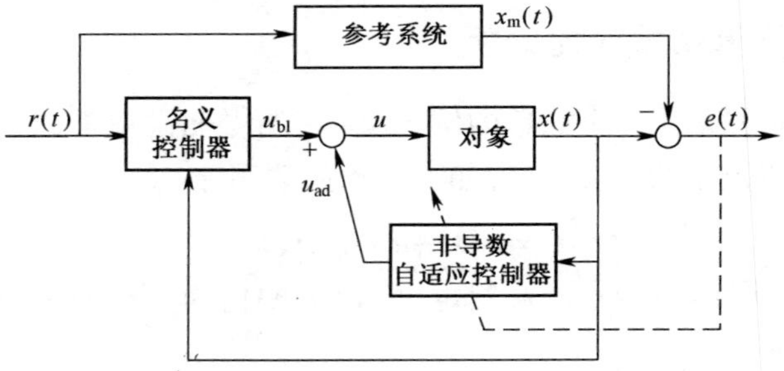

图 4-3-2　非导数自适应控制的结构

注 4.1:从以上的推导可以看出,非导数自适应律本身具有一定的鲁棒性,无需引入自适应修正项即可保证闭环系统跟踪误差 $\boldsymbol{e}(t)$ 和自适应权值估计误差 $\tilde{\boldsymbol{W}}(t)$ 一致最终有界。

4.3.3 非导数最优自适应律

为提高系统的鲁棒性,这里结合非导数自适应律的设计,设计系统(4.1)的非导数最优自适应增稳控制器。

考虑时变权值估计律

$$\tilde{\boldsymbol{W}}(t)=\alpha_1\tilde{\boldsymbol{W}}(t-\tau)+\alpha_2[\xi(x)\boldsymbol{e}^{\mathrm{T}}\boldsymbol{PB}+\gamma\boldsymbol{\xi}(x)\boldsymbol{\xi}^{\mathrm{T}}(x)\tilde{\boldsymbol{W}}(t)\boldsymbol{B}^{\mathrm{T}}\boldsymbol{PA}_{\mathrm{m}}^{-1}\boldsymbol{B}] \tag{4-3-44}$$

式中:$\tau>0,|\alpha_1|<1,\alpha_2>0,\gamma>0,\boldsymbol{P}=\boldsymbol{P}^{\mathrm{T}}>0$ 为对称正定矩阵。

对于式(4-3-44)的非导数最优自适应律和图 4-3-2 的自适应控制结构,同样可以证明闭环系统稳定,系统跟踪误差 $e(t)$ 和自适应权值估计误差 $\tilde{\boldsymbol{W}}(t)$ 一致最终有界。证明的过程与前面的分析相类似,这里不再赘述。

与式(4-3-16)不同,式(4-3-44)的矩阵 $\boldsymbol{P}$ 为满足如下方程的对称正定矩阵

$$\boldsymbol{A}_{\mathrm{m}}^{\mathrm{T}}\boldsymbol{P}+\boldsymbol{PA}_{\mathrm{m}}-\gamma^2\boldsymbol{PBB}^{\mathrm{T}}\boldsymbol{P}=-\boldsymbol{Q} \tag{4-3-45}$$

式中:$\boldsymbol{Q}=\boldsymbol{Q}^{\mathrm{T}}>0$ 为对称正定矩阵。

4.3.4 仿真结果对比分析

这里首先采用一个简单的例子说明非导数自适应控制相对于模型参考自适应控制的优势,考虑如下的动力学系统:

$$\dot{\boldsymbol{x}}(t)=\boldsymbol{x}(t)+\boldsymbol{u}(t)+\boldsymbol{\Delta}(\boldsymbol{x}(t))$$

式中:$\boldsymbol{\Delta}(\boldsymbol{x}(t))=\boldsymbol{W}(t)x(t)$,假定 $\boldsymbol{W}(t)$ 为幅值为 1 周期为 10s 的方波信号。

采用非导数自适应律进行仿真,参考模型取为 $\dot{\boldsymbol{x}}_{\mathrm{m}}(t)=-2\boldsymbol{x}_{\mathrm{m}}(t)+$

$2\boldsymbol{\tau}(t)$；名义控制器设计为 $\boldsymbol{u}_{bl}=-3\boldsymbol{x}(t)+2\boldsymbol{\tau}(t)$；自适应参数设置为 $\boldsymbol{\tau}=0.01$，$\alpha_1=0.5$，$\alpha_2=2$；满足 Lyapunov 方程式(4-3-16)的矩阵 $\boldsymbol{P}$ 取为 $\boldsymbol{P}=1$。

图 4-3-3 给出了非导数自适应律的控制效果，为了对比分析，图 4-3-4 给出了标准模型参考自适应律的控制效果，标准模型参考自适应律 $\dot{\hat{W}}=\boldsymbol{\Gamma}x\boldsymbol{e}^{\mathrm{T}}\boldsymbol{PB}$。从图 4-3-3 和图 4-3-4 的对比仿真结果可以看出，非导数自适应律具有非常优秀的控制性能，其可以提供更平滑的瞬时性能和更快速的自适应。

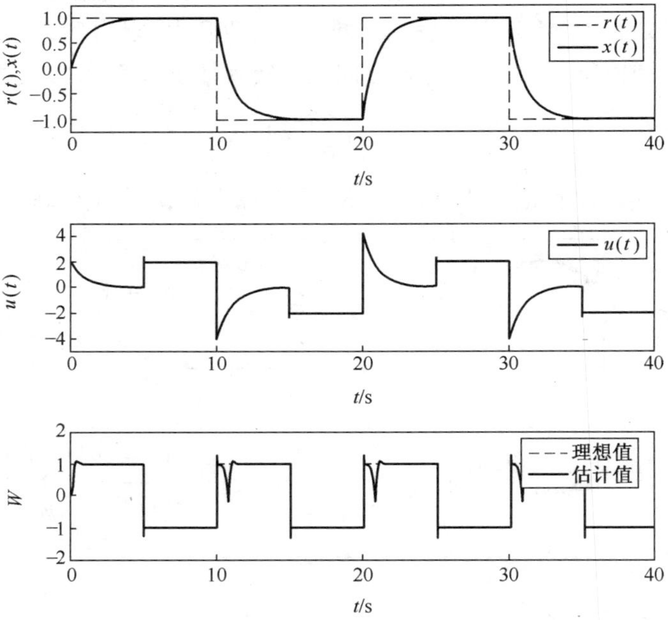

图 4-3-3 非导数自适应律的控制效果

下面针对某导弹模型进行仿真，验证非导数自适应控制律的有效性。首先介绍用于仿真的某导弹线性化数学模型。

由于导弹推进系统、气动和结构之间的强耦合关系，根据拉格朗日方程，简化的导弹纵向动力学模型可以采用如下的非线性方程描述

$$\dot{V}=\frac{T\cos\alpha-D}{m}-g\sin\gamma$$

$$\dot{h}=V\sin\gamma$$

$$\dot{\gamma}=\frac{L+T\sin\alpha}{mV}-\frac{g}{V}\cos\gamma \qquad (4-3-46)$$

$$\dot{\alpha}=q-\dot{\gamma}$$

$$\dot{q}=\frac{M}{I_{yy}}$$

式中：V、h、γ、α、q 分别为飞行速度，飞行高度，飞行航迹角，攻角和俯仰角速率；T、L、D、M 分别为发动机推力，气动升力，阻力和俯仰转动力矩；m 为弹体质量，I_{yy}为俯仰轴方向上的转动惯量，g 为重力加速度，且

$$g=g_0\left(\frac{R_E}{R_E+h}\right)^2 \qquad (4-3-47)$$

式中：g_0 为海平面的重力加速度；R_E 为地球半径；h 为飞行高度。

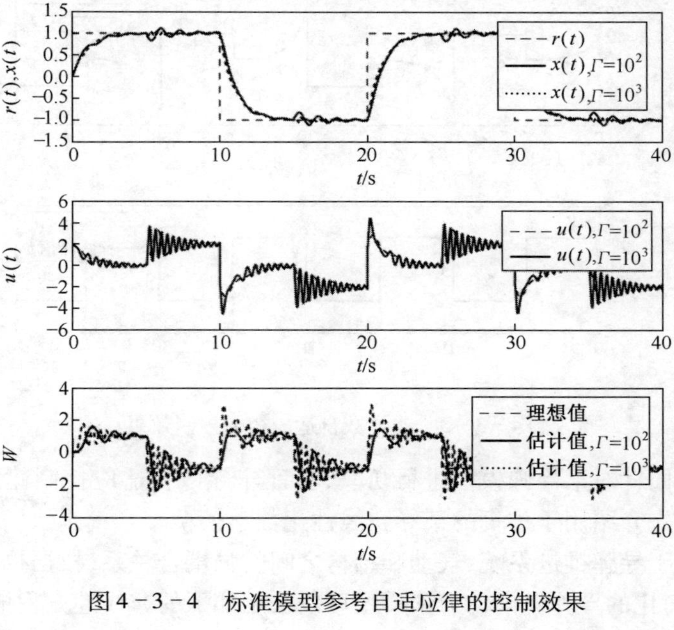

图 4-3-4　标准模型参考自适应律的控制效果

下面对上述非线性模型进行简化,得到面向控制器设计的线性化模型。主要的简化方法是采用曲线拟合的方法获得气动系数的表达式,并获取导弹的平衡状态,完成模型线性化,这里直接给出线性化模型。

选取状态量 $x=[V,h,\gamma,\alpha,q]^{\mathrm{T}}$,控制输入 $\boldsymbol{u}=[\boldsymbol{\Phi},\delta_{\mathrm{e}}]^{\mathrm{T}}$,其中 $\boldsymbol{\Phi}$ 为燃料空气混合比,δ_{e} 为俯仰舵偏。对于两个控制输入,燃料空气混合比 $\boldsymbol{\Phi}$ 直接影响发动机推力,同时由于推进系统与机身的耦合,其间接的影响俯仰力矩和升力;俯仰舵偏 δ_{e} 则主要影响气动力。控制的输出 $\boldsymbol{y}=[h,V]^{\mathrm{T}}$,根据计算得到的平衡状态,非线性模型在平衡点可以线性化为如下的形式

$$\begin{aligned}\dot{\boldsymbol{x}}&=\boldsymbol{Ax}+\boldsymbol{Bu}\\ \boldsymbol{y}&=\boldsymbol{Cx}\end{aligned}\tag{4-3-48}$$

式中

$$\boldsymbol{A}=\begin{bmatrix}0 & a_{12} & a_{13} & 0 & 0\\ a_{21} & a_{22} & a_{23} & a_{24} & 0\\ a_{31} & a_{32} & a_{33} & a_{34} & 0\\ a_{41} & a_{42} & a_{43} & a_{44} & 1\\ a_{51} & a_{52} & 0 & a_{54} & 0\end{bmatrix},\boldsymbol{B}=\begin{bmatrix}0 & 0\\ b_{21} & b_{21}\\ b_{31} & b_{32}\\ b_{41} & b_{42}\\ b_{51} & b_{52}\end{bmatrix},\boldsymbol{C}=\begin{bmatrix}1 & 0 & 0 & 0 & 0\\ 0 & 1 & 0 & 0 & 0\end{bmatrix};$$

其中

$$a_{12}=\sin\gamma,\ a_{13}=V\cos\gamma,\ a_{21}=\frac{1}{m}\left(\frac{\partial T}{\partial h}\cos\alpha-\frac{\partial D}{\partial h}\right)-\frac{\partial g}{\partial h}\sin\gamma,$$

$$a_{22}=\frac{1}{m}\left(\frac{\partial T}{\partial V}\cos\alpha-\frac{\partial D}{\partial V}\right),\ a_{23}=-g\cos\gamma,\ a_{24}=\frac{1}{m}\left(\frac{\partial T}{\partial\alpha}\cos\alpha-T\sin\alpha-\frac{\partial D}{\partial\alpha}\right),$$

$$a_{31}=-a_{41}=\frac{1}{mV}\left(\frac{\partial L}{\partial h}+\frac{\partial T}{\partial h}\sin\alpha\right)-\frac{\partial g\cos\gamma}{\partial h\quad V},$$

$$a_{32}=-a_{42}=-\frac{1}{mV^2}(L+T\sin\alpha)+\frac{1}{mV}\left(\frac{\partial L}{\partial V}+\frac{\partial T}{\partial V}\sin\alpha\right)+\frac{g}{V^2}\cos\gamma,$$

$$a_{33}=-a_{43}=\frac{g}{V}\sin\gamma,\ a_{34}=-a_{44}=\frac{1}{mV}\left(\frac{\partial L}{\partial\alpha}+\frac{\partial T}{\partial\alpha}\sin\alpha+T\cos\alpha\right),$$

$$a_{51}=\frac{1}{I_{yy}}\frac{\partial M}{\partial h}\ ,\ a_{52}=\frac{1}{I_{yy}}\frac{\partial M}{\partial V}\ ,\ a_{54}=\frac{1}{I_{yy}}\frac{\partial M}{\partial \alpha},$$

$$b_{21}=\frac{1}{m}\frac{\partial T}{\partial \Phi}\cos\alpha\ ,\ b_{22}=-\frac{1}{m}\frac{\partial D}{\partial \delta_{\mathrm{e}}},\ b_{31}=-b_{41}=\frac{1}{mV}\frac{\partial T}{\partial \Phi}\sin\alpha\ ,$$

$$b_{32}=-b_{42}=\frac{1}{mV}\frac{\partial L}{\partial \delta_{\mathrm{e}}}\ ,b_{51}=\frac{1}{I_{yy}}\frac{\partial M}{\partial \Phi},\ b_{52}=\frac{1}{I_{yy}}\frac{\partial M}{\partial \delta_{\mathrm{e}}}。$$

针对上述线性化模型，分别采用式(4－3－15)的非导数自适应律和式(4－3－44)的非导数最优自适应律进行仿真分析，自适应控制参数设置为

$$\alpha_1=0.5\ ,\ \alpha_2=3.5\ ,\ \tau=0.02\ ,\ \gamma=0.5$$

图4－3－5给出了非导数自适应控制器的控制响应曲线，同样为对比分析，图4－3－6给出了不确定存在下仅使用名义控制器时的控制性能。从图4－3－5和图4－3－6的对比可以看出，非导数自适应控制器提高了系统的控制性能，其较好地消除了系统不确定的影响。注意到由

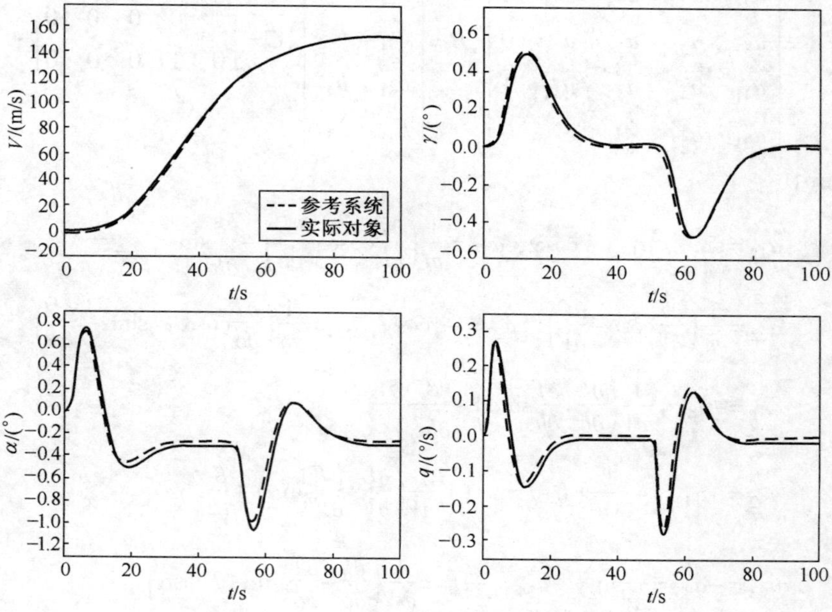

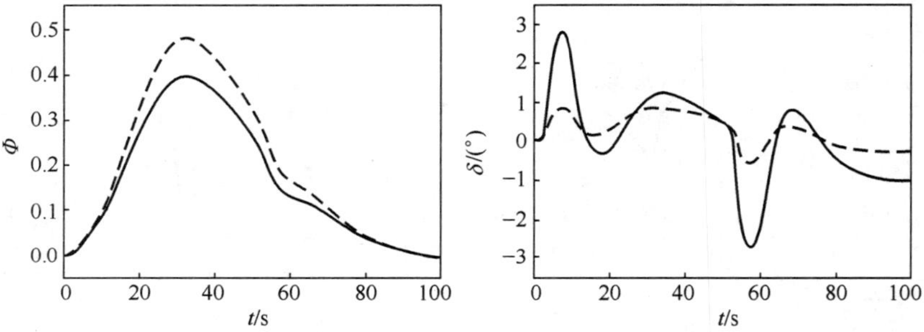

图4-3-5　非导数自适应控制器的性能

于系统参数不确定不能完全匹配，自适应控制器不能完全消除系统不确定的影响，但系统的响应与期望的响应误差保持在一个较低的水平内。

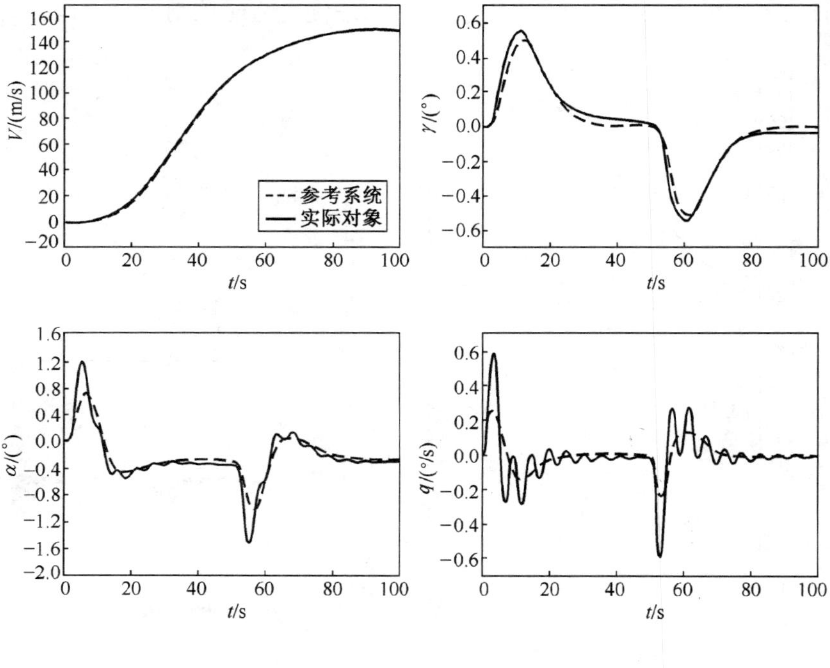

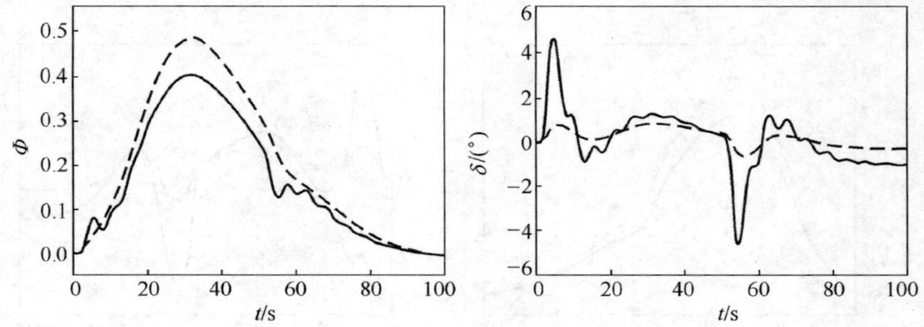

图 4-3-6 考虑不确定时名义控制器的性能

为了验证最优自适应律对系统鲁棒性的提高，图 4-3-7 给出了俯仰舵通道加入 0.02085s 时延的仿真结果，从图中可以看出，非导数自适应控制器无法满足控制系统的要求，在时延的影响下，系统响应和控制量均出现了发散。图 4-3-8 显示了非导数最优自适应控制器对时延的鲁棒性，从图中可以看出，非导数最优自适应控制器较大地提高

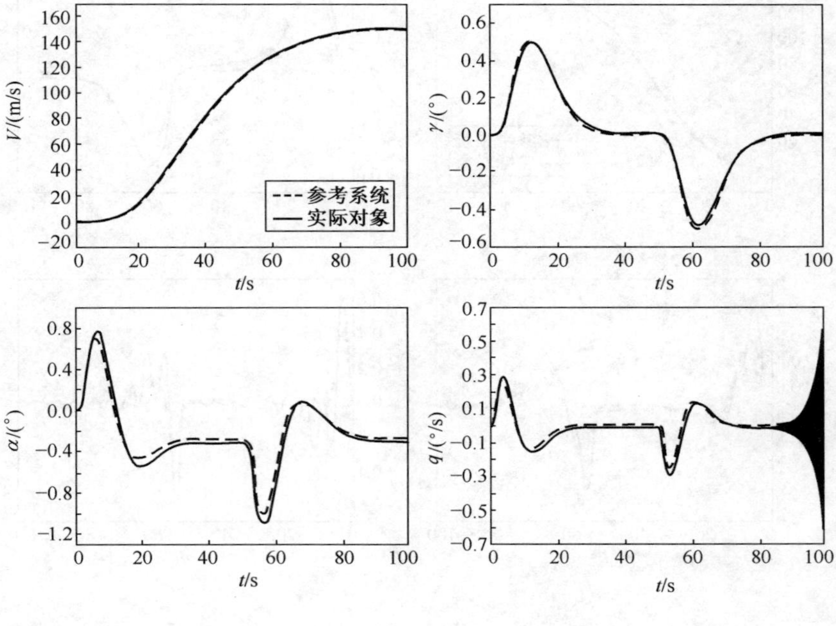

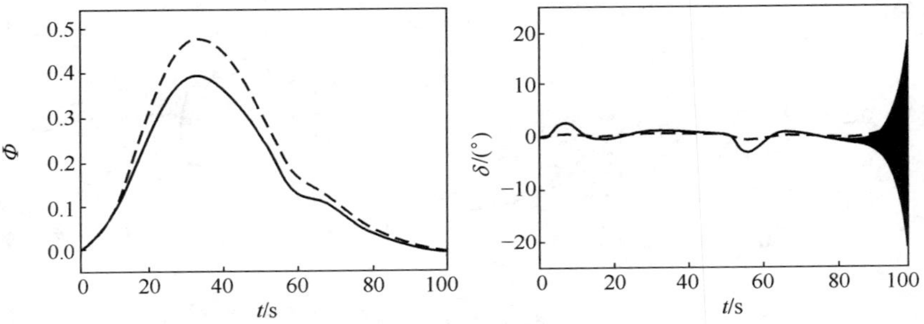

图4-3-7　0.02085s时延下非导数自适应控制器的性能

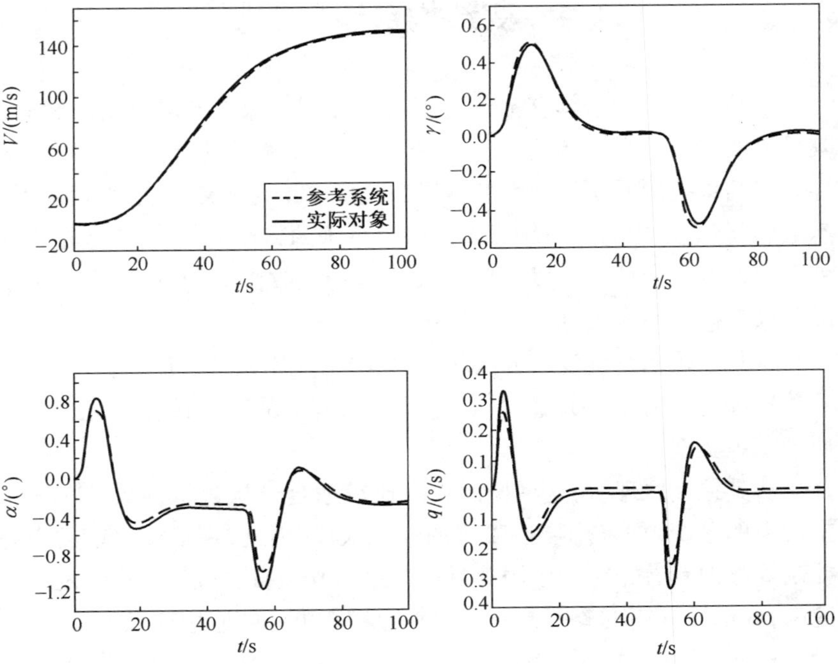

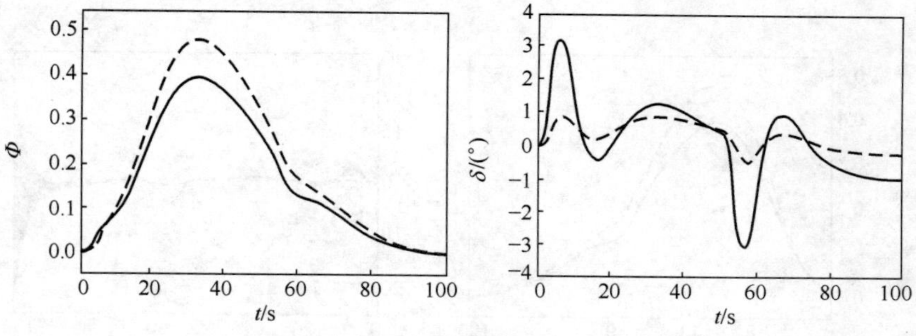

图 4-3-8 0.105s 时延下非导数最优自适应控制器的性能

了抗时延的能力，在较大的输入时延(0.105s)的情况下，非导数最优自适应控制器依然具有良好的控制性能。

4.4 变结构自适应控制

变结构控制对于具有不确定因素的控制对象具有较强的鲁棒性，其最大的特点是滑动模态对系统干扰和系统摄动具有完全的自适应性。变结构控制系统设计的基本思路决定了系统在被控制进入滑动模态之后，将显示出与原系统无关的等价系统的特性，产生对参数摄动和外界干扰的不变性。所以它对于大范围的参数摄动、不可测有界干扰以及未建模动态有很好的抑制作用。

与其他控制系统设计方法相比，变结构控制系统的设计相对简单，参数选择有明确的物理意义，减小了参数调节的盲目性，且算法简单，便于工程实现。

从其控制原理看，这种控制技术比较适合于执行机构具有快速切换能力的系统，如采用姿控喷管的运载火箭，因此，在运载火箭的姿态控制等方面有着一定的应用前景。如果将其与自适应技术有机地结合起来，在运载火箭的姿态控制方面将会有着更好的应用前景。

然而，变结构控制系统在滑动模态下控制量存在高频抖动，这样的高频控制输入容易激起系统的未建模特性,从而影响系统的控制性能,这是影响滑模变结构控制应用的最大障碍。对于具有高频弹性模态的运载火箭来说,抖振现象对姿态稳定是极为不利的,但是一旦完全消除变结构控制的抖振,则会降低其对参数摄动和外界干扰的鲁棒性,因此,必须合理的选取削弱抖振的方法,使它既不会降低对参数摄动和外界干扰的鲁棒性,也不会激起高频弹性模态。连续滑模控制(SMC)通过在适当的边界层内将原滑模控制律连续化,从而达到减弱系统抖动的目的。本节介绍了滑模变结构控制的基本设计思想,给出了连续滑模控制律设计方法,并进行了仿真验证。

4.4.1　滑模变结构控制基本原理

滑模变结构控制是变结构控制系统的一种控制策略。这种控制策略与常规控制的根本区别在于控制的不连续性,即一种使系统“结构”随时间变化的开关特性。该控制特性可以迫使系统在一定特性下沿规定的状态轨迹做小幅度、高频率的上下运动,即所谓的“滑动模态”或“滑模”运动。这种滑动模态是可以设计的,且与系统的参数及扰动无关。这样,处于滑模运动的系统就具有很好的鲁棒性。

滑动模态控制的概念和特性如下:

(1) 滑动模态定义及数学表达。考虑一般的情况,在系统

$$\dot{\boldsymbol{x}} = f(\boldsymbol{x}), \boldsymbol{x} \in R^n \tag{4-4-1}$$

的状态空间中,有一个切换面 $\boldsymbol{s}(x) = \boldsymbol{s}(x_1, x_2, \cdots, x_n) = 0$,它将状态空间分成上下两部分 $s>0$ 及 $s<0$。在切换面上的运动点有三种情况,如图4-4-1 所示。

通常点:系统运动点运动到切换面 $s=0$ 附近时,穿越此点而过(点 A);

起始点:系统运动点到达切换面 $s=0$ 附近时,从切换面的两边离开该点(点 B);

终止点:系统运动点到达切换面 $s=0$ 附近时,从切换面的两边趋向于该点(点 C)。

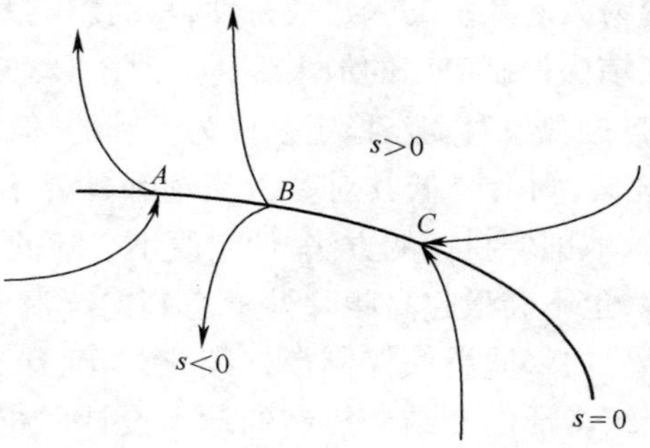

图 4-4-1 切换面上的运动点

在滑模变结构中,通常点和起始点都是终止点,则一旦运动点趋近于该区域,就会被"吸引"到该区域内运动。此时,称在切换面 $s=0$ 上所有的运动点都是终止点的区域为"滑动模态"区或简称为"滑模"区。系统在滑模区中的运动就称为"滑模运动"。

按照滑动模态区上的运动点都必须是终止点这一要求,当运动点到达切换面 $s=0$ 附近时,必有

$$\lim_{s\to 0^+}\dot{s}\leqslant 0,\lim_{s\to 0^-}\dot{s}\geqslant 0 \tag{4-4-2}$$

或者

$$\lim_{s\to 0^+}\dot{s}\leqslant 0\leqslant \lim_{s\to 0^-}\dot{s} \tag{4-4-3}$$

式(4-4-3)也可以写成

$$\lim_{s\to 0}s\dot{s}\leqslant 0 \tag{4-4-4}$$

此不等式对系统提出了一个形如

$$\boldsymbol{v}(x_1,x_2,\cdots,x_n)=[\boldsymbol{s}(x_1,x_2,\cdots,x_n)]^2 \tag{4-4-5}$$

的 Lyapunov 函数的必要条件。由于在切换面邻域内函数式(4-4-3)是正定的,而按照式(4-4-4),s^2 的导数是半负定的,也就是说在 $s=0$ 附近 $\boldsymbol{v}$ 是一个非增函数,因此,如果满足条件式(4-4-4),则式(4-4-5)是系统的一个条件 Lyapunov 函数。系统本身也就稳定于条件 $s=0$。

(2) 滑模变结构控制的定义。滑模变结构控制的基本问题如下：

设有一控制系统 $\dot{\boldsymbol{x}} = f(x, u, t)$，$x \in R^n, u \in R^m, t \in R$，需要确定切换函数 $s(x)$，$s \in R^m$，求解控制函数

$$u = \begin{cases} u^+(x) & s(x) > 0 \\ u^-(x) & s(x) < 0 \end{cases} \tag{4-4-6}$$

其中 $u^+(x) \neq u^-(x)$，使得

(1) 滑动模态存在，即式(4-4-6)成立；

(2) 满足可达性条件，在切换面 $s = 0$ 以外的运动点都将于有限的时间内到达切换面；

(3) 保证滑模运动的稳定性；

(4) 达到控制系统的动态品质要求。

上面的前三个问题是滑模变结构控制的三个基本问题，只有满足了这三个条件的控制才称为滑模变结构控制。

4.4.2　连续滑模控制律设计方法

滑模控制是一种鲁棒性很强的控制方法。其本质是一类特殊的非线性控制，其非线性表现为控制的不连续性。这种控制与其他控制的不同之处在于系统的“结构”并不固定，是可以在动态过程中，根据系统当前的状态有目的地不断变化，迫使系统按照预定的滑动模态轨迹运动。其最大优点是系统一旦进入滑模状态，系统状态的转移就不再受系统原有参数变化和外部扰动的影响。因此，滑模控制系统的鲁棒性和不变性已经成为滑模控制得到普遍重视和应用的一个重要原因。

但是，对于理想的滑模控制系统，需要结构切换的过程具有理想开关特性，控制量不受限制，则滑动模态总是光滑运动且渐近稳定于平衡点。但是实际系统由于惯性、延迟及测量误差等原因，使得当状态轨迹达到滑模面后，难以严格地沿着滑模面向平衡点运动，而是在其两侧来回穿越，从而产生抖振。

目前消弱抖振的方法主要有：

(1) 边界层法,又可称之为连续滑模。即在适当的边界层内将原滑模控制律连续化,从而达到减弱系统抖动的目的。此种方法通过高增益的饱和函数来代替符号函数,使得系统到达一个“准滑模区域”,最终滑模变量收敛到一个区域而非滑模面。但随之而来的就是系统鲁棒性下降,这是由于消除了系统的变结构和滑动模态的结果。

(2) 观测器法,利用观测器来估计出外界干扰及不确定项,然后前馈至控制中,构成一个带干扰估计的变结构控制器,自适应的调整参数,既保留了滑模控制的鲁棒性,又可减轻系统的抖振现象。

考虑具有以下形式的仿射非线性 MIMO 系统

$$\begin{aligned} \dot{\boldsymbol{x}} &= f(x) + \sum_{k=1}^{m} g_k(x)\boldsymbol{u}_k \hat{=} \boldsymbol{f}(x) + \boldsymbol{G}(x)\boldsymbol{u} \\ \boldsymbol{y}_i &= \boldsymbol{h}_i(x,t) \quad (i=1,\cdots,m) \end{aligned} \tag{4-4-7}$$

式中:$f \in R^n, G \in R^m, h \in R^m$ 为状态变量 $x \in R^n$ 的光滑函数。假定其受一般形式的摄动和干扰,则有

$$\begin{aligned} \dot{\boldsymbol{x}} &= f(x) + \Delta f(x,t) + \sum_{k=1}^{m} (g_k(x) + \Delta g_k(x,t))u_k + \xi(x,t) \\ &\hat{=} f(x) + \Delta f(x,t) + (G(x) + \Delta G(x,t))u + \xi(x,t) \\ \boldsymbol{y}_i &= h_i(x,t) \quad (i=1,\cdots,m) \end{aligned} \tag{4-4-8}$$

式中:$\Delta f \in R^n$;$\Delta G \in R^m$ 为系统摄动;$\xi \in R^n$ 为外部干扰。

假设系统式(4-4-7)在 $x \in \Gamma$ 的范围内满足完全线性化条件,则系统可以转换成如下形式

$$\begin{bmatrix} y_1^{(r_1)} \\ y_2^{(r_2)} \\ \vdots \\ y_m^{(r_m)} \end{bmatrix} = \begin{bmatrix} L_f^{r_1} h_1(x,t) \\ L_f^{r_2} h_2(x,t) \\ \vdots \\ L_f^{r_m} h_m(x,t) \end{bmatrix} + \boldsymbol{E}(x,t)\boldsymbol{u} \tag{4-4-9}$$

$$
\boldsymbol{E}(x,t)=\begin{bmatrix} L_{g_1}(L_f^{r_1-1}h_1) & \cdots & L_{g_m}(L_f^{r_1-1}h_1) \\ L_{g_1}(L_f^{r_2-1}h_2) & \cdots & L_{g_m}(L_f^{r_2-1}h_2) \\ \vdots & \vdots & \vdots \\ L_{g_1}(L_f^{r_m-1}h_m) & \cdots & L_{g_m}(L_f^{r_m-1}h_m) \end{bmatrix} \tag{4-4-10}
$$

其中，$|\boldsymbol{E}(x,t)|\neq 0\ \forall x\in\Gamma$，$L_f^{r_i}h_i$ 以及 $L_{g_i}(L_f^{r_i-1}h_i)\ \forall i=1,\cdots,m$ 是系统对应的 Lyapunov 导数，系统地相对阶为 $\bar{\boldsymbol{r}}=[r_1,r_2,\cdots,r_m]^{\mathrm{T}}$。

连续滑模控制设计的目的为：对于给定的参考指令 $\boldsymbol{y}_r$，设计一个连续控制量 $\boldsymbol{u}$，使得系统跟踪输出的误差渐近稳定的趋于零。定义系统期望的输出解耦动态特性为

$$
\begin{aligned}
\boldsymbol{\sigma}_i &= e_i^{(r_i-1)}+c_{i,r_i-2}e_i^{(r_i-2)}+\cdots+c_{i,1}e_i^{(1)}+c_{i,0}e_i+c_{i,-1}e_{i,-1} \\
&=0,(i=1,\cdots,m)
\end{aligned} \tag{4-4-11}
$$

其中，$e_i=y_{i,r}(t)-y_i(t)$ 为第 i 个系统输出误差，$e_i^{(j)}=\mathrm{d}^i e_i/\mathrm{d}t^j$，$e_{i,-1}=\int e_i\mathrm{d}t$；系数 $c_{i,j}$，$\forall i=1,\cdots,m,\forall j=-1,\cdots,r_i-2$ 通过配置特征值方法使解耦系统式（4－4－10）满足期望的动态性能。在连续滑模控制中，$\boldsymbol{\sigma}=[\sigma_1,\cdots,\sigma_m]^{\mathrm{T}}\in R^m$ 称为滑模变量，$\boldsymbol{\sigma}=0$ 称为滑模面。

对式（4－4－11）微分可以得到

$$
\dot{\boldsymbol{\sigma}}=\boldsymbol{\Phi}_i(\cdot)-E(x,t)u \tag{4-4-12}
$$

其中，$\boldsymbol{\Phi}_i(\cdot)=y_{i,r}^{(r_i)}+c_{i,r_i-2}e_i^{(r_i-1)}+\cdots+c_{i,1}e_i^{(2)}+c_{i,0}e_i^{(1)}+c_{i,-1}e_i-L_f^{r_i}h_i(x,t)$，$(i=1,\cdots,m)$，并且 $\boldsymbol{\Phi}_i(\cdot)=[\Phi_1(\cdot),\cdots,\Phi_m(\cdot)]^{\mathrm{T}}\in R^m$。

为使控制转换为 m 个单输入单输出控制，引入新的控制变量

$$
\tilde{\boldsymbol{u}}=E(x)u \tag{4-4-13}
$$

这样，式（4－4－12）就以下面的标量形式表示

$$
\dot{\sigma}_i=\boldsymbol{\Phi}_i^0(\cdot)+\Delta\boldsymbol{\Phi}_i(\cdot)-\tilde{u} \tag{4-4-14}
$$

这里，$\boldsymbol{\Phi}(\cdot)=\Phi^0(\cdot)+\Delta\Phi(\cdot)$。且 $\Phi^0(\cdot)\in R^m$，$\Delta\Phi(\cdot)\in R^m$ 分别为标称和摄动干扰参量。假设干扰量 $\|\Delta\Phi_i(\cdot)\|\leqslant\Omega_i$，$\forall i=1,\cdots,m$，$\forall x\in\Gamma$。

为使系统能够以良好的动态性能趋向滑模面，采用

$$\dot{\sigma}=-\boldsymbol{K}\sigma \tag{4-4-15}$$

其中 $K=\mathrm{diag}(K_i)$，$K_i>0$，$\forall i=1,\cdots,m$ 为动态性能待选参数。取 Lyapunov 函数 $V=\sigma^2/2$，那么当 $\sigma\neq0$ 时，$\dot{V}=-\boldsymbol{K}\sigma^2<0$。根据 Lyapunov 定理，系统在平衡点处是渐近稳定的。这一条件也保证了滑模的存在性。联立式(4-4-14)、(4-4-15)得到控制律为

$$\tilde{u}=\boldsymbol{\Phi}^0(\cdot)+\Delta\boldsymbol{\Phi}(\cdot)+K\sigma \tag{4-4-16}$$

如果 $\Delta\boldsymbol{\Phi}(\cdot)$ 不可知，控制律(4-4-16)就变成 $\tilde{u}=\boldsymbol{\Phi}^0(\cdot)+\boldsymbol{K}\sigma$，这样对摄动的干扰的鲁棒性会降低，同时会出现控制抖振。下面分别介绍两种抑制抖振的方法。

1. 基于滑模摄动观测器的连续滑模控制

滑模摄动观测器(SMDO)的主要作用是观测出摄动干扰量。为此，引入下面辅助滑模变量

$$s_i=\sigma_i+z_i,\ \dot{z}_i=-\Phi_i^0+\tilde{u}_i-\nu_i \tag{4-4-17}$$

联合式(4-4-16)，可以得到

$$\dot{s}_i=\Delta\Phi_i-\nu_i \tag{4-4-18}$$

通过引入辅助量 ν_i，易证辅助滑模面 s_i 会在有限时间 $t_{ri}\leqslant|s_i(0)|/\rho_i$ 内稳定在零点。$\boldsymbol{\rho}=[\rho_1,\rho_2,\cdots,\rho_m]^{\mathrm{T}}$ 为一常数向量。其中

$$\nu_i=(\Omega_i+\rho_i)\mathrm{sgn}(s_i)\quad(\rho_i>0) \tag{4-4-19}$$

这样，就可以通过等效控制 $\hat{\nu}_{ieq}$ 对干扰 $\Delta\boldsymbol{\Phi}(\cdot)$，$\forall t\geqslant t_{ri}$ 进行准确的估计，即 $\nu_{ieq}=\Delta\boldsymbol{\Phi}(\cdot)$。$\nu_i$ 中包含的高频振动可以通过一个低通滤波器(LPF)进行处理：

$$\hat{\nu}_{ieq}(s)=[1/(\tau_i s+1)]\nu_i(s) \tag{4-4-20}$$

式中：s 为 Laplace 算子，τ_i 是时间常数。这样，$\| \Delta\Phi_i - \hat{\nu}_{ieq} \| < O(\tau_i)$，$t \to \infty$。

为了使式(4-4-19)、式(4-4-20)在滤波过程中达到更好的衰减，ν_i 可以通过自适应调整切换增益控制在滑模面 $s_i = 0$ 上的衰减

$$\nu_i = \begin{cases} (\Omega_i + \rho_i)\operatorname{sgn}(s_i), & if \quad |s_i| > \Im_i \\ (|\hat{\nu}_{ieq}| + \rho_i)\operatorname{sgn}(s_i), & if \quad |s_i| \leqslant \Im_i \end{cases} \tag{4-4-21}$$

其中边界参数 $\Im_i$ 可以通过算法迭代步长 T 进行选择。这就保证了在离 $s_i = 0$ 较远时，采用较大切换增益的控制，使得系统轨线快速向滑模面靠拢；当轨线逐渐靠近滑模面时，控制的切换增益逐渐减小，驱近速度逐渐下降，一方面保证了趋近品质，另一方面进一步降低了抖振。因此，式(4-4-14)~式(4-4-21)称为自适应增益 SMDO。故可以得到基于 SMDO 的 SMC 控制律为

$$\tilde{u}_i = \Phi_i^0(\cdot) + K_i\sigma_i + \hat{\nu}_{ieq} \tag{4-4-22}$$

代入式(4-4-14)，可以得到

$$\dot{\sigma}_i = -K_i\sigma_i - \hat{\nu}_{ieq} + \Delta\Phi_i(\cdot) \tag{4-4-23}$$

随着时间增长，式(4-4-23)趋向于

$$\dot{\sigma} = -K_i\sigma \qquad (K_i > 0) \tag{4-4-24}$$

最终，等式(4-4-9)中的 u 可以通过 $u = E^{-1}(x)\tilde{u}$ 得到。

2. 基于超曲面的二阶滑模控制(SOSM)

传统 SMC 的瓶颈主要是抖动问题，通过高阶滑模控制(HOSM)可以使滑模变量及其 $k-1$ 阶导数稳定在零点，并减弱其抖动现象。这种算法把控制的高频切换隐藏在滑模变量的高阶微分中，可以有效地减小抖动。在离散时间条件下，HOSM 的滑模精度与时间增量的 k 次幂成正比，所以 HOSM 是一种高精度、强鲁棒性的控制方法。二阶滑模控制是一种特殊的超曲面算法，可以在有界扰动 $\Delta\Phi(\cdot)$ 条件下，在有限时间内使等式(4-4-14)稳定在零点。

超曲面 SOSM 控制是基于非线性微分方程的摄动分析的一种算法

$$\dot{p} + a_i | p |^{\frac{1}{2}} \mathrm{sgn}(p) + b_i \int \mathrm{sgn}(p) \mathrm{d}\tau = \zeta(t), | \dot{\zeta}(t) | \leqslant M \tag{4-4-25}$$

当参数 $a_i \geqslant 0.5\sqrt{M}$,$b_i \geqslant 4M$ 时,等式(4-4-25)的解 $p(t)$ 及其微分 $\dot{p}(t)$ 可以在有限时间内趋于零。当超曲面控制取

$$\tilde{u}_i = \Phi_i^0(\cdot) + a_i | \sigma_i |^{\frac{1}{2}} \mathrm{sgn}(\sigma_i) + b_i \int \mathrm{sgn}(\sigma_i) \mathrm{d}\tau \tag{4-4-26}$$

代入等式(4-4-14),就可以得到 σ_i 的补偿动态特性

$$\dot{\sigma} + a_i | \sigma_i |^{\frac{1}{2}} \mathrm{sgn}(\sigma_i) + b_i \int \mathrm{sgn}(\sigma_i) \mathrm{d}\tau = \Delta\Phi_i(\cdot) \tag{4-4-27}$$

对比等式(4-4-25)与式(4-4-27),只要选取超曲面控制量满足 $a_i \geqslant 0.5\sqrt{\Omega_i}$,$b_i \geqslant 4\Omega_i$,滑模变量 σ_i 及其微分 $\dot{\sigma}_i$ 就可以在有限时间内趋于零。并且等式(4-4-26)中的对高频不连续分量 $\mathrm{sgn}(\sigma_i)$,$(i=1,\cdots,3)$ 进行了积分,所以超曲面控制是连续的。最后,$\boldsymbol{u}$ 可以通过$\boldsymbol{u}=\boldsymbol{E}^{-1}(x)\tilde{\boldsymbol{u}}$ 得到。

4.4.3 连续滑模控制应用

首先介绍用于本节设计和仿真的某导弹模型,其为包含 12 个状态的非线性微分方程。

$$\dot{V} = \frac{1}{M}(-D + Y\sin\beta - Mg\sin\gamma) + \frac{1}{M}T\cos\beta\cos\alpha$$

$$\dot{\alpha} = q - \tan\beta(p\cos\alpha + r\sin\alpha) +$$

$$\frac{1}{MV\cos\beta}(-L + Mg\cos\gamma\cos\mu) - \frac{1}{MV\cos\beta}T\sin\alpha$$

$$\dot{\beta} = -r\cos\alpha + p\sin\alpha +$$

$$\frac{1}{MV}(Y\cos\beta + Mg\cos\gamma\sin\mu) - \frac{1}{MV}T\sin\beta\cos\alpha \tag{4-4-28}$$

$$\dot{q} = \frac{I_z - I_x}{I_y}pr + \frac{I_{xz}}{I_y}(r^2 - p^2) + \frac{M_t}{I_y}$$

$$\dot{p} = \frac{\left(\frac{I_y - I_z}{I_{xz}} - \frac{I_{xz}}{I_z}\right)qr + \frac{I_x - I_y + I_z}{I_z}pq + \frac{L_t}{I_{xz}} + \frac{N_t}{I_z}}{\frac{I_x}{I_{xz}} - \frac{I_{xz}}{I_z}} \tag{4-4-29}$$

$$\dot{r} = \frac{\frac{I_y - I_z - I_x}{I_x}qr + \left(\frac{I_x - I_y}{I_{xz}} + \frac{I_{xz}}{I_x}\right)pq + \frac{L_t}{I_x} + \frac{N_t}{I_{xz}}}{\frac{I_z}{I_{xz}} - \frac{I_{xz}}{I_x}}$$

$$\dot{\chi} = \frac{1}{MV\cos\gamma}(L\sin\mu + Y\cos\mu\cos\beta) +$$
$$\frac{T}{MV\cos\gamma}(\sin\mu\sin\alpha - \cos\mu\sin\beta\cos\alpha)$$

$$\dot{\gamma} = \frac{1}{MV}(L\cos\mu - Y\sin\mu\cos\beta - Mg\cos\gamma) +$$
$$\frac{T}{MV}(\sin\mu\sin\beta + \cos\mu\sin\alpha)$$

$$\dot{\mu} = \sec\beta(p\cos\alpha + r\sin\alpha) + \frac{L}{MV}(\tan\gamma\sin\mu + \tan\beta) +$$
$$\frac{Y}{MV}\tan\gamma\cos\mu\cos\beta - \frac{g}{V}\cos\gamma\cos\mu\tan\beta +$$
$$\frac{T}{MV}(\sin\alpha\tan\gamma\sin\mu + \sin\alpha\tan\beta - \cos\alpha\tan\gamma\cos\mu\sin\beta) \tag{4-4-30}$$

$$\begin{aligned} \dot{x} &= V\cos\gamma\cos\lambda \\ \dot{y} &= V\cos\gamma\sin\lambda \\ \dot{z} &= -V\sin\gamma \end{aligned} \tag{4-4-31}$$

上式中,各符号的意义见表4-4-1。

表 4-4-1　公式中各符号所表示的意义

x,y,z	V	α	β	p	q	r
空间位置坐标	飞行速度	迎角	侧滑角	滚转角速度	俯仰角速度	偏航角速度
χ	γ	μ	g	L	D	Y
航迹方位角	航迹倾斜角	速矢滚转角	重力角速度常量	气动升力	气动阻力	气动侧力
L_t	M_t	N_t	T	Q	S_W	b
气动滚转力矩	气动俯仰力矩	气动偏航力矩	发动机推力	动压头	有效面积	参考长度
$I_xI_yI_z$	I_{xz}	δ_a	δ_e	δ_r		
转动惯量	惯性积	副翼偏角	俯仰舵偏角	方向舵偏角		

考虑到导弹各状态变量的变化在时间上具有明显差异,可以利用多尺度奇异摄动理论,将状态变量分为以下几个层次:

(1) 快变量层次,包括滚转角速度 p 、俯仰角速度 q 和偏航角速度 r ,该回路中,将状态变量 p 、q 和 r 作为输出,输入为滚转力矩指令 L_r 、俯仰力矩指令 M_r 和偏航力矩指令 N_r ;

(2) 慢变量层次,包括迎角 α 、侧滑角 β 和速矢滚转角 μ ,将状态变量 α 、β 和 μ 作为输出,输入为指令滚转角速度 p_r 、指令俯仰角度 q_r 和指令偏航角速度 r_r ;

(3) 很慢变量层次,包括速度 V 、航迹方位角 χ 和航迹倾斜角 γ ;

(4) 极慢变量层次,包括空间位置坐标 x,y,z 。

后两组描述的是质点变化的情况,其变化很慢,因此在下面的姿态控制器设计时,将这两组状态近似为常量。

建立导弹双回路模型为

$$
\begin{aligned}
\dot{x}_1 &= \boldsymbol{f}_1(\Xi,x_1)+\Delta f_1(\Xi,x_1)+[g_1(\Xi,x_1)+\Delta g_1(\Xi,x_1)]x_2+ \\
&\quad [g_1'(\Xi,x_1)+\Delta g_1'(\Xi,x_1)]\boldsymbol{\delta}+\xi_1(x_1,x_2,t) \\
&\hat{=} f_1(\Xi,x_1)+\boldsymbol{g}_1(\Xi,x_1)x_2+d_1(\Xi,x_1,x_2,t)+[g_1'(\Xi,x_1)+
\end{aligned}
$$

$$\Delta g_1'(\Xi,x_1)]\boldsymbol{\delta}$$

$$\dot{x}_2=f_2(\Xi,x_1,x_2)+\Delta f_2(\Xi,x_1,x_2)+[\boldsymbol{g}_2(\Xi,x_1,x_2)+\Delta g_2(\Xi,x_1,x_2)]u+\xi_2(x_1,x_2,t)$$
$$\hat{=}f_2(\Xi,x_1,x_2)+g_2(\Xi,x_1,x_2)u+d_2(\Xi,x_1,x_2,u,t)$$
$$\boldsymbol{y}=\boldsymbol{x}_1 \tag{4-4-32}$$

式中：$\boldsymbol{x}_1=[\alpha\quad\beta\quad\mu]^{\mathrm{T}}$；$\boldsymbol{x}_2=[p\quad q\quad r]^{\mathrm{T}}$；$\boldsymbol{\delta}=[\delta_{\mathrm{e}}\quad\delta_{\mathrm{a}}\quad\delta_{\mathrm{r}}]$为系统状态向量；$\boldsymbol{\Xi}=[V\quad\gamma\quad h]^{\mathrm{T}}$为参数向量；$\boldsymbol{f}_1(\boldsymbol{\Xi},\boldsymbol{x}_1)=[f_\alpha\quad f_\beta\quad f_\mu]^{\mathrm{T}}$，$\boldsymbol{f}_2(\Xi,x_1,x_2)=[f_{\mathrm{p}}\quad f_{\mathrm{q}}\quad f_{\mathrm{r}}]^{\mathrm{T}}$是微分函数，具体表达式为

$$f_\alpha=g\cos\mu\cos\gamma/(V\cos\beta)+QS(\cos\alpha C_z-\sin\alpha C_x)/(mV\cos\beta)$$
$$f_\beta=g\sin\mu\cos\gamma/V+QS(\cos\beta C_y-\sin\beta\cos\alpha C_x-\sin\beta\sin\alpha C_z)/mV$$
$$f_\mu=-g\cos\gamma\cos\mu\tan\beta/V+\cos\beta\cos\mu\tan\gamma QSC_y/mV+(\tan\gamma\sin\mu+\tan\beta)(QSC_x\sin\alpha-QSC_z\cos\alpha)/mV+\tan\gamma\cos\mu\sin\beta\cdot QS(C_x\cos\alpha+C_z\sin\alpha)/mV \tag{4-4-33}$$

$$f_{\mathrm{p}}=[I_{zx}(I_z+I_x-I_y)pq+(I_yI_z-I_z^2-I_{zx}^2)qr]/(I_xI_z-I_{zx}^2)$$
$$f_{\mathrm{q}}=[(I_z-I_x)pr+I_{zx}(r^2-p^2)]/I_y$$
$$f_{\mathrm{r}}=[I_{zx}(I_y-I_z-I_x)qr+(I_x^2-I_xI_y+I_{zx}^2)pq]/(I_xI_z-I_{zx}^2) \tag{4-4-34}$$

其中，C_x、C_y和C_z为箭体坐标系下的气动力系数。$\boldsymbol{g}_1(\Xi,x_1)\in R^{3\times3}$和$\boldsymbol{g}_2(\Xi,x_1,x_2)\in R^{3\times3}$为控制矩阵，具体表达式为

$$\boldsymbol{g}_1=\begin{bmatrix}-\tan\beta\cos\alpha & 1 & -\tan\beta\sin\alpha\\ \sin\alpha & 0 & -\cos\alpha\\ \cos\alpha/\cos\beta & 0 & \sin\alpha/\cos\beta\end{bmatrix} \tag{4-4-35}$$

$$\boldsymbol{g}_2=[1\quad 1\quad 1]^{\mathrm{T}}$$

$\Delta f_1\in R^{3\times3}$，$\Delta f_2\in R^{3\times3}$，$\Delta g_1\in R^{3\times3}$和$\Delta g_2\in R^{3\times3}$为系统有界摄动：$g'$代表舵对力的影响；$\xi_1(x_1,x_2,t)\in R^{3\times3}$和$\xi_2(x_1,x_2,t)\in R^{3\times3}$为有界干扰；$y\in R^{3\times3}$为系统输出，$\boldsymbol{u}=[L_{\mathrm{rl}}\quad M_{\mathrm{rl}}\quad N_{\mathrm{rl}}]^{\mathrm{T}}$为控制向量，其中$L_{\mathrm{rl}}$、$M_{\mathrm{rl}}$和$N_{\mathrm{rl}}$为气动舵和推力矢量引起的角加速度，其表达式为

$$\begin{bmatrix} L_{\mathrm{rl}} \\ M_{\mathrm{rl}} \\ N_{\mathrm{rl}} \end{bmatrix} = \begin{bmatrix} QSb(I_z C_l + I_{zx} C_n)/(I_x I_z - I_{zx}^2) \\ QScC_m/I_y \\ QSb(I_{zx} C_l + I_x C_n)/(I_x I_z - I_{zx}^2) \end{bmatrix} \tag{4-4-36}$$

式中：C_l、C_m 和 C_n 是滚转；俯仰和偏航系数；c 为平均气动弦长。

在实际的控制器设计中，需要涵盖模型误差，即模型的不确定性（包括模型参数的不确定性及未建模动态不确定性）及外界干扰。根据等式（4－4－32），参数的不确定性由下式给出

$$\Delta f_1 = \Delta f_1(\Delta C_x, \Delta C_y, \Delta C_z, \Delta S, \Delta\rho, \Delta m)$$
$$\Delta f_2 = \Delta f_2(\Delta I_{(\cdot)})$$
$$\Delta g_1 = 0$$
$$\Delta g_2 = \Delta g_2(\Delta C_l, \Delta C_m, \Delta C_n, \Delta I_{(\cdot)}, \Delta\bar{c}, \Delta b, \Delta S, \Delta\rho) \tag{4-4-37}$$

其中，$\Delta\rho$ 表示大气密度的不确定性。$\boldsymbol{d}_1(\Xi, x_1, x_2, t) = [d_\alpha \quad d_\beta \quad d_\mu]^{\mathrm{T}}$ 和 $\boldsymbol{d}_2(\Xi, x_1, x_2, u, t) = [d_p \quad d_q \quad d_r]^{\mathrm{T}}$ 为有界摄动干扰综合参数，假设其上界为

$$\Omega_{d_{1i}} = \sup_{i=1,2,3} \| d_{1i} \|, \ \Omega_{d_{2i}} = \sup_{i=1,2,3} \| d_{2i} \| \tag{4-4-38}$$

从物理角度来看，由于气动舵的偏转和推力矢量点火对力的影响很小，在设计中可以忽略不计，因此式（4－4－32）中 $g' = 0$，$\Delta g' = 0$。

以下将针对非线性模型的快慢回路，分别基于滑模摄动观测器（SMDO）和超曲面二阶滑模（SOSM）设计滑模控制器来防止抖振，并通过仿真验证方法的可行性。

1. 慢回路控制律设计

慢回路设计的任务是根据迎角、侧滑角和速矢滚转角指令要求设计出合适的角速度指令，输入到快回路。利用式（4－4－11），设计滑模面为

$$\sigma_1 = e_1 + c_1 \int_0^t e_1 \mathrm{d}\tau \tag{4-4-39}$$

其中，误差 $e_1 = x_{1\mathrm{r}} - x_1$，性能参数 $c_1 = \mathrm{diag}(c_\alpha, c_\beta, c_\mu)$。$c_1$ 的选取

应满足给定角度指令下系统的动态特性要求。

(1) 基于SMDO的控制律设计。

基于式(4-4-15),得到

$$\dot{\sigma} = -\boldsymbol{K}_1\sigma_1 \tag{4-4-40}$$

其中,$\boldsymbol{K}_1 = diag(\mathrm{K}_\alpha, \mathrm{K}_\beta, \mathrm{K}_\mu)$。根据式(4-4-23)可以得到内环指令为

$$x_{2r} = g_1^{-1}(\dot{x}_{1r} - f_1 - \hat{d}_1 + c_1 e_1 + \boldsymbol{K}_1\sigma_1) \tag{4-4-41}$$

为了得出扰动干扰量 d_1 的估计值 $\hat{d}_1$,基于式(4-4-17)~式(4-4-21)构造如下SMDO

$$s_1 = \sigma_1 + \int_0^t (g_1 x_2 - c_1 e_1 - \dot{x}_{1r} + f_1 - \nu_1)\mathrm{d}\tau$$

$$\nu_1 = (\Omega_1 + \rho_1)\mathrm{sgn}(s_1)$$

$$\hat{\nu}_{1\mathrm{eq}i}(s) = [1/(\tau_{1i}s + 1)]\nu_{1i}(s) \tag{4-4-42}$$

$$\nu_1 = \begin{cases}(\Omega_{1i} + \rho_{1i})\mathrm{sgn}(s_{1i}) & \text{if} \mid s_{1i} \mid > \Im_{1i} \\ (\mid \hat{\nu}_{1\mathrm{eq}i} \mid + \rho_{1i})\mathrm{sgn}(s_{1i}) & \text{if} \mid s_{1i} \mid \leqslant \Im_{1i}\end{cases}, \forall i = 1,2,3$$

(2) 基于SOSM的控制律设计。

根据式(4-4-26)可以得到内环指令为

$$x_{2\mathrm{r}} = g_1^{-1}\left(\dot{x}_{1\mathrm{r}} - f_1 - 2d_1 + c_1 e_1 + a_1 \mid \sigma_1 \mid^{\frac{1}{2}}\mathrm{sgn}(\sigma_1) + b_1\int_0^t \mathrm{sgn}(\sigma_1)\mathrm{d}\tau\right) \tag{4-4-43}$$

选取适当的 a_1 和 b_1,即可满足滑模变量 σ_1 及其微分 $\dot{\sigma}_0$ 就可以在有限时间内趋于零。

2. 快回路控制律设计

快回路设计的任务是根据滚转、俯仰和偏航角速度指令得出相应的力矩指令,最终输出到控制分配模块,从而满足

$$\lim_{t \to \infty} | x_{2\mathrm{r}} - x_2 | = 0 \tag{4-4-44}$$

利用式(4-4-11),设计滑模面为

$$\boldsymbol{\sigma}_2 = e_2 + c_2 \int_0^t e_2 \mathrm{d}\tau \tag{4-4-45}$$

其中，误差 $\boldsymbol{e}_2 = \boldsymbol{x}_{2\mathrm{r}} - \boldsymbol{x}_2$，性能参数 $\boldsymbol{c}_2 = diag(\mathrm{c}_p, \mathrm{c}_q, \mathrm{c}_r)$。

（1）基于 SMDO 的控制律设计。

基于式（4-4-15），得到

$$\dot{\sigma} = -\boldsymbol{K}_2 \sigma_2 \tag{4-4-46}$$

其中，$\boldsymbol{K}_2 = diag(\mathrm{K}_p, \mathrm{K}_q, \mathrm{K}_r)$。根据式（4-4-12）可以得到内环指令为

$$u_r = g_2^{-1}(\dot{x}_{2r} - f_2 - \hat{d}_2 + \boldsymbol{c}_2 e_2 + \boldsymbol{K}_2 \boldsymbol{\sigma}_2) \tag{4-4-47}$$

为了得出扰动干扰量 d_2 的估计值 $\hat{d}_2$，基于式（4-4-17）~式（4-4-21）构造如下 SMDO

$$\begin{gathered} s_2 = \boldsymbol{\sigma}_2 + \int_0^t (g_2 u - c_2 e_2 - \dot{x}_{2\mathrm{r}} + f_2 - \nu_2) \mathrm{d}\tau \\ \boldsymbol{\nu}_2 = (\Omega_2 + \rho_2) \operatorname{sgn}(s_2) \\ \hat{\boldsymbol{\nu}}_{2\mathrm{eq}i}(s) = [1/(\tau_{2i} s + 1)] \boldsymbol{\nu}_{2i}(s) \end{gathered} \tag{4-4-48}$$

$$\boldsymbol{\nu}_2 = \begin{cases} (\Omega_{2i} + \rho_{2i}) \operatorname{sgn}(s_{2i}) & \text{if } |s_{2i}| > \Im_{2i} \\ (|\hat{\boldsymbol{\nu}}_{2\mathrm{eq}i}| + \rho_{2i}) \operatorname{sgn}(s_{2i}) & \text{if } |s_{2i}| \leqslant \Im_{2i} \end{cases}, \forall i = 1,2,3$$

（2）基于 SOSM 的控制律设计。

根据式（4-4-26）可以得到内环指令为

$$\begin{aligned} u_r = g_2^{-1}(& \dot{x}_{2r} - f_2 - 2d_2 + c_2 e_2 + a_2 |\boldsymbol{\sigma}_2|^{\frac{1}{2}} \operatorname{sgn}(\boldsymbol{\sigma}_2) + \\ & b_2 \int_0^t \operatorname{sgn}(\boldsymbol{\sigma}_2) \mathrm{d}\tau) \end{aligned} \tag{4-4-49}$$

选取适当的 a_2 和 b_2，即可满足滑模变量 $\boldsymbol{\sigma}_2$ 及其微分 $\dot{\sigma}$ 就可以在有限时间内趋于零。

3. 双回路滑模控制的条件

为保证系统的稳定性和品质，快回路达到其相应滑模面的速度必须远远大于慢回路到达其相应滑模面的速度，同时低通滤波器的响应速度要快于滑模面的趋近速度。于是，各参数需要满足

$$K_i \gg K_j > 0,(i=p,q,r,\quad j=\alpha,\beta,\mu)$$
$$K_j \ll 1/\tau_i,(i=p,q,r,\alpha,\beta,\mu,\quad j=p,q,r) \tag{4-4-50}$$

$$a_i \gg a_j > 0,(i=p,q,r,\quad j=\alpha,\beta,\mu)$$
$$b_i \gg b_j > 0,(i=p,q,r,\quad j=\alpha,\beta,\mu) \tag{4-4-51}$$

另外,根据式(4-4-13),要满足 $E(x)$ 存在,控制矩阵须满足如下条件

$$\| g_1^{-1} \| = \cos\beta/(1+\sin^2\alpha\sin\beta) \neq 0$$
$$\| g_2^{-1} \| = 1 \neq 0 \tag{4-4-52}$$

在再入过程中,$\alpha \in [-50°,50°]$,$\beta \in [-10°,10°]$ 这样式(4-4-52)自然成立。

导弹的双回路 SMC 控制律结构如图 4-4-2 所示。

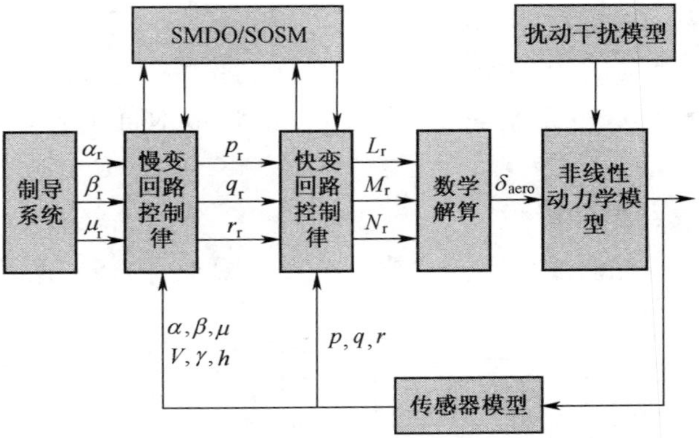

图 4-4-2　导弹双回路 SMC 控制律结构

4.4.4　系统仿真验证

根据上面建立的数学模型,对所设计的 SMDO 及 SOSM 控制律进行数值仿真以验证其效果,仿真中加入摄动和干扰。由制导模块产生迎角 α,侧滑角 β 及速矢滚转角 μ 的指令值,选择典型动作——倾斜对准。倾斜对准是保证在零侧滑的基础上,通过调节倾斜角和迎角,实现

对航向的对准飞行。

1. 仿真条件

仿真初始条件为 $H=30\text{km}, Ma=10.0, \alpha=16°, \beta=0°, \mu=0°$。

参数摄动(用其上界 $|\Delta(\cdot)|$ 表示)见表 4-4-2。

表 4-4-2 参数摄动表

$\lvert\Delta C_x\rvert$	$\lvert\Delta C_y\rvert$	$\lvert\Delta C_z\rvert$	$\lvert\Delta C_l\rvert$	$\lvert\Delta C_m\rvert$	$\lvert\Delta C_n\rvert$	$\lvert\Delta I_x\rvert$	$\lvert\Delta I_y\rvert$
6%	6%	3%	10%	8%	8%	2%	2%
$\lvert\Delta I_z\rvert$	$\lvert\Delta I_{xz}\rvert$	$\lvert\Delta m\rvert$	$\lvert\Delta\rho\rvert$	$\lvert\Delta S\rvert$	$\lvert\Delta\bar{c}\rvert$	$\lvert\Delta b\rvert$	
2%	2%	3%	5%	1%	1%	1%	

系统的外部干扰主要考虑气动力与力矩扰动和测量噪声干扰

$$\aleph \hat{=} \{w(t,H) \in R^3 : |w_i| \leqslant w_{ib}, \forall i = 1,2,3\} \tag{4-4-53}$$

其中,外扰的边界条件 w_{ib} 由风洞测试给出。另外,为了验证 SMDO 及 SOSM 在控制抖振抑制上的优势,故对舵的速率没有加以限制。

2. 仿真结果分析

从指令跟踪曲线来看(如图 4-4-3 ~ 图 4-4-5),两种 SMC 的

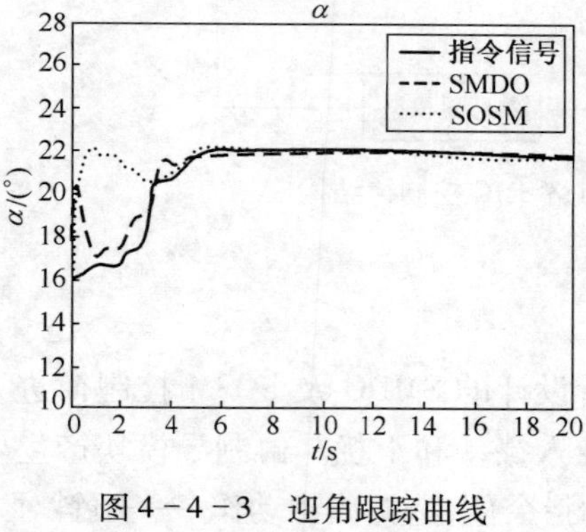

图 4-4-3 迎角跟踪曲线

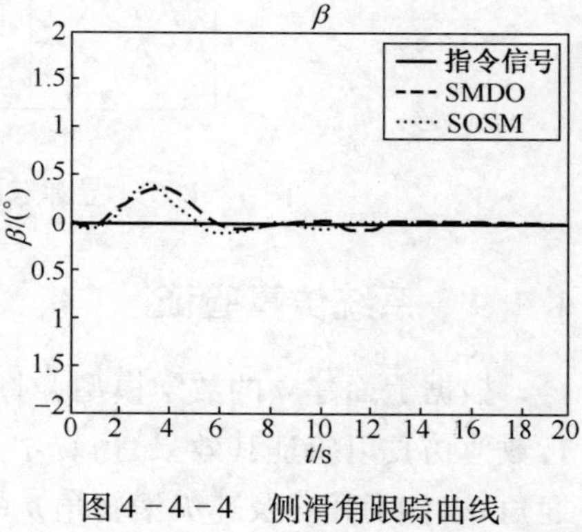

图 4-4-4 侧滑角跟踪曲线

跟踪效果均比较理想。对于迎角跟踪，SOSM 较 SMDO 初始误差稍大，综合两种方法均能满足要求，超调量约 0.8°，误差较小；对于侧滑角跟踪，9s 后以良好的品质实现了零侧滑飞行，侧滑角 $|\beta| \leqslant 0.4°$，满足倾斜转弯的要求；对于速矢滚转角跟踪，大约经历 8s 后，实现了对 μ 的跟踪。从气动舵面的偏转效果来看（图 4-4-6 ~ 图 4-4-8），舵面抖动不剧烈，说明两种方法均能较好的抑制抖动。

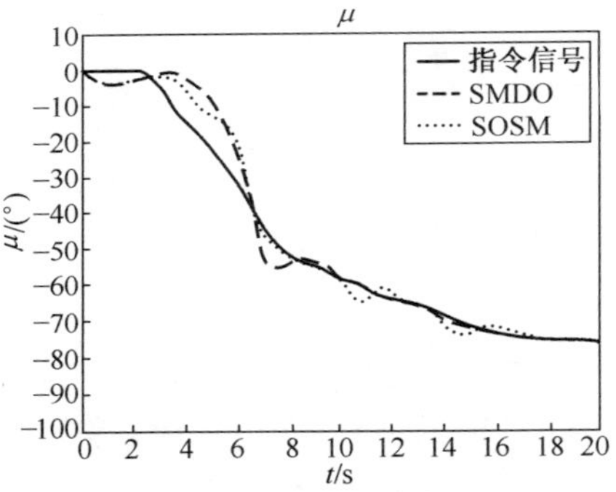

图 4-4-5　速矢滚转角跟踪曲线

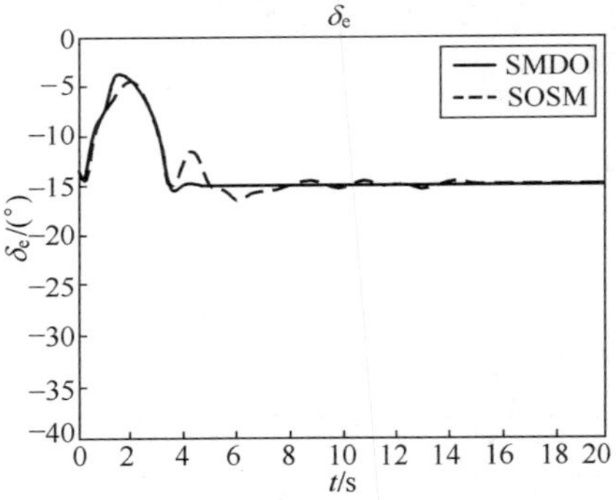

图 4-4-6　俯仰舵偏角偏转曲线

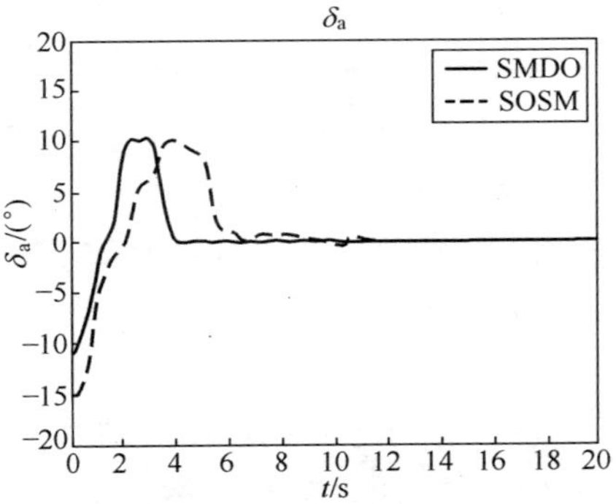

图 4-4-7　副翼偏角偏转曲线

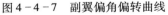

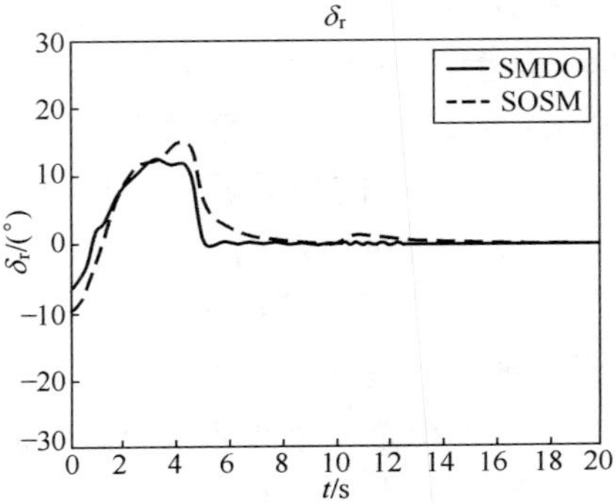

图 4-4-8　方向舵偏角偏转曲线

4.5 反步法控制

4.5.1 反步法设计基础

反步法是20世纪初90年代由Kokotovic等人提出来的，并在近10多年来受到高度重视的一种非线性设计法方法。

考虑如下的控制系统

$$
\begin{aligned}
\dot{\boldsymbol{x}}_1 &= f_1(x_1, x_2) \\
&\vdots \\
\dot{\boldsymbol{x}}_{n-1} &= f_{n-1}(x_1, \cdots, x_{n-1}, x_n) \\
\dot{\boldsymbol{x}}_n &= f_n(x_1, \cdots, x_n, u)
\end{aligned}
\tag{4-5-1}
$$

式中，$\boldsymbol{x} = [x_1, \cdots, x_n]^{\mathrm{T}}$ 为系统的状态，$u = u(x)$ 为反馈控制输入。称具有式(4-5-1)形式的系统为具有严格负反馈形式的非线性系统。任何非线性系统，要采用反步法控制，都必须首先转化为式(4-5-1)的形式。反步法控制的思想就是：首先，在式(4-5-1)的第1式中，假设 $\boldsymbol{x}_2$ 为控制输入（称作伪控制），设计非线性反馈控制律 $\boldsymbol{x}_2 = \zeta_1(x_1)$ 使第1式 $\dot{\boldsymbol{x}}_1 = f_1(x_1, \zeta_1(x_1))$ 满足给定的性能指标；接着，基于式(4-5-1)的第2式，假设 x_3 为控制输入，设计伪控制律为 $x_3 = \zeta_2(x_1, x_2)$，使第1式满足给定的性能指标；依次类推，直到式(4-5-1)的最后一式，可以得到实际的控制输入为 $\boldsymbol{u} = \zeta_{n-1}(x)$。从设计过程可以看出，反步法控制给出了一种构造性的递归设计方法。为保证系统的稳定性，控制律通常是基于Lyapunov稳定性理论设计的。如图4-5-1所示。

该系统是一个级联系统。下面分两步来进行导弹的鲁棒控制器设计，首先，不考虑不确定性 $\Delta f_i(\cdot)$、$\Delta g_i(\cdot)$ 的影响，针对标称模型，采用反步法设计系统的全局稳定非线性控制律 u_1；然后，在 u_1 的基础上设计鲁棒补偿器 u_2，以确保系统在不确定性 $\Delta f_i(\cdot)$、$\Delta g_i(\cdot)$ 影响情况

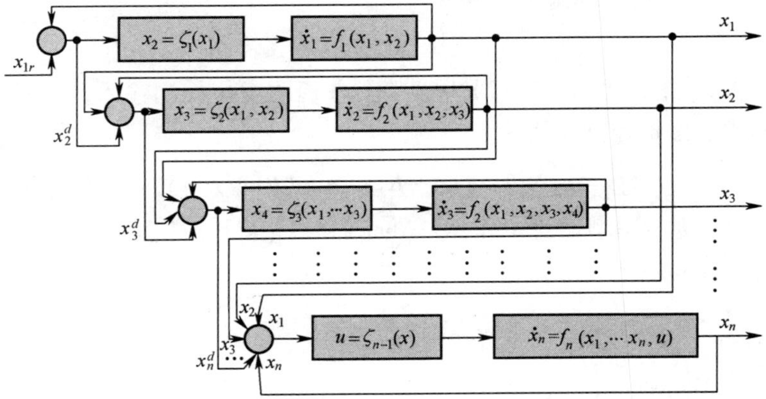

图 4-5-1　反步法控制的设计步骤

下的鲁棒稳定性。补偿后的系统控制律应为 $\boldsymbol{u}=\boldsymbol{u}_1+\boldsymbol{u}_2$。

反步法在具有三角结构形式的非线性系统控制器设计中得到了较为广泛的研究和应用。本节依然针对 4.4 节介绍的非线性模型进行设计和仿真。

4.5.2　反步法控制律设计

对于如下非线性系统有

$$\begin{aligned}\dot{\boldsymbol{x}}_1&=f_1(\theta,x_1)+g_1(\theta,x_1)x_2\\\dot{\boldsymbol{x}}_2&=f_2(\theta,x_1,x_2)+g_2(\theta,x_1,x_2)u\\y&=x_1\end{aligned}\tag{4-5-2}$$

假设系统期望输出为 $\boldsymbol{y}_{\mathrm{r}}=[\alpha_{\mathrm{r}},\beta_{\mathrm{r}},\mu_{\mathrm{r}}]^{\mathrm{T}}$，对于侧滑角期望值 $\beta_{\mathrm{r}}=0$。

第一步：定义输出误差

$$\boldsymbol{e}_1=\boldsymbol{y}-\boldsymbol{y}_{\mathrm{r}}=\begin{bmatrix}\alpha-\alpha_{\mathrm{r}}\\\beta\\\mu-\mu_{\mathrm{r}}\end{bmatrix}\tag{4-5-3}$$

对 e_1 进行求导得

$$\dot{\boldsymbol{e}}_1 = f_1(\theta, x_1) + g_1(\theta, x_1)x_2 - \dot{\boldsymbol{y}}_{\mathrm{r}} \tag{4-5-4}$$

将 x_2 作为式(4-5-2)中第一个方程的虚拟控制输入,则可以得到期望的虚拟控制作用为

$$\boldsymbol{x}_{2r} = g_1^{-1}(\theta, x_1)[-K_1 e_1 - f_1(\theta, x_1) + \dot{\boldsymbol{y}}_r] \tag{4-5-5}$$

其中,$\boldsymbol{K}_1$ 为对角型增益矩阵,$\boldsymbol{K}_1 = \mathrm{diag}\{k_1^1, k_1^2, k_1^3\}$, $k_1^i > 0, i = 1,2,3$。考虑 Lyapunov 函数

$$\boldsymbol{V}_1 = \frac{1}{2}\boldsymbol{e}_1^{\mathrm{T}}\boldsymbol{e}_1 \tag{4-5-6}$$

对 $\boldsymbol{V}_1$ 进行求导得

$$\begin{aligned}\dot{\boldsymbol{V}}_1 &= \boldsymbol{e}_1^{\mathrm{T}}\dot{\boldsymbol{e}}_1 \\ &= \boldsymbol{e}_1^{\mathrm{T}}(f_1(\theta, x_1) + g_1(\theta, x_1)x_2 - \dot{\boldsymbol{y}}_{\mathrm{r}})\end{aligned} \tag{4-5-7}$$

代入 $x_{2\mathrm{r}}$,得到

$$\dot{\boldsymbol{V}}_1 = -\boldsymbol{e}_1^{\mathrm{T}}K_1\boldsymbol{e}_1 \leqslant 0 \tag{4-5-8}$$

第二步:定义误差向量

$$\boldsymbol{e}_2 = \boldsymbol{x}_2 - \boldsymbol{x}_{2\mathrm{r}} \tag{4-5-9}$$

对 e_2 进行求导得

$$\dot{\boldsymbol{e}}_2 = f_2(\theta, x_1, x_2) + g_2(\theta, x_1, x_2)u - \dot{x}_{2\mathrm{r}} \tag{4-5-10}$$

取标称系统期望的控制输入为

$$\boldsymbol{u}_1 = g_2^{-1}(\theta, x_1, x_2)[-K_2 e_2 - f_2(\theta, x_1, x_2) + \dot{x}_{2\mathrm{r}}] \tag{4-5-11}$$

式中:$\boldsymbol{K}_2 = \mathrm{diag}\{k_2^1, k_2^2, k_2^3\}$, $k_2^i > 0, i = 1,2,3$。得

$$\dot{\boldsymbol{e}}_2 = -K_2\boldsymbol{e}_2 \tag{4-5-12}$$

由上式知 $\boldsymbol{e}_2$ 全局指数收敛,从而 $\lim\limits_{t\to\infty}\boldsymbol{e}_1 = 0$ 且标称系统式(4-5-2)满足状态有界。

由 $\boldsymbol{u}_1$ 的控制律表达式(4-5-11)可以看到,在控制律中包含 $\dot{\boldsymbol{x}}_{2\mathrm{r}}$

项，而 $\boldsymbol{x}_{2r}=g_1^{-1}(\theta,x_1)[-K_1\boldsymbol{e}_1-f_1(\theta,x_1)+\dot{\boldsymbol{y}}_r]$，对其进行求导非常复杂。因此，对 $\dot{\boldsymbol{x}}_{2r}$ 采用数字微分，即

$$\dot{\boldsymbol{x}}_{2r}(kT)=\frac{\boldsymbol{x}_{2r}[kT]-\boldsymbol{x}_{2r}[(k-1)T]}{T} \tag{4-5-13}$$

式中：T 为采样周期。当 T 值足够小时，采用数字微分完全可以得到满意的控制效果。

4.5.3　鲁棒补偿控制器设计

本节研究了一种新的非线性鲁棒补偿器的设计方法——积分滑模法。

考虑不确定性 $\Delta f_i(\cdot)$、$\Delta g_i(\cdot)$ 的影响，则实际系统的误差方程为

$$\dot{\boldsymbol{e}}_1=f_1(\theta,x_1)+g_1(\theta,x_1)x_2-\dot{\boldsymbol{y}}_r+\Delta f_1(\theta,x_1,x_2) \tag{4-5-14}$$

$$\begin{aligned}\dot{\boldsymbol{e}}_2=&f_2(\theta,x_1,x_2)+g_2(\theta,x_1,x_2)\boldsymbol{u}-\dot{\boldsymbol{x}}_{2r}+\\&\Delta f_2(\theta,x_1,x_2)+\Delta g_2(x_1,x_2)\boldsymbol{u}\end{aligned} \tag{4-5-15}$$

定义

$$\boldsymbol{e}=[e_1^{\mathrm{T}}\quad e_2^{\mathrm{T}}]^{\mathrm{T}}$$

$$\boldsymbol{f}(x)=[(f_1(\theta,x_1)+g_1(\theta,x_1)x_2-\dot{y}_r)^{\mathrm{T}},(f_2(\theta,x_1,x_2)-\dot{x}_{2r})^{\mathrm{T}}]^{\mathrm{T}}$$

$$\boldsymbol{g}(x)=[0,0,0,g_2^{\mathrm{T}}(\theta,x_1,x_2)]^{\mathrm{T}}$$

$$\Delta\boldsymbol{f}(x)=[\Delta f_1^{\mathrm{T}}(\theta,x_1,x_2),\Delta f_2^{\mathrm{T}}(\theta,x_1,x_2)]^{\mathrm{T}}$$

$$\Delta\boldsymbol{g}(x)=[0,0,0,\Delta g_2^{\mathrm{T}}(\theta,x_1,x_2)]^{\mathrm{T}}$$

则误差方程可表示为

$$\dot{\boldsymbol{e}}=\boldsymbol{f}(x)+\boldsymbol{g}(x)u+\Delta\boldsymbol{f}(x)+\Delta\boldsymbol{g}(x)u \tag{4-5-16}$$

而标称系统的误差方程为

$$\dot{\boldsymbol{e}}=f(x)+g(x)\boldsymbol{u}_1 \tag{4-5-17}$$

全局渐近稳定于 $(0,\ 0,\ 0,\ 0,\ 0,\ 0)^{\mathrm{T}}$。

根据前一节滑模控制的基本方法，定义滑模面

$$S = \boldsymbol{G}\left\{e(t) - e(t_0) - \int_{t_0}^{t}[f(x) + g(x)\boldsymbol{u}_1]\mathrm{d}\boldsymbol{\tau}\right\} \tag{4-5-18}$$

其中，$\boldsymbol{G}\in\boldsymbol{R}^{3\times 6}$ 为选定的常量矩阵，且满足 $\boldsymbol{G}g(x)$ 为可逆矩阵。对 S 进行求导，将 $\dot{x}$ 代入，可以得到

$$\dot{S} = G[\Delta f(x) + g(x)\Delta g(x)\boldsymbol{u}_1] \tag{4-5-19}$$

在滑模面上：$S=0,\dot{S}=0$，从而有

$$\dot{\boldsymbol{x}}_{\mathrm{r}} = f(x_{\mathrm{r}}) + g(x_{\mathrm{r}})u_1(x_{\mathrm{r}}) \tag{4-5-20}$$

式中：x_{r} 表示滑模面上的系统状态。所以只要设计补偿器 u_2 使 $S\to 0$ 成立，就能抑制扰动项 $\Delta f,\Delta g$ 的影响，保证系统的鲁棒稳定。

下面讨论补偿器 u_2 的设计。取 Lyapunov 函数

$$\boldsymbol{V} = \frac{1}{2}\boldsymbol{S}^{\mathrm{T}}\boldsymbol{S} \tag{4-5-21}$$

对 $\boldsymbol{V}$ 进行求导，并将 $\boldsymbol{u}=\boldsymbol{u}_1+\boldsymbol{u}_2$ 代入式(4-5-16)，得

$$\begin{aligned}\dot{V} &= \boldsymbol{S}^{\mathrm{T}}\dot{S}\\ &= \boldsymbol{S}^{\mathrm{T}}\boldsymbol{G}\{\Delta f(x)+g(x)\Delta g(x)u_1+g(x)[I+\Delta g(x)]u_2\}\\ &= \boldsymbol{S}^{\mathrm{T}}\boldsymbol{G}g(x)\{\Delta g(x)u_1+[I+\Delta g(x)]u_2+(\boldsymbol{G}g(x))^{-1}\boldsymbol{G}\Delta f(x)\}\end{aligned} \tag{4-5-22}$$

假设 $\|\Delta f(x)\| \leqslant \Omega_1$，$\|\Delta g(x)\| \leqslant \Omega_2$，则取补偿控制律

$$u_2 = -k_0(\boldsymbol{G}g(x))^{-1}S - \Omega_2\|u_1\| - \|(\boldsymbol{G}g(x))^{-1}G\|\Omega_1 \tag{4-5-23}$$

从而有

$$\begin{aligned}\dot{V} &= \boldsymbol{S}^{\mathrm{T}}\boldsymbol{G}g(x)\{\Delta g(x)u_1+[I+\Delta g(x)]u_2+(\boldsymbol{G}g(x))^{-1}\boldsymbol{G}\Delta f(x)\}\\ &= -k_0\boldsymbol{S}^{\mathrm{T}}\boldsymbol{G}g(x)[I+\Delta g(x)](\boldsymbol{G}g(x))^{-1}\\ &\quad S+S^{\mathrm{T}}Gg(x)\{\Delta g(x)u_1+(\boldsymbol{G}g(x))^{-1}\boldsymbol{G}\Delta f(x)\}\\ &\quad -\boldsymbol{S}^{\mathrm{T}}\boldsymbol{G}g(x)[I+\Delta g(x)]\{\Omega_2\|u_1\|+\|(\boldsymbol{G}g(x))^{-1}\boldsymbol{G}\|\Omega_1\}\\ &\leqslant -k_0\boldsymbol{S}^{\mathrm{T}}\boldsymbol{S}\end{aligned} \tag{4-5-24}$$

系统渐近收敛于滑模面,补偿后的闭环不确定系统稳定。补偿后的控制律为

$$u=u_1+u_2=u_1-k_0\left(\boldsymbol{G}g(x)\right)^{-1}S-\Omega_2\|u_1\|-\|\left(\boldsymbol{G}g(x)\right)^{-1}\boldsymbol{G}\|\Omega_1 \tag{4-5-25}$$

4.5.4　动态曲面控制方法

近年来,反步法在不确定非线性系统的鲁棒自适应控制器设计方面受到了越来越多的重视。反步法设计思路清晰,而且可以设计系统的全局稳定控制器。但是在设计过程中,由于需要对“虚拟控制输入”重复求导,因此当系统阶次较高时,会导致复杂性爆炸问题,使得控制器结构极为复杂从而失去实用性。

为了解决这一问题,D. Swaroop 和 J. K. Hedrick 等人提出了一种动态曲面控制方法(Dynamic Surface Control,DSC),并采用这种方法设计了一类参数严格反对系统的鲁棒控制器,取得了较好的效果。DSC 方法是通过增加一个一阶低通滤波环节来避免对反步法设计过程中的虚拟控制作用进行重复求导,从而简化了控制器的设计。

1. DSC 鲁棒自适应控制律设计

DSC 鲁棒自适应控制器的设计与传统反步法相似,也是通过步步递推的方式来进行的,具体方法如下。

首先,定义跟踪误差

$$\boldsymbol{e}_1=\boldsymbol{y}-\boldsymbol{y}_{\mathrm{r}}=\boldsymbol{x}_1-\boldsymbol{y}_{\mathrm{r}} \tag{4-5-26}$$

第一步:考虑方程

$$\dot{\boldsymbol{x}}_1=g_1(\theta,x_1)x_2+f_1(\theta,x_1)+d_1(x_1,x_2) \tag{4-5-27}$$

其中,$\boldsymbol{d}_i(\cdot)$为不确定扰动项且满足 $\|d_i(x_1,\cdots,x)\|\leqslant\boldsymbol{\Omega}_{d_i}$。由跟踪误差曲面式(4-5-26),得

$$\dot{\boldsymbol{e}}_1=g_1(\theta,x_1)x_2+f_1(\theta,x_1)+d_2(x_1,x_2)-\dot{y}_{\mathrm{r}} \tag{4-5-28}$$

取虚拟控制输入 $x_{2\mathrm{r}}$ 满足

$$\boldsymbol{\tau}_2\dot{\boldsymbol{x}}_{2\mathrm{r}}+\boldsymbol{x}_{2\mathrm{r}}=g_1^{-1}(\theta,x_1)\left[-\boldsymbol{K}_1\boldsymbol{e}_1-f_1(\theta,x_1)+\dot{y}_{\mathrm{r}}-\mathrm{sgn}(\boldsymbol{e}_1)\boldsymbol{\Omega}_{d_1}(x_1)\right] \tag{4-5-29}$$

式中：$\|\boldsymbol{K}_1\|>0$ 为常数矩阵；τ_2 为待设计的滤波器系数。

第二步：考虑方程

$$\dot{\boldsymbol{x}}_2=g_2(\theta,x_1,x_2)x_3+f_2(\theta,x_1,x_2)+d_2(x_1,x_2) \tag{4-5-30}$$

定义误差曲面

$$\boldsymbol{e}_2=\boldsymbol{x}_2-\boldsymbol{x}_{2\mathrm{r}} \tag{4-5-31}$$

对 e_2 求导，得

$$\dot{\boldsymbol{e}}_2=g_2(\theta,\boldsymbol{x}_1,\boldsymbol{x}_2)\boldsymbol{x}_3+f_2(\theta,\boldsymbol{x}_1,\boldsymbol{x}_2)+\boldsymbol{d}_2(\boldsymbol{x}_1,\boldsymbol{x}_2)-\dot{\boldsymbol{x}}_{2\mathrm{r}} \tag{4-5-32}$$

取虚拟控制输入 $\boldsymbol{x}_{3\mathrm{r}}$满足

$$\begin{aligned}\boldsymbol{\tau}_3\dot{\boldsymbol{x}}_{3\mathrm{r}}+\boldsymbol{x}_{3\mathrm{r}}=g_2^{-1}(\theta,x_1,x_2)[-K_2e_2-f_2(\theta,x_1,x_2)-\\ \mathrm{sgn}(e_2)\Omega_{d_2}(x_1,x_2)+\dot{x}_{2\mathrm{r}}]\end{aligned} \tag{4-5-33}$$

其中 $\|\boldsymbol{K}_2\|>0$ 为常数矩阵，τ_3 为待设计的滤波器系数。

第 i 步（$3\leqslant i\leqslant n-1$）：考虑方程

$$\dot{\boldsymbol{x}}_i=g_ix_{i+1}+f_i+d_i \tag{4-5-34}$$

定义误差曲面

$$\boldsymbol{e}_i=x_i-x_{i\mathrm{r}} \tag{4-5-35}$$

对 e_i 求导，得

$$\dot{\boldsymbol{e}}_i=g_ix_{i+1}+f_i+d_i-\dot{x}_{i\mathrm{r}} \tag{4-5-36}$$

取虚拟控制输入 $x_{(i+1)r}$ 满足

$$\boldsymbol{\tau}_{i+1}\dot{\boldsymbol{x}}_{(i+1)\mathrm{r}}+\boldsymbol{x}_{(i+1)\mathrm{r}}=g_i^{-1}[-K_ie_i-f_i-\mathrm{sgn}(e_i)\Omega_{d_i}+\dot{x}_{i\mathrm{r}}] \tag{4-5-37}$$

其中，$\|\boldsymbol{K}_i\|>0$ 为常数矩阵，τ_{i+1} 为待设计的滤波器系数。

第 n 步：考虑方程

$$\dot{\boldsymbol{x}}_n=g_n(X)u+f_n(X)+d_n(X) \tag{4-5-38}$$

定义误差曲面

$$\boldsymbol{e}_n=\boldsymbol{x}_n-\boldsymbol{x}_{n\mathrm{r}} \tag{4-5-39}$$

对 $\boldsymbol{e}_n$ 求导，得

$$\dot{\boldsymbol{e}}_n = g_n u + f_n(X) + d_n(x) - \dot{x}_{nr} \qquad (4-5-40)$$

从而最终设计系统控制器为

$$u = g_n^{-1}[-K_n e_n - f_n(X) - \text{sgn}(e_n)\Omega_{d_n} + \dot{x}_{nr}] \qquad (4-5-41)$$

由式(4－5－37)可知

$$\dot{\boldsymbol{x}}_{(i+1)r} = \frac{g_i^{-1}}{\tau_{i+1}}(-K_i e_i - f_i - \text{sgn}(e_i)\Omega_{d_i} - g_i x_{(i+1)\text{r}} + \dot{x}_{i\text{r}}) \qquad (4-5-42)$$

式中：$\dot{x}_{nr}$ 可由系列式迭代求得。显然这种处理方式避免了传统反步法对 $x_{i\text{r}}$ 重复求导而引起的控制器急剧膨胀现象。

2. 稳定性分析

下面仍然采用 Lyapunov 方法来分析上述所设计闭环系统的稳定性。在构造 Lyapunov 函数前，先定义一组滤波误差变量

$$\boldsymbol{z}_2 = \boldsymbol{x}_{2\text{r}} + g_1^{-1}[K_1\boldsymbol{e}_1 + f_1 + \text{sgn}(\boldsymbol{e}_1)\Omega_{d_1} - \dot{\boldsymbol{x}}_{1\text{r}}] \qquad (4-5-43)$$

$$\boldsymbol{z}_{i+1} = \boldsymbol{x}_{(i+1)\text{r}} + g_i^{-1}[K_i e_i + f_i + \text{sgn}(e_i)\Omega_{d_i} + \frac{z_i}{\tau_i}], \quad \forall 2 \leqslant i \leqslant n-1 \qquad (4-5-44)$$

显然，当 $z_i = 0$ 时

$$\boldsymbol{x}_{2\text{r}} = g_1^{-1}[-K_1\boldsymbol{e}_1 - \boldsymbol{f}_1 - \text{sgn}(e_1)\Omega_{d_1} + \dot{\boldsymbol{x}}_{1\text{r}}] \qquad (4-5-45)$$

$$\boldsymbol{x}_{(i+1)\text{r}} = g_i^{-i}[-K_i\boldsymbol{e}_i - \boldsymbol{f}_i - \text{sgn}(e_i)\Omega_{d_i} - \frac{z_i}{\tau_i}], \quad \forall 2 \leqslant i \leqslant n-1 \qquad (4-5-46)$$

由式(4－5－29)和式(4－5－37)可知

$$\dot{\boldsymbol{x}}_{i\text{r}} = -\frac{\boldsymbol{z}_i}{\boldsymbol{\tau}_i}, 2 \leqslant i \leqslant n \qquad (4-5-47)$$

从而

$$\dot{e}_1 = -K_1\boldsymbol{e}_1 + \boldsymbol{e}_2 - \boldsymbol{f}_1(\theta, x_1) + \boldsymbol{d}_2(x_1, x_2) - \Omega_{d_1}\text{sgn}(\boldsymbol{e}_1) + z_2$$

$$\cdots$$

$$\dot{e}_i = -K_i e_i + e_{i+1} - f_i + d_i - \Omega_{d_i}\operatorname{sgn}(e_i) + z_{i+1} \tag{4-5-48}$$

$\cdots$

$$\dot{e}_n = -K_n e_n - f_n(X) + d_n(X) - \Omega_{d_n}\operatorname{sgn}(e_n)$$

又由式(4-5-44)可得

$$\begin{aligned}\dot{z}_2 &= \dot{x}_{2\mathrm{r}} + \mathrm{d}\{g_1^{-1}[K_1 e_1 + f_1 + \operatorname{sgn}(e_1)\Omega_{d_1} - \dot{x}_{1\mathrm{r}}]\}/\mathrm{d}t \\ &= -\frac{z_2}{\tau_2} + R_2(e_1, e_2, z_2, y_\mathrm{r}, \dot{y}_\mathrm{r}, \ddot{y}_\mathrm{r})\end{aligned} \tag{4-5-49}$$

其中

$$R_2(e_1, e_2, z_2, y_\mathrm{r}, \dot{y}_\mathrm{r}, \ddot{y}_\mathrm{r}) = \mathrm{d}\{g_1^{-1}[K_1 e_1 + f_1 + \operatorname{sgn}(e_1)\Omega_{d_1} - \dot{x}_{1\mathrm{r}}]\}/\mathrm{d}t \tag{4-5-50}$$

同样地

$$\dot{z}_{i+1} = -\frac{z_{i+1}}{\tau_{i+1}} + R_{i+1}(e_1, \cdots, e_{i+1}, z_2, \cdots, z_{i+1}, y_\mathrm{r}, \dot{y}_\mathrm{r}, \ddot{y}_\mathrm{r}) \tag{4-5-51}$$

取 Lyapunov 函数

$$\boldsymbol{V} = \frac{1}{2}\sum_{i=1}^{n} \boldsymbol{e}_i^\mathrm{T}\boldsymbol{e}_i + \frac{1}{2}\sum_{i=1}^{n-1} \boldsymbol{z}_{i+1}^\mathrm{T}\boldsymbol{z}_{i+1} \tag{4-5-52}$$

对 V 进行求导得

$$\begin{aligned}\dot{V} &= \sum_{i=1}^{n} \boldsymbol{e}_i^\mathrm{T}\dot{\boldsymbol{e}}_i + \sum_{i=1}^{n-1} \boldsymbol{z}_{i+1}^\mathrm{T}\dot{\boldsymbol{z}}_{i+1} \\ &= \sum_{i=1}^{n-1}[K_i\boldsymbol{e}_i^\mathrm{T}\boldsymbol{e}_i + \boldsymbol{e}_i^\mathrm{T}\boldsymbol{e}_{i+1} + \boldsymbol{e}_i^\mathrm{T}\boldsymbol{z}_{i+1} + \boldsymbol{e}_i^\mathrm{T}(d_i - \Omega_{d_i}\operatorname{sgn}(e_i))] - \sum_{i=1}^{n}\boldsymbol{e}_i^\mathrm{T}\boldsymbol{f}_i \\ &= \sum_{i=1}^{n-1}\boldsymbol{z}_{i+1}^\mathrm{T}\left(-\frac{z_{i+1}}{\tau_{i+1}} + R_{i+1}\right) - K_n\boldsymbol{e}_n^\mathrm{T}\boldsymbol{e}_n\end{aligned} \tag{4-5-53}$$

因为 $|d_i| \leqslant \Omega_{d_i}$，所以有

$$\dot{\boldsymbol{V}} \leqslant \sum_{i=1}^{n-1}[K_i\boldsymbol{e}_i^\mathrm{T}\boldsymbol{e}_i + \boldsymbol{e}_i^\mathrm{T}\boldsymbol{e}_{i+1} + \boldsymbol{e}_i^\mathrm{T}\boldsymbol{z}_{i+1}] - K_n\boldsymbol{e}_n^\mathrm{T}\boldsymbol{e}_n^\mathrm{T} +$$

$$\sum_{i=1}^{n-1}\left(-\frac{\boldsymbol{z}_{i+1}^{\mathrm{T}}\boldsymbol{z}_{i+1}}{\tau_{i+1}}+\|\boldsymbol{z}_{i+1}^{\mathrm{T}}R_{i+1}\|\right) \tag{4-5-54}$$

对于任意常数 $m>0,p>0$，考虑集合 $T_i=\left\{\frac{1}{2}\sum_{j=1}^{i}\boldsymbol{e}_j^{\mathrm{T}}\boldsymbol{e}_j+\frac{1}{2}\sum_{j=2}^{i}\boldsymbol{z}_j^{\mathrm{T}}\boldsymbol{z}_j\leqslant m\right\}$和 $T=\{(y_d,\dot{y}_d,\ddot{y}_d)\mid y_d^2+\dot{y}_d^2+\ddot{y}_d^2\leqslant p\}$，则 T_i 和 T 均为响应空间上的紧集。因此 $\|R_{i+1}\|$ 在 $T_i\times T$ 上有极大值，记为 M_{i+1}。取

$$K_i=2+\alpha_0,i=1,\cdots,n$$

其中，$\|\boldsymbol{\alpha}_0\|>0$ 为常数矩阵。因为

$$\begin{aligned}&\left\|\frac{1}{2}\boldsymbol{e}_i^{\mathrm{T}}\boldsymbol{e}_i+\boldsymbol{e}_i^{\mathrm{T}}\boldsymbol{e}_{i+1}-\frac{1}{2}\boldsymbol{e}_{i+1}^{\mathrm{T}}\boldsymbol{e}_{i+1}\right\|\leqslant 0\\&\left\|-\boldsymbol{e}_i^{\mathrm{T}}\boldsymbol{e}_i+\boldsymbol{e}_i^{\mathrm{T}}z_{i+1}-\frac{1}{4}\boldsymbol{z}_{i+1}^{\mathrm{T}}\boldsymbol{z}_{i+1}\right\|\leqslant 0\end{aligned} \tag{4-5-55}$$

$$\dot{V}\leqslant-\alpha_0\sum_{i=1}^{n}\boldsymbol{e}_i^{\mathrm{T}}\boldsymbol{e}_i+\sum_{i=1}^{n-1}\left(\frac{1}{4}\boldsymbol{z}_{i+1}^{\mathrm{T}}\boldsymbol{z}_{i+1}-\frac{\boldsymbol{z}_{i+1}^{\mathrm{T}}\boldsymbol{z}_{i+1}}{\tau_{i+1}}+\|\boldsymbol{z}_{i+1}^{\mathrm{T}}R_{i+1}\|\right)$$

取滤波器参数为

$$\frac{1}{\tau_{i+1}}=\frac{1}{4}+\frac{M_{i+1}^2}{2\varepsilon}+\|\boldsymbol{\alpha}_0\|,\varepsilon>0$$

则

$$\begin{aligned}\dot{V}\leqslant&-\alpha_0\left(\sum_{i=1}^{n}\boldsymbol{e}_i^{\mathrm{T}}\boldsymbol{e}_i+\sum_{i=1}^{n-1}\boldsymbol{z}_{i+1}^{\mathrm{T}}\boldsymbol{z}_{i+1}\right)+\\&\sum_{i=1}^{n-1}\left(-\frac{M_{i+1}^2\|\boldsymbol{z}_{i+1}^{\mathrm{T}}\boldsymbol{z}_{i+1}\|}{2\varepsilon}+\|\boldsymbol{z}_{i+1}^{\mathrm{T}}R_{i+1}\|\right)\end{aligned} \tag{4-5-56}$$

又因为

$$-\frac{M_{i+1}^2\|\boldsymbol{z}_{i+1}^{\mathrm{T}}\boldsymbol{z}_{i+1}\|}{2\varepsilon}+\|z_{i+1}R_{i+1}\|\leqslant\frac{\varepsilon}{2}$$

从而可得

$$\dot{V}\leqslant-\|\boldsymbol{\alpha}_0\|\left(\sum_{i=1}^{n}\boldsymbol{e}_i^{\mathrm{T}}\boldsymbol{e}_i+\sum_{i=1}^{n-1}\boldsymbol{z}_{i+1}^{\mathrm{T}}\boldsymbol{z}_{i+1}\right)+\frac{(n-1)\varepsilon}{2} \tag{4-5-57}$$

闭环系统最终收敛到 $T_{\mathrm{r}}:=\left(-\parallel \boldsymbol{\alpha}_0 \parallel \left(\sum_{i=1}^{n} \boldsymbol{e}_i^{\mathrm{T}}\boldsymbol{e}_i+\sum_{i=1}^{n-1} \boldsymbol{z}_{i+1}^{\mathrm{T}}\boldsymbol{z}_{i+1}\right)+\frac{(n-1)\varepsilon}{2}=0\right)$所描述的集合内。合理选择 $\boldsymbol{\alpha}_0$ 和 ε，就可以保证系统具有足够高的跟踪精度。

4.5.5　仿真结果分析

根据4.4节建立的数学模型进行如下的仿真分析。

1. 针对标称模型采用反步法的仿真结果

仿真初始条件为 $H=65\mathrm{km}$，$Ma=10.0$，$\alpha=16°$，$\beta=0°$，$\mu=0°$。

从标称模型的仿真结果可以看出，图4－5－2～图4－5－4中迎角、速矢滚转角快速跟踪到期望的角度，而侧滑角在整个过程中都保持在很小的角度且快速收敛到0值。由此可以得出所设计的反步控制律针对标称系统是有效的。

2. 针对干扰模型采用鲁棒补偿器的仿真结果

仿真中加入摄动和干扰。仿真条件及参数摄动与4.4节相同。仿真结果与不带补偿器的系统相比较，以便分析该补偿器对控制系统的影响。

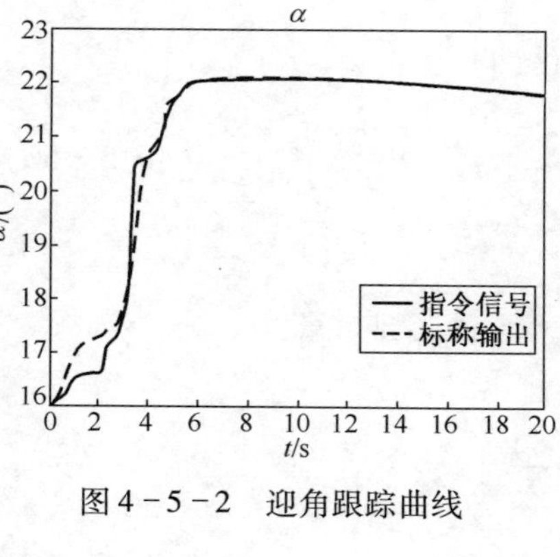

图4－5－2　迎角跟踪曲线

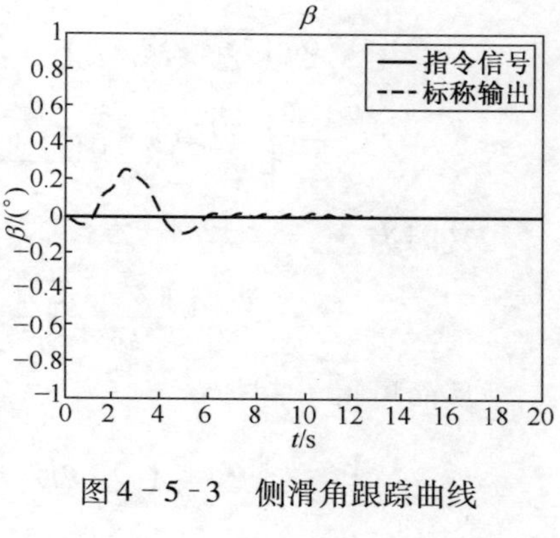

图4－5－3　侧滑角跟踪曲线

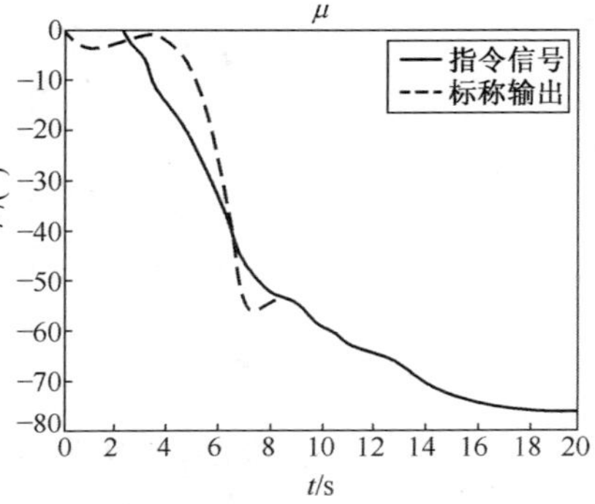

图4-5-4　速矢滚转角跟踪曲线

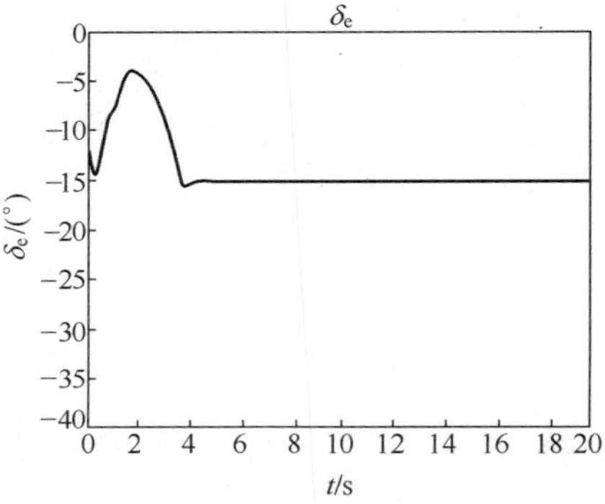

图4-5-5　俯仰舵偏角偏转曲线

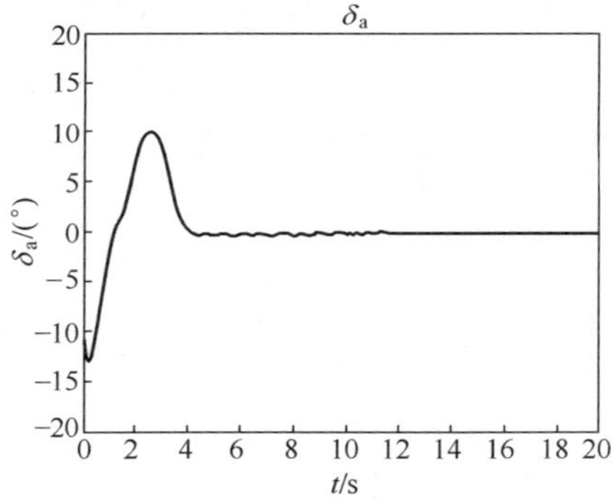

图4-5-6　副翼偏角偏转曲线

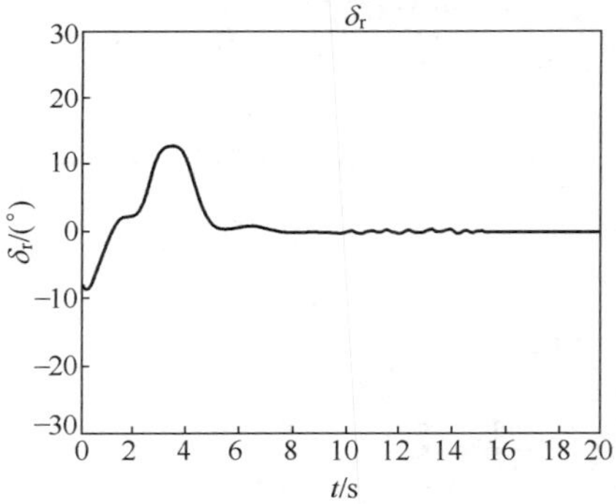

图4-5-7　方向舵偏角偏转曲线

从图4-5-8、图4-5-10、图4-5-12中可以反映出，气动参数发生较大幅度变化时，未加补偿器的系统，控制效果非常不理想，侧滑角已经远远超过了性能指标要求。而从图4-5-9、图4-5-11、图4-5-13中可以看出，加入积分滑模补偿器的系统，在气动参数改变后，指令的跟踪过程准确性与快速性都远远好于不带补偿器的控制系统；迎角、滚转角能够快速跟踪到期望角度（图4-5-9、图4-5-13）；侧滑角在整个过程中保持在很小的角度且快速收敛到零（图4-5-11）。也就是说，加入积分滑模补偿器后，其控制效果受参数变化影响很小，系统鲁棒性进一步加强。

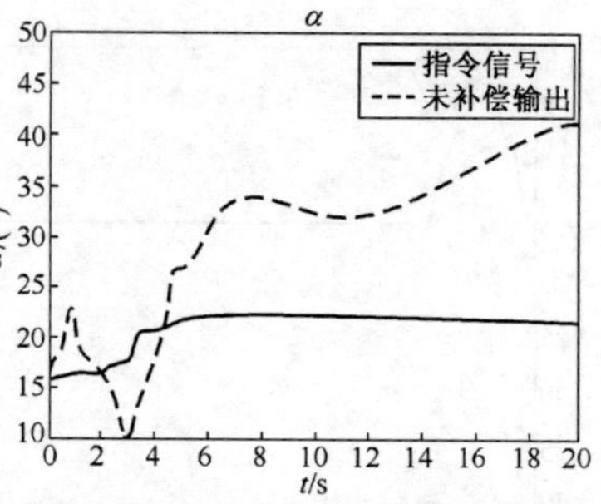

图 4-5-8　不带补偿器的迎角跟踪曲线

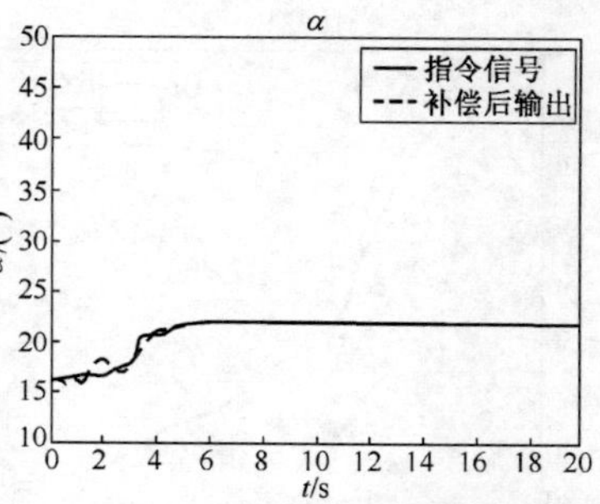

图 4-5-9　带补偿器的迎角跟踪曲线

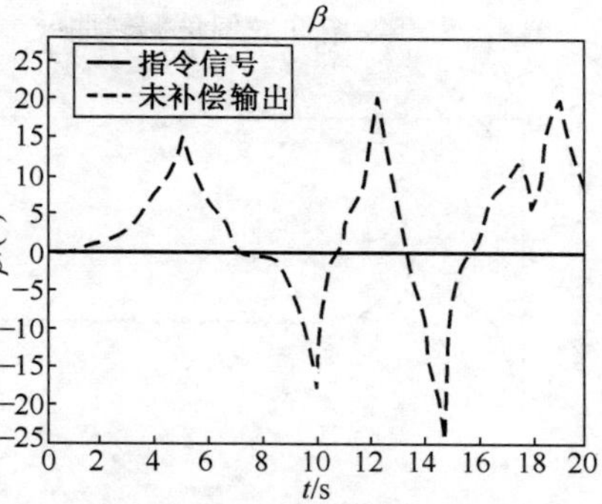

图 4-5-10　不带补偿器的侧滑角跟踪曲线

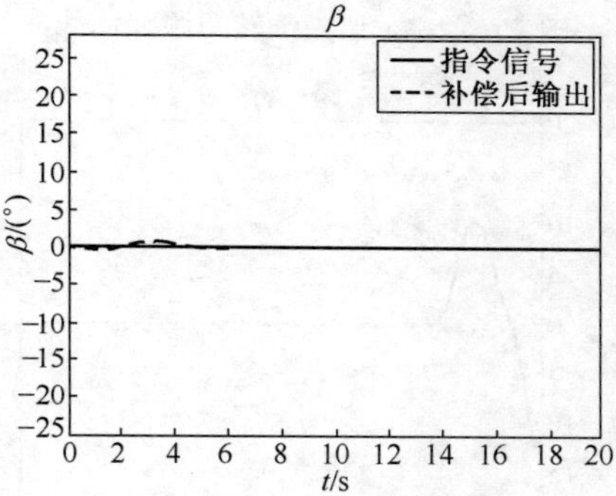

图 4-5-11　带补偿器的侧滑角跟踪曲线

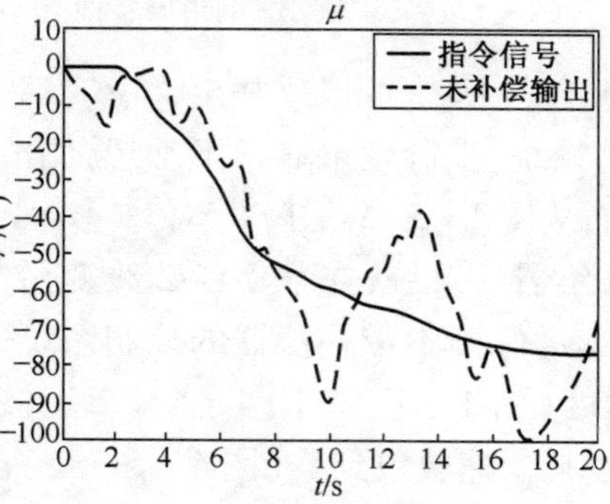

图 4-5-12　不带补偿器的速矢滚转角跟踪曲线

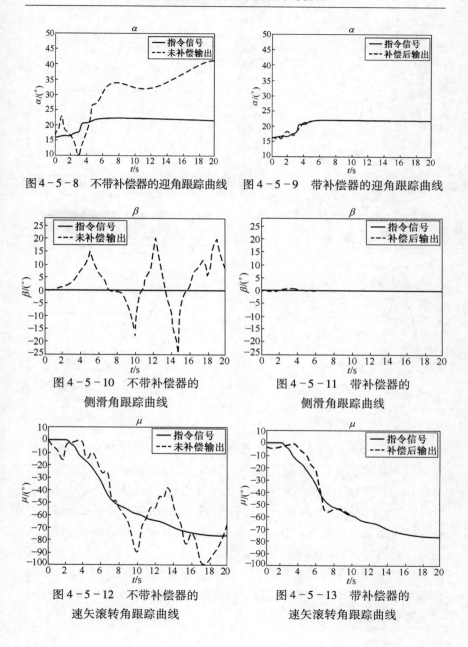

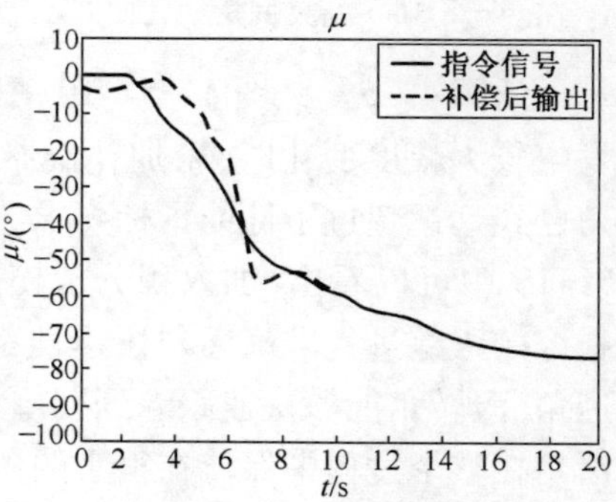

图 4-5-13　带补偿器的速矢滚转角跟踪曲线

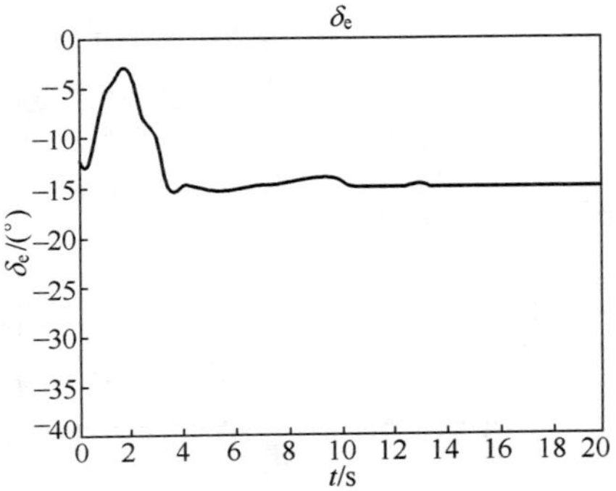

图4-5-14　俯仰舵偏角曲线

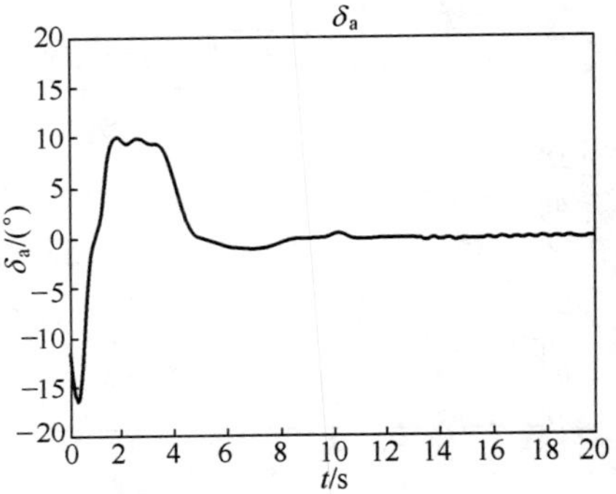

图4-5-15　副翼偏角曲线

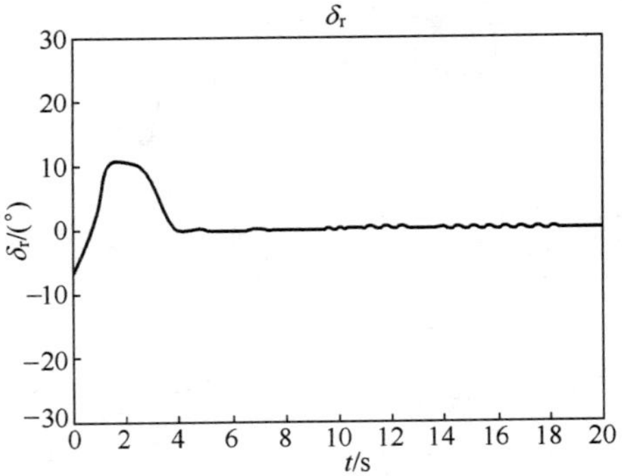

图4-5-16　方向舵偏角跟踪曲线

3. 动态曲面方法的仿真结果

通过DSC方法设计控制律，令 $i=2$，并进行仿真验证，仿真中加入摄动和干扰，仿真条件及参数摄动与4.4节相同。

从指令跟踪曲线来看（图4-5-17～图4-5-19），对于迎角跟踪，超调量约0.6°，误差较小；对于侧滑角跟踪，8s后以良好的品质实现了零侧滑飞行，侧滑角 $|\beta|\leqslant 0.3°$，满足倾斜转弯的要求；对于速矢滚转角跟踪，大约经历8s后，实现了对 μ 的跟踪。从气动舵面的偏转效果来看（图4-5-20～图4-5-22），舵面抖动不剧烈，说明DSC方法能较好地抑制抖动。

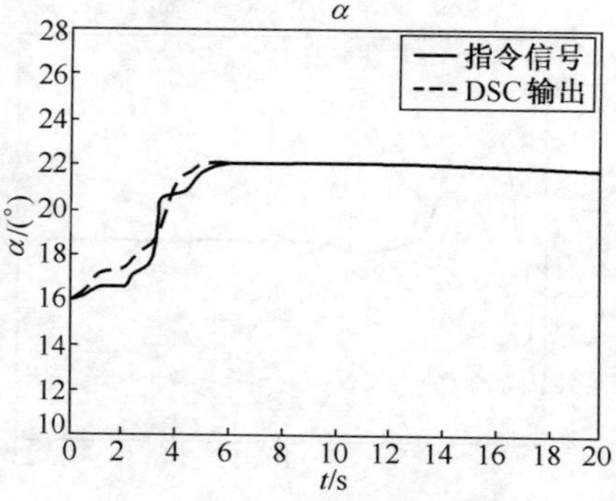

图 4-5-17　迎角跟踪曲线

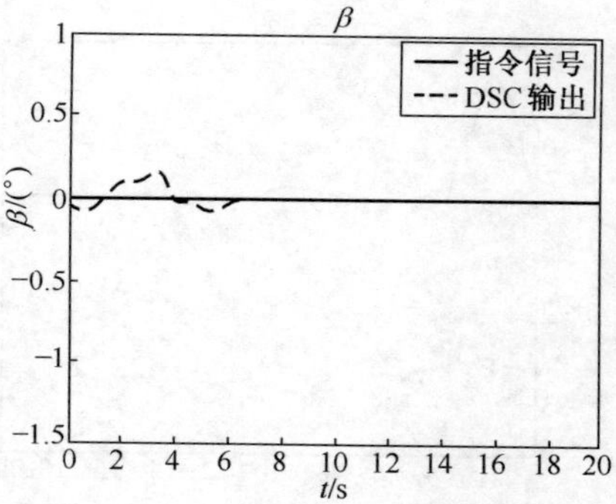

图 4-5-18　侧滑角跟踪曲线

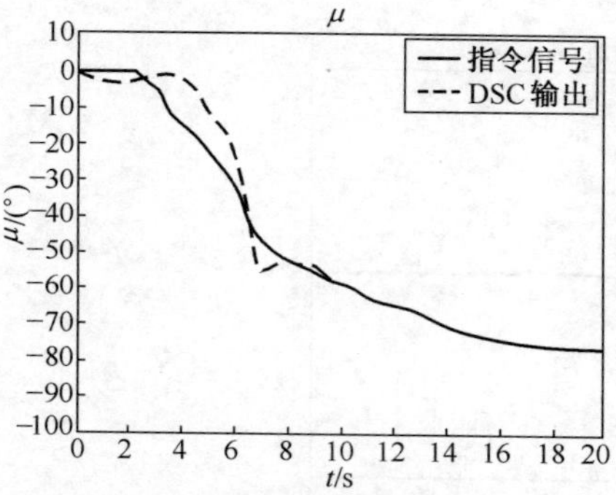

图 4-5-19　速矢滚转角跟踪曲线

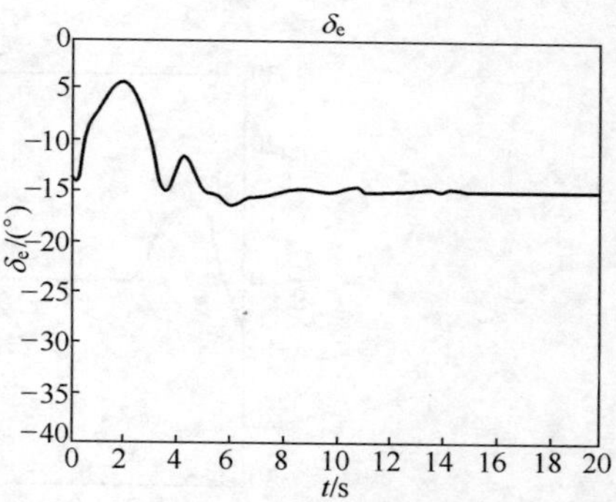

图 4-5-20　俯仰舵偏角偏转曲线

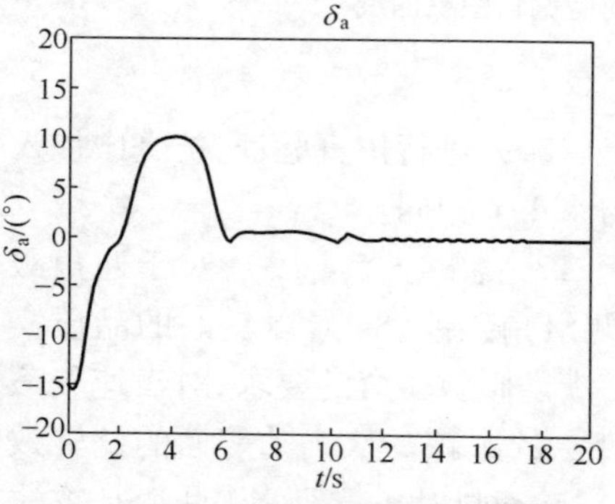

图 4-5-21　副翼偏角偏转曲线

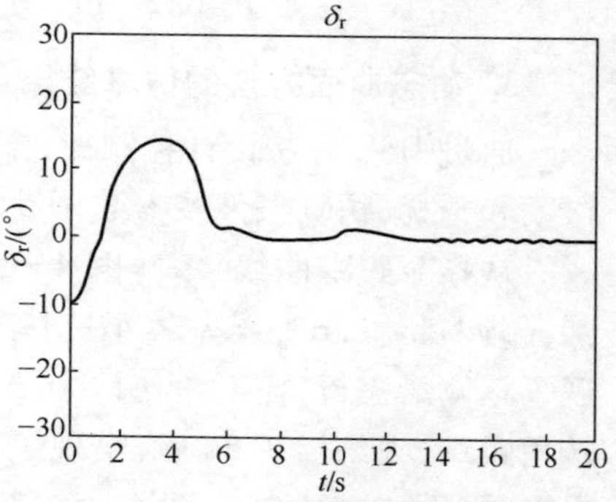

图 4-5-22　方向舵偏角偏转曲线

第5章　运载火箭模糊与神经网络控制技术

5.1　引　　言

现代控制理论一般都是基于被控对象的精确数学模型开展研究和分析，即被控对象和干扰都可以用严格的方程和函数表示，控制任务和目标一般都比较明确，被控对象的不确定性和外界干扰只允许限定在较小的范围内。

但是，实际的运载火箭对象模型难以精确建立，特别是遇到系统的规模庞大、结构复杂、变量众多，加之参数随机多变、参数间又存在强耦合或系统存在大滞后等错综复杂情况时，传统控制理论的纯数学解析结构则很难表达和处理，很难建立起表述它们运动规律和特性的数学模型，于是传统控制方法难以实现对此类被控对象的系统辨识和自适应控制。

近年来，虽然控制理论致力于对建模要求低、误差适应性好的鲁棒控制研究，但鲁棒控制对建模误差的鲁棒性和自适应控制对参数变化的适应性还仅仅是局部的、小摄动的，远非全局的、大范围的控制，不能克服模型严重不确定性和工作点剧烈变化对控制系统的影响。

人工智能理论诞生于20世纪50年代，主要研究智能机制以及人工模拟与实现，能充分利用专业知识和专家的经验去求解复杂问题，给基于传统模型与数学方法的控制理论以新的启迪。此外，信息技术的迅猛发展也给控制理论提供了强有力的工具支撑。面对控制领域新的挑战,智能控制理论与技术已成为新的发展方向。

近年来,学者们试图把模糊控制、神经网络控制与滑模控制等理论进行相互结合和渗透,以期达到更好的控制效果,本章后面将给出这方面相关的研究例子进行说明。

在人工智能领域中,模糊理论属于有实现功能的模拟,是一种符号处理方法。与此相对的是生理结构的模拟,后者从人脑的生理结构出发,从生理结构上进行模拟,也就是用仿生学的观点把对人脑的微观结构及其智能行为的研究结合起来,这就是人工神经网络(Artificial Neural Networks,ANN)方法。

自20世纪80年代中后期以来,人工神经网络的基础理论发展迅速,为进一步研究如何模拟人类智能以及了解人脑思维的奥秘开辟了一条新途径,并成为世界范围内迅速发展起来的一个前沿研究领域,其发展已经对计算机科学、人工智能和认知科学等领域产生了重要影响。

神经网络能够充分逼近任意复杂程度的非线性系统,能够学习和适应严重不确定系统的动态特性。这些特点说明神经网络在解决高度非线性和严重不确定性系统的控制方面具有巨大的潜力。

人工神经网络的操作通常分为两类:一类是训练学习操作;另一类是正常操作或回忆操作。执行训练学习操作时,将要交给神经网络的信息(外部输入)作为神经网络的输入和要求的输出,使神经网络按照某种规则(称为训练算法)调节各个处理单元之间的连接权值,直到在输入端给定信息,神经网络能产生给定输出为止。这时,各个连接权值已经调节好,网络训练完成。而正常操作过程,是针对已经训练好的神经网络进行的,在为训练好的神经网络输入一个信号时,就可以回忆出相应的输出结果。

本章将应用模糊理论和神经网络等智能控制方法解决运载火箭控制系统的设计问题,并通过上述方法与其他先进控制方法的结合体现智能控制的优势所在,从而为运载火箭控制系统设计提供新的思路。

5.2 模糊 PD 控制

模糊控制是近代控制理论中建立在模糊集合论基础上的一种基于语言规则与模糊推理的控制理论,它是智能控制的一个重要分支。模糊控制能够把专家用自然语言表述的知识和控制经验,通过模糊理论转换成数学函数,再用计算机进行处理。模糊控制形式上是利用规则进行逻辑推理,但其逻辑值可取 0 与 1 间连续变化的任何实数,因此可以采取数值计算法予以处理。这样,很容易把模糊理论表述的人类智能和数学表述的物理系统相结合加以利用,从而使人的智能成为控制系统的一部分。

模糊控制理论主要有以下优点。

(1) 模糊控制器的设计不依赖于被控对象的精确数学模型。模糊控制以人对被控对象的操作经验为依据,无须知道被控对象的内部结构及其数学模型,这对复杂系统的自动控制非常有利。

(2) 便于用计算机软件实现。模糊控制规则通过模糊集合论和模糊推理理论,可以转换成数学函数,这样很容易和其他物理规律结合起来,通过计算机软件实现控制策略。

(3) 鲁棒性和适应性好。基于模糊控制的被控对象不依赖于精确的数学模型,允许被控对象存在一定范围的不确定性和内外干扰,通过专家经验设计的模糊规则,可以对其进行有效的控制,使得其鲁棒性和适应性都较高。

本节将模糊控制理论和经典 PD 控制器设计方法相结合,设计了运载火箭姿态控制系统。模糊控制系统设计简单、对系统的不确定性和内外干扰具有较强鲁棒性。但是其稳态精度差,尤其是在平衡点附近存在盲区,为了弥补不足,本节将模糊控制和经典 PD 控制相结合,提出一种模糊 PD 姿态控制系统设计方法。

5.2.1 模糊控制设计基础

一般的模糊控制器主要由模糊化、知识库、模糊推理和清晰化四个部分组成。模糊化将输入的精确量转换成模糊化量,量化因子是模糊控制器的输入接口,是对输入清晰量进行的放大或缩小变换;知识库中包含了具体应用领域中的知识和要求的控制目标,它通常由数据库和模糊控制规则库两部分组成;模糊推理是模糊控制器的核心,它具有模拟人的基于模糊概念的推理能力,该推理过程是基于模糊逻辑中的蕴含关系及推理规则来进行的;清晰化的作用是将模糊推理得到的控制量变换为实际用于控制的清晰量。

1. 模糊化与量化因子

为了使模糊控制器输入清晰量能与语言表述的模糊规则相匹配,进行近似推理,必须把它们变换成模糊量,即模糊子集。把这些输入的清晰值映射成模糊子集及其隶属函数的变换过程,称为模糊化。

输入模糊控制器的向量信号 $\boldsymbol{x}$,在二维系统中通常由两个分量 e 和 $ec = \mathrm{d}e/\mathrm{d}t$ 组成,它们是通过采样或计算得出的清晰值,都是连续的实数。把 $\boldsymbol{x}$ 分量的取值范围称为物理论域(或测量论域、基本论域)。清晰值需要经过模糊化(D/F)变换,映射到模糊子集 $A_k(k = 1,2,\cdots,n)$ 上,即变换成模糊量,才能输入到模糊推理模块中进行近似推理。把这所有模糊子集 A_k 的论域 N 称为模糊论域,即 $A_k \in \mathscr{F}(N)$ 。物理论域 X 和模糊论域 N 都是连续实数, X 由采样得到的输入变量决定, N 由覆盖输入量的模糊子集的取值范围确定。为了使用方便,常把 N 取成整数,也称把变量离散化,或把变量进行分挡。

把清晰值从物理论域 X 变换(映射)到模糊论域 N 上的变系数,称为量化因子。这一变换在模糊控制器中的作用是使输入信号的取值范围放大或缩小,以适应设定的模糊论域的要求。设已知输入向量 $\boldsymbol{x}$ 的一个分量 x_e 的物理论域 $X_j=[-x_j,x_j]$, $x_j>0$,其模糊论域 $\boldsymbol{N}_j=[-n_j,n_j]$, $n_j>0$。则定义从 X_j 到 N_j 的变换系数 $k_j = n_j/x_j$ 。由定义可知量化因子 k_j 恒大于零,即 $k_j > 0$。

下面给出求取量化因子的具体算法：

（1）对量化因子 $k_j = n_j/x_j$ 的细化。

运用量化因子公式 $k_j = n_j/x_j$ 时，由于模糊论域 $\boldsymbol{N}_j = [-n_j, n_j]$，$n_j>0$ 的限制，需要对其做一些细化规定。若某时刻测得的输入变量为 x，则通过量化因子变换到模糊论域上对应的模糊值 n 按以下规定取值：

$$n = \begin{cases} n_j & k_j x \geqslant n_j \\ k_j x & |k_j x| < n_j \\ -n_j & k_j x < -n_j \end{cases}$$

（2）物理论域 X 不对称时的变换方法。

假如输入量的物理论域不对称，例如 $\boldsymbol{X}_j = [a, b]$ 且 $a \neq b$，模糊论域仍为 $\boldsymbol{N}_j = [-n_j, n_j]$，$n_j > 0$，这时量化因子就变为 $k_j = n_j/|b-a|$。如某时刻的输入变量 $\boldsymbol{x} = [a, b]$，则作变换 $y = x - (a+b)/2$，然后用 $n = \mathrm{sgn}(k_j y)\mathrm{int}(|k_j y|)$ 的方法四舍五入取正计算，其符号与 y 相同。

使用 $k_j = n_j/x_j$ 公式时，对于输入向量分量 e，取 $k_e = n_e/x_e = n_e/e$；对于输入向量分量 ec，取 $k_{ec} = n_{ec}/x_{ec} = n_{ec}/e$。与之对应的物理论域 X_j 和模糊论域 N_j 的下标做对应取值则可。

2. 知识库

知识库由数据库和规则库两部分构成。

1）数据库

数据库存放的是所有输入、输出变量的全部模糊子集的隶属度矢量值（即经过论域等级离散化以后对应值的集合），若论域为连续域，则为隶属度函数。在规则推理的模糊关系方程求解过程中，向推理机提供数据。

2）规则库

模糊控制器的规则库基于专家知识或手动操作人员长期积累的经验，它是按人的直觉推理的一种语言表示形式。模糊控制规则是设计模糊控制器的核心，相当于传统控制系统中的校正装置或补偿器。模糊规则通常有一系列的关系词连接而成,如 if-then,else,also,end,or 等,关系词必须经过“翻译”才能将模糊规则数值化。最常用的关系词为 if-then,also,对于多变量模糊控制系统,还有 and 等。例如,某模糊控制系统输入变量为 e(误差)和 ec(误差变化),它们对应的语言变量为 E 和 EC,可给出一组模糊规则为

R_1:if E is NB and EC is NB then U is PB

R_2:if E is NB and EC is NB then U is PM

通常把 if…部分称为“前提部”,而 then…部分称为“结论部”,其基本结构可归纳为 if A and B then C,其中 A 为论域 $\boldsymbol{U}$ 上的一个模糊子集,B 是论域 $\boldsymbol{V}$ 上的一个模糊子集。根据人工控制经验,可离线组织其控制决策表 R,R 是笛卡儿乘积集 $\boldsymbol{U} \times \boldsymbol{V}$ 上的一个模糊子集,则某一时刻其控制量由下式给出

$$C = (A \times B) \circ R$$

式中:× 为模糊直积运算;∘为模糊合成运算。

规则库是用来从存放全部模糊控制规则的,在推理时为“推理机”提供控制规则。由上述可知,规则的条数与模糊变量的模糊子集划分有关,划分越细,规则条数越多,但并不代表规则库的准确度越高,规则库的“准确性”还与专家知识的准确度有关。

3. 模糊推理

模糊推理是指采用某种推理方法,由采样时刻的输入和模糊控制规则导出模糊控制器的控制量输出。模糊推理算法和很多因素有关,如模糊蕴含规则、推理合成规则、模糊条件语句连接词的不同定义等。因为这些因素有多种不同定义,可以组合出相当多的推理算法,因此这个问题也变得十分庞杂,同时也为模糊控制器的设计带来了许多的自由度。常用的推理算法有:①Mamdani 模糊推理算法;②Larsen 模糊推理算法;③Takagi-Sugeno 模糊推理算法;④Tsukamoto 模糊推理算法;⑤简单模糊推理算法。

对于多输入多输出(MIMO)模糊控制器,其规则库具有如下形式:

$$R = \{R_{\mathrm{MIMO}}^{1}, R_{\mathrm{MIMO}}^{2}, \cdots, R_{\mathrm{MIMO}}^{n}\}$$

其中，R_{MIMO}^{i}：如果（x 是 A_j and ⋯ and y 是 B_j）则（z_1 是 C_i，⋯，z_q 是 D_i）。R_{MIMO}^{i} 的前提条件构成了在直积空间 $X\times\cdots\times Y$ 上的模糊集合，后件是 q 个控制作用的并，它们之间是互相独立的。因此，R_{MIMO}^{i} 可以看成是 q 个独立的 MISO 规则，即

$$R_{\mathrm{MIMO}}^{i}=\{R_{\mathrm{MIMO}}^{i1},R_{\mathrm{MIMO}}^{i2},\cdots,R_{\mathrm{MIMO}}^{in}\}$$

其中，R_{MIMO}^{ij}：如果（x 是 A_i and ⋯ and y 是 B_i）则（z_1 是 C_{ij}）。因此只需考虑 MISO 子系统的模糊推理问题。

不失一般性，考虑两个输入一个输出的模糊控制器。设已建立的模糊控制规则库为

R_1：如果 x 是 A_1 and y 是 B_1，则 z 是 C_1

R_2：如果 x 是 A_2 and y 是 B_2，则 z 是 C_2

⋯

R_n：如果 x 是 A_n and y 是 B_n，则 z 是 C_n

设已知模糊控制器的输入模糊量为：x 是 A' and y 是 B'，则根据模糊控制规则进行近似推理。可以得出输出模糊量 z（用模糊集合 C' 表示）为

$$C'=(A'\ \mathrm{and}B')\circ R$$

$$R=\bigcup_{i=1}^{n}R_i$$

$$R_i=(A_i\ \mathrm{and}\ B_i)\rightarrow C_i$$

其中包括了三种主要的模糊逻辑运算：and 运算，合成运算“∘”，蕴含运算“→”。and 运算通常采用求交（取小）或求积（代数积）的方法；合成运算“∘”通常采用最大—最小或最大—积（代数积）的方法；蕴含运算“→”通常采用求交或求积的方法。

4. 清晰化与比例因子

在经过模糊逻辑推理之后输出的结论是模糊量，用它们不能直接推动执行机构进行控制，需要变换成清晰量。把模糊量变换成清晰量的过程，称为清晰化。

把模糊集合转化成单个数值，这个数值应该是模糊集合中的点，

在某种意义上能代表这个模糊集合。这种转换称为模糊集合的"清晰化"或"反模糊化"。经过近似推理 $A \circ R$ 得出的是模糊量,需要经过清晰化模块(F/D)的处理变换成清晰量,才能推动后面的执行机构。

下面给出几种常用的清晰化方法,具体如图 5-2-1 所示。

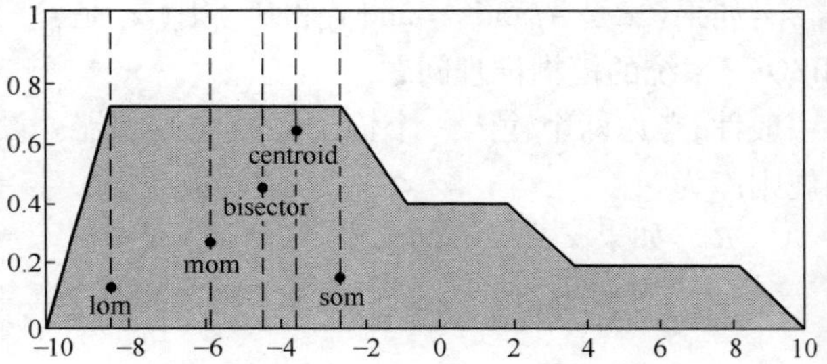

图 5-2-1　模糊集合转化为单个数值的五种方法示意图

1）面积中心法(centriod)

面积中心法就是求出模糊集合隶属函数曲线和横坐标包围区域面积的中心,选这个中心对应的横坐标值,作为这个模糊集合的代表值。设论域 U 上模糊集合 A 的隶属函数 $A(u)$,$u \in U$ 。假设面积中心对应的横坐标为 u_{cen} ,则按照面积中心法的定义,可由下式算出:

$$u_{\text{cen}} = \frac{\int_U A(u)u\mathrm{d}u}{\int_U A(u)\mathrm{d}u} \tag{5-2-1}$$

2）面积平分法(bisector)

面积平分法是先求出模糊集合隶属函数曲线和横坐标包围区域的面积,再找出将该面积等分成两份的平分线对应的横坐标,用该值代表该模糊集合,故称面积平分法。设论域 U 上模糊集合 A 的隶属函数 $A(u)$,$u \in U$ 。假设隶属函数曲线和横坐标包围区域的面积平分线对应的横坐标为 u_{bis} ,设 $u \in [a,b]$,则 u_{bis} 的取值可由下式给出:

$$\int_a^{u_{\text{bis}}} A(u)\,\mathrm{d}u = \int_{u_{\text{bis}}}^b A(u)\,\mathrm{d}u = \frac{1}{2}\int_a^b A(u)\,\mathrm{d}u \qquad (5-2-2)$$

3）最大隶属度法

用隶属度最大点对应的元素值代表这个模糊集合是一种最简单的方法,称为最大隶属度法。在此基础上演化出了最大隶属度平均值法(mom),最大隶属度最大值法(som)和最大隶属度最小值法(lom)。

清晰化处理后的变量虽然是清晰值,但其取值范围是由模糊推理得到的所有模糊集合的子集确定的,覆盖这些模糊子集的数值范围称为模糊论域 N_u 。如果这个模糊论域和后面执行机构需求的数值范围不一致,则需要进行论域变换。由模糊论域 N_u 到物理论域 U 的变换系数称为比例因子 k_{u} 。

经清晰化后,假设输入量的模糊论域为 $N_{\mathrm{u}} = [-n_{\mathrm{u}}, n_{\mathrm{u}}]$, $n_{\mathrm{u}} > 0$,后面执行机构要求输入的控制量 u 的物理论域 $U = [-u, u]$, $u > 0$。由模糊论域 N_{u} 变换到物理论域 U 的比例因子定义为 $k_{\mathrm{u}} = u/n_{\mathrm{u}}$ 。

5.2.2 模糊 PD 控制器设计

火箭模糊控制系统原理如图 5-2-2 所示。首先模糊控制系统以姿态角偏差和姿态角速度信号为输入量,把精确值进行模糊化(D/F)处理变换成模糊值;然后由模糊控制规则根据模糊推理的合成规则进行模糊决策,得到模糊控制;最后将模糊控制量进行清晰化(F/D)处理变换成精确值,由该值对被控对象进行控制。

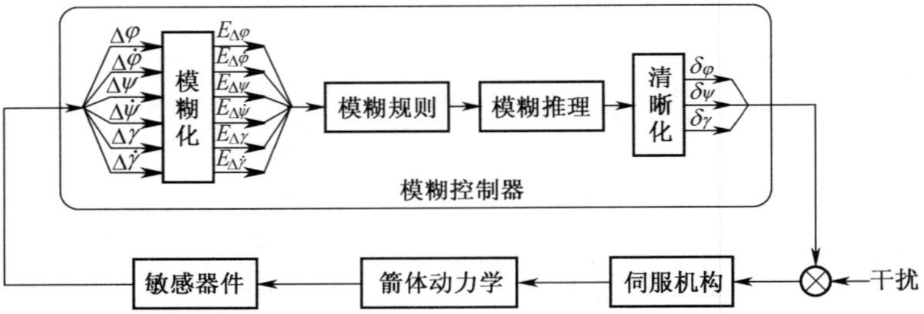

图 5-2-2　火箭模糊控制原理图

选取姿态角偏差 $\Delta\varphi,\Delta\psi,\Delta\gamma$ 、姿态角速度 $\Delta\dot{\varphi},\Delta\dot{\psi},\Delta\dot{\gamma}$ 和发动机摆角指令信号 $\delta_\varphi,\delta_\psi,\delta_\gamma$ 的物理论域分别为

$$X_{\Delta\varphi},X_{\Delta\psi},X_{\Delta\gamma}\in[-0.3,0.3],\ X_{\Delta\dot{\varphi}},X_{\Delta\dot{\psi}},X_{\Delta\dot{\gamma}}\in[-1,1],$$
$$\delta_\varphi,\delta_\psi,\delta_\gamma\in[-0.2,0.2]$$

模糊化时将模糊论域选为 n 挡，即取变量的模糊论域为 $\{-n,-n+1,\cdots,0,\cdots,n-1,n\}$ 。变量从物理论域 $[a,b]$ 到模糊论域的转换公式为

$$c=\operatorname{sgn}\left(x-\frac{a+b}{2}\right)\operatorname{int}\left[\frac{2n}{|a-b|}\left(x-\frac{a+b}{2}\right)\right] \tag{5-2-3}$$

式中，符号算子 sgn 表示取括号内数值 $x-(a+b)/2$ 的正负号，取整算子 int 表示按四舍五入的原则取后面括号内数值的整数部分，计算得出的数值 $c\in[-n,n]$ 。这里选取姿态角偏差 $\Delta\varphi,\Delta\psi,\Delta\gamma$ 、姿态角速度 $\Delta\dot{\varphi},\Delta\dot{\psi},\Delta\dot{\gamma}$ 和发动机摆角指令信号 $\delta_\varphi,\delta_\psi,\delta_\gamma$ 的模糊论域分别为 $\boldsymbol{N}=\{-6,-5,\cdots,0,\cdots,5,6\}$ 。

为使每个实时输入变量的清晰值都能模糊化，需要确定覆盖在模糊论域 $\boldsymbol{N}$ 上的模糊子集的数目，然后确定各个模糊子集的隶属函数。选取 7 个模糊子集覆盖整个模糊论域，与之对应的词集为{负大，负中，负小，零，正小，正中，正大}，即 $\{NB,NM,NS,ZO,PS,PM,PB\}$ 。

隶属度函数的选取没有统一标准。为了使得模糊控制器针对同一研究对象的不同控制问题具有通用性，本例采用了三种类型的隶属函数来代表各个模糊子集。这三种隶属函数分别为

（1）正态分布（gaussmf）

$$\mu(x)=\mathrm{e}^{-\left(\frac{x-a}{b}\right)^2},b>0 \tag{5-2-4}$$

（2）戒上型（zmf）

$$\mu(x)=\begin{cases}\dfrac{1}{1+[a(x-c)]^b} & x>c\\ 1 & x\leqslant c\end{cases} \tag{5-2-5}$$

（3）戒下型（smf）

$$\mu(x)=\begin{cases}0 & x>c\\ \dfrac{1}{1+[a(x-c)]^{b}} & x\leqslant c\end{cases} \tag{5-2-6}$$

模糊控制规则可以表示为误差论域到控制论域的关系矩阵 $\boldsymbol{R}$,如表5-2-1所列。进一步可以通过误差的模糊矢量 $\boldsymbol{E}$ 和误差变化的模糊矢量 $\boldsymbol{EC}$ 与模糊关系矩阵 $\boldsymbol{R}$ 合成进行模糊推理,本例采用上一节所述的简单模糊推理算法得到控制量的模糊矢量;最后采用清晰化处理将模糊控制矢量转化为精确的控制量,本例使用上一节所述的面积中心法完成控制量的清晰化输出。

表5-2-1 模糊控制规则表

EC \ E	NB	NM	NS	ZO	PS	PM	PB
NB	NB	NB	NB	NB	NM	NS	ZO
NM	NB	NB	NB	NB	NM	NS	ZO
NS	NM	NM	NM	NS	ZO	PS	PM
ZO	NM	NM	NS	ZO	PS	PM	PM
PS	NM	NS	ZO	PS	PM	PM	PM
PM	ZO	PS	PM	PB	PB	PB	PB
PB	ZO	PS	PM	PB	PB	PB	PB

5.2.3 系统仿真验证

这里以2.2节中运载火箭模型为例,模型中考虑刚体运动和弹性振动,并将未建模动态特征作为摄动处理,采用上一节设计的模糊控制器进行了仿真验证。仿真结果如图5-2-3~图5-2-10所示。

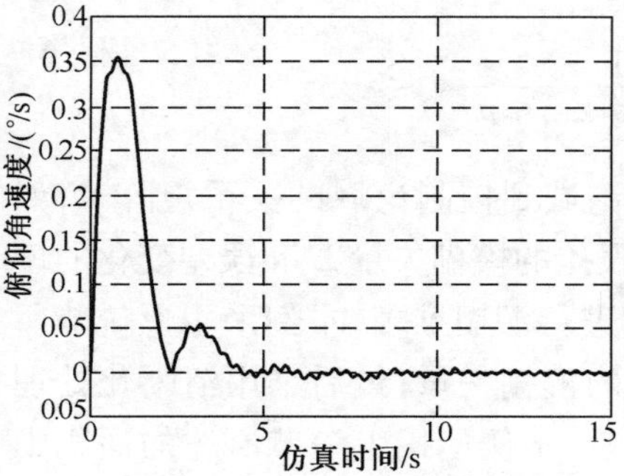

图 5-2-3　俯仰角速度响应曲线图

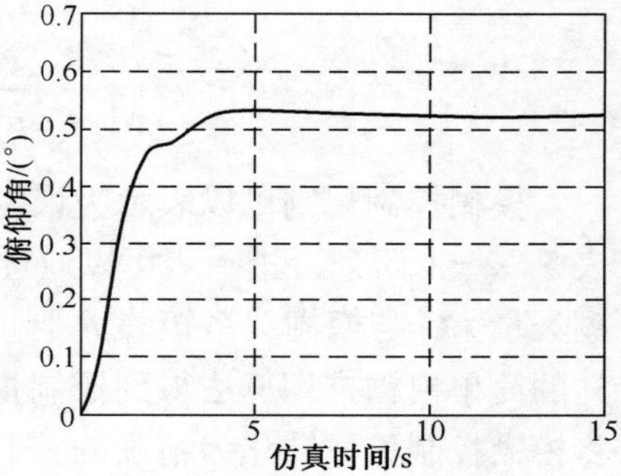

图 5-2-4　俯仰角响应曲线

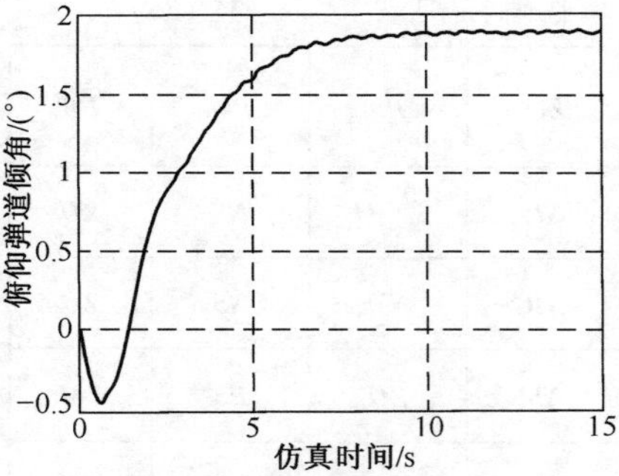

图 5-2-5　俯仰弹道倾角响应曲线

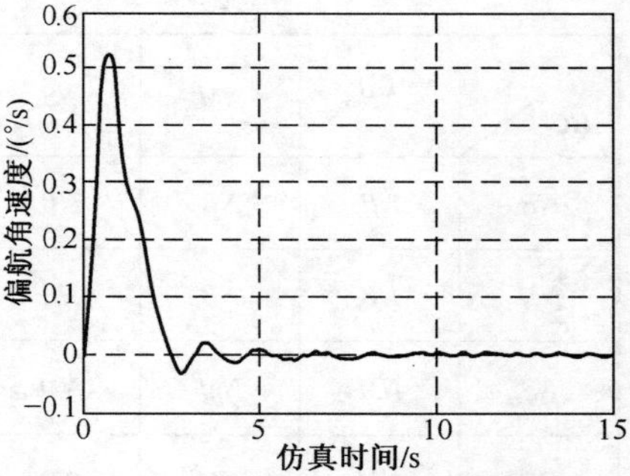

图 5-2-6　偏航角速度响应曲线

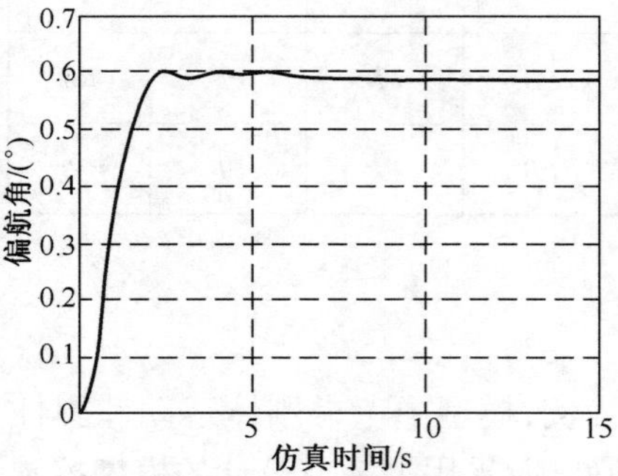

图 5-2-7　偏航角响应曲线

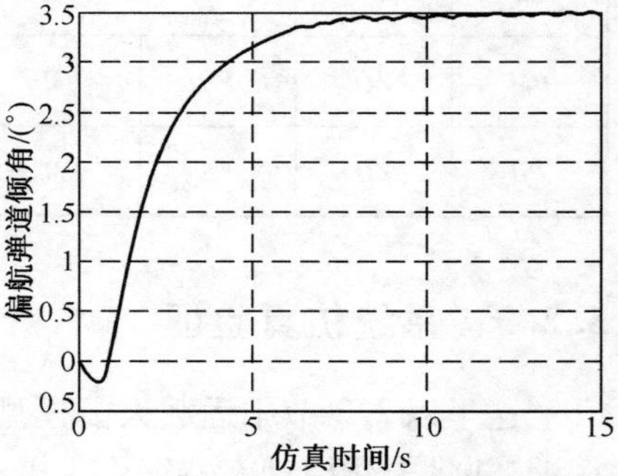

图 5-2-8　偏航弹道倾角响应曲线

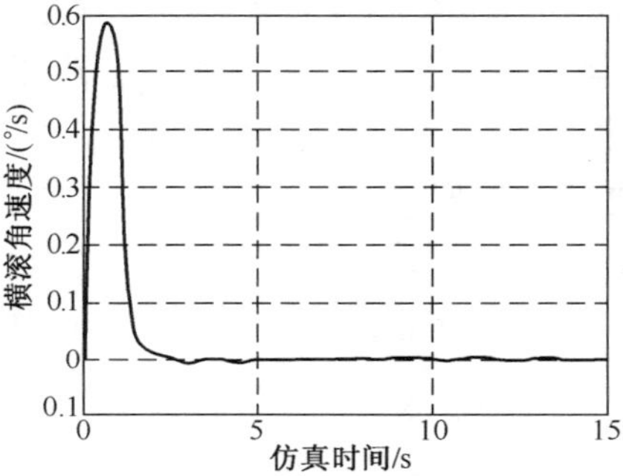

图 5-2-9　横滚角速度响应曲线

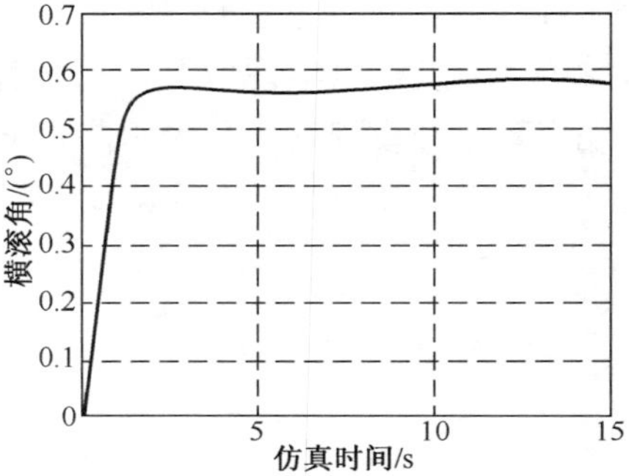

图 5-2-10　横滚角响应曲线

仿真结果表明该模糊控制系统对箭体刚体运动、弹性振动以及外部干扰具有较强的鲁棒性，模糊控制器在各方面的性能均较为优越。

5.3　自适应模糊滑模输出反馈控制

在智能控制领域中，模糊控制方法自提出以来，经过多年的工程化研究，在实际工业过程中取得了巨大的成功。对于一类非线性、高阶次、时变性强以及随机干扰较大的不确定系统，学者们提出了一种新的自适应模糊滑模变结构控制器的设计方法。这种自适应控制器中的模糊算法是模糊逻辑系统结合某种训练算法并按照输入、输出数据进行参数调节。其显著特点是：采用自适应模糊系统来自适应逼近系统的非线性特性。

针对存在非线性、不确定和外干扰的运载火箭姿态控制问题，将弹性特性看作系统外界干扰，可以采用上述基于自适应模糊系统的控制来实现姿态鲁棒控制。考虑到实际工程中，不能直接得到状态信息，所以本节设计了状态观测器得到了系统状态的估计值，然后采用滑模控制来消除模糊逼近误差、状态观测误差、系统不确定性和外界干扰对系统控制精度的影响，解决了由于各种逼近误差的存在而导致鲁棒性能下降的缺点。该方法不需要对弹性特性进行深入的了解,只需要得到它们的界就可以实现对其的鲁棒控制。最后通过 Lyapunov 稳定性证明得到未知模糊系统参数的自适应律。

针对 2.2.1 节提出的运载火箭非线性模型,令

$$\boldsymbol{x}_1=[x_{11}\ x_{12}]^{\mathrm{T}}=[\vartheta\ \dot{\vartheta}]^{\mathrm{T}}\in\boldsymbol{R}^2$$

$$\boldsymbol{x}_2=[x_{21}\ x_{22}]^{\mathrm{T}}=[\varphi\ \dot{\varphi}]^{\mathrm{T}}\in\boldsymbol{R}^2$$

$$\boldsymbol{x}_3=[x_{31}\ x_{32}]^{\mathrm{T}}=[\rho\ \dot{\rho}]^{\mathrm{T}}\in\boldsymbol{R}^2$$

$$\boldsymbol{x}_4=[x_{41}\ x_{42}]^{\mathrm{T}}=[\psi\ \dot{\psi}]^{\mathrm{T}}\in\boldsymbol{R}^2$$

$$\boldsymbol{x}_5=[x_{51}\ x_{52}]^{\mathrm{T}}=[\gamma\ \dot{\gamma}]^{\mathrm{T}}\in\boldsymbol{R}^2$$

则可将原系统分解为具有如下形式的 k 个子系统

$$\begin{cases}\dot{x}_{11}=\dot{x}_{12}\\ \dot{x}_{12}=f_1(x)+\sum_{j=1}^{m}g_{ij}u_j+d_1\end{cases}\tag{5-3-1}$$

$$\vdots$$

$$\begin{cases}\dot{x}_{k1}=\dot{x}_{k2}\\ \dot{x}_{k2}=f_k(x)+\sum_{j=1}^{m}g_{kj}u_j+d_k\end{cases}\tag{5-3-2}$$

其中, $k=5$, $n=2k=10$, $m=6$, $\boldsymbol{x}=[x_1,x_2,\cdots,x_k]^{\mathrm{T}}\in R^n$,则上述方程可表示为如下形式

$$\begin{cases}\dot{x}=\boldsymbol{A}x+\boldsymbol{B}[\boldsymbol{F}(x)+\boldsymbol{G}u+\boldsymbol{d}]\\ y=\boldsymbol{C}x\end{cases}\tag{5-3-3}$$

其中

$\boldsymbol{A}=\mathrm{diag}[A_1\ A_2\ \cdots\ A_k]$, $\boldsymbol{B}=\mathrm{diag}[B_1\ B_2\ \cdots\ B_k]$, $\boldsymbol{F}(x)=[f_1(x)\ f_2(x)\cdots f_k(x)]^{\mathrm{T}}$, $\boldsymbol{G}=[G_1\ G_2\cdots G_k]^{\mathrm{T}}$, $\boldsymbol{u}=[u_1\ u_2\cdots u_m]^{\mathrm{T}}$, $\boldsymbol{d}=[d_1\ d_2\cdots d_k]^{\mathrm{T}}$, $\boldsymbol{G}_i=[g_{i1}\ g_{i2}\cdots g_{im}]^{\mathrm{T}}$, $\boldsymbol{A}_i=\begin{bmatrix}0&1\\0&0\end{bmatrix}_{2\times2}$, $\boldsymbol{B}_i=\begin{bmatrix}0\\1\end{bmatrix}_{2\times1}$, $\boldsymbol{F}(x)\in R^k$ 表示光滑有界的未知非线性函数向量, $\boldsymbol{G}\in R^{k\times m}$ 表示线性已

知的输入矩阵，$\boldsymbol{C} \in R^{l \times n}$ 表示线性已知的输出矩阵，$\boldsymbol{d} \in R^{k}$ 表示弹性运动、晃动运动和外界干扰向量。并存在如下假设：

假设5.1　系统可控，即 $\boldsymbol{G} \neq 0$ 恒成立，且输入矩阵 $\boldsymbol{G}$ 存在广义逆，则有

$$\boldsymbol{G}^{-1} = \boldsymbol{G}^{\mathrm{T}} (\boldsymbol{G}\boldsymbol{G}^{\mathrm{T}})^{-1} \in \boldsymbol{R}^{m \times k}$$

假设5.2　$\boldsymbol{d}$ 满足 $\|\boldsymbol{d}\| \leqslant d_{\max}$，其中 $d_{\max}$ 为干扰上界，这表示干扰有界，也表示弹性运动和晃动运动在无控情况下是稳定的。

假设5.3　$\boldsymbol{x} = [x_1, x_2, \cdots, x_k]^{\mathrm{T}} \in R^n$ 是系统状态，这里并不是所有的状态均可通过测量得到，在实际工程中不可能也没有必要得到所有的状态，仅通过系统的输出实现控制。

这里的控制目标是在系统存在不确定性和干扰的情况下，确定一个适当的控制律 u，使得系统输出 x 能够跟踪给定的状态 x_d，即使得 $\lim\limits_{t \to \infty} x \to x_d$。

定义状态跟踪误差为 $e = x_d - x$，输出跟踪误差为 $E = y_d - y = ce$，则问题转换为设计控制律使下式成立：$\lim\limits_{t \to \infty} e = 0$，且保证系统内部所有信号有界，闭环系统渐近稳定。

考虑一种理想情况，假设不确定非线性函数矩阵 $\boldsymbol{F}(x)$ 精确已知，系统所有状态都可通过测量得到，而且不存在外界干扰 d，则可将控制律取为如下形式

$$u^* = \boldsymbol{G}^{-1}[-\boldsymbol{F}(x) + x_d^{(n)} + \boldsymbol{K}_{\mathrm{c}} e] \tag{5-3-4}$$

式中：$\boldsymbol{K}_{\mathrm{c}}$ 是一个反馈增益矩阵；$\boldsymbol{K}_{\mathrm{c}} \in \boldsymbol{R}^{n \times n}$ 为常数正定阵。

把上式代入状态方程可得

$$e^{(n)} + \boldsymbol{K}_{\mathrm{c}} e = 0 \tag{5-3-5}$$

由此可知，$\lim\limits_{t \to \infty} e \to 0$，即系统状态能够跟踪给定的状态，系统内部所有信号有界，闭环系统渐近稳定。

在实际工程中，非线性函数矩阵 $\boldsymbol{F}(x)$ 是未知的，即使已知，也由于各种原因，不能得到精确的表达式，同时由于系统状态不能通过测量得到，从而 $\boldsymbol{F}(x)$ 不能进行求解，必须通过状态观测器估计得到。本节

采用自适应模糊逻辑系统对 $\boldsymbol{F}(x)$ 进行估计，由此构成状态观测器对系统状态进行估计，并采用滑模控制实现对模糊逼近误差、状态观测器误差、未知不确定性和系统外界干扰的鲁棒性。

5.3.1 自适应模糊逻辑系统

由于自适应模糊逻辑系统具有能够以任意精度逼近定义在紧集上的连续光滑函数，因此，本章采用自适应模糊逻辑系统来逼近未知非线性函数 $F(x)$ 。

对定义在紧集 $\boldsymbol{U}$ 上的任意连续光滑函数 $p(x)$ 及任意给定的逼近精度 ε ，总存在一个模糊逻辑系统 $P(x)$ ，使得下式成立

$$\sup_{x \in U} | P(x) - p(x) | < \varepsilon \tag{5-3-6}$$

选择由中心平均模糊消除器、乘积推理规则、单值模糊产生器组成自适应模糊逻辑系统。

因此，假设存在自适应模糊逻辑系统如下式表示：

$$F(x) = \theta_f^{\mathrm{T}} \xi_f(x) \tag{5-3-7}$$

式中：$\boldsymbol{\xi}_f(x)$ 表示模糊基函数向量，是通过模糊先验信息给出，其元素是高斯型的函数，$\boldsymbol{\theta}_f = [\theta_{f1}\ \theta_{f2} \cdots \theta_{fk}]$ 表示未知的权值向量，必须通过自适应律在线调整，且满足如下条件

$$\boldsymbol{\theta}_f \in \boldsymbol{\Omega}_f := \{\boldsymbol{\theta}_f \mid \| \boldsymbol{\theta}_f \| \leqslant \theta_{fB}\} \tag{5-3-8}$$

θ_{fB} 是事先给定的正常数，它表示权值上界，由于它的存在可以防止控制量陷入饱和。

当自适应模糊逻辑系统通过充分逼近可得到最优值如下

$$F^*(x) = \theta_f^{*\mathrm{T}} \xi_f(x) \tag{5-3-9}$$

其中，最优权值 θ_f^* 定义为

$$\theta_f^* = \arg \min_{\theta_f \in \Omega_f} [\sup_{x \in U_c} | \hat{F}(x) - F(x) |] \tag{5-3-10}$$

由式(5-3-6)可知，存在逼近误差量 ε_f 使得下式成立

$$\varepsilon_f = F(x) - F^*(x) \tag{5-3-11}$$

其中，$\| \varepsilon_f \| \leqslant \eta_f^*$ ，η_f^* 表示逼近误差的上界。

然而一般情况下，无法得到最优参数 θ_f^*，而只有它的估计值

$$\hat{F}(x)=\hat{\theta}_f^{\mathrm{T}}\xi_f(x) \tag{5-3-12}$$

将上述估计量代入控制量可得

$$\hat{u}=G^{-1}[-\hat{F}(x)+x_{\mathrm{d}}^{(n)}+K_{\mathrm{c}}e+u_{\mathrm{e}}+u_{\mathrm{s}}] \tag{5-3-13}$$

式中：u_{e} 和 u_{s} 为补偿控制量，其具体形式将在后面给出。

5.3.2　自适应模糊滑模控制器设计

本节采用状态观测器得到系统状态的估计值。为了估计系统的状态，设计状态观测器为

$$\begin{cases}\dot{\hat{x}}=\boldsymbol{A}\hat{x}+\boldsymbol{B}[\hat{F}(\hat{x})+\boldsymbol{G}u-u_{\mathrm{e}}-u_{\mathrm{s}}]+\boldsymbol{K}_o(y-\hat{y})\\ \hat{y}=\boldsymbol{C}\hat{x}\end{cases} \tag{5-3-14}$$

式中：$\boldsymbol{K}_o=\mathrm{diag}[K_{o1}\cdots K_{ok}]>0$ 是观测增益矩阵，通常选取为常数正定阵。定义状态跟踪误差估计值为 $\hat{e}=x_{\mathrm{d}}-\hat{x}$，状态观测器误差为 $\tilde{e}=\hat{e}-e=x-\hat{x}$。

将状态观测器方程与原系统状态方程相减，可得状态观测器误差方程为

$$\begin{cases}\dot{\tilde{e}}=(\boldsymbol{A}-\boldsymbol{K}_o\boldsymbol{C})\tilde{e}+\boldsymbol{B}[F(x)-\hat{F}(\hat{x})+d+u_{\mathrm{e}}+u_{\mathrm{s}}]\\ \tilde{y}=\boldsymbol{C}\tilde{e}\end{cases} \tag{5-3-15}$$

其中，$\tilde{y}=y-\hat{y}$ 为状态观测器输出误差。

在上面所采用的自适应模糊逻辑系统中，将状态量 x 用状态观测值 $\hat{x}$ 代替可得

$$\hat{F}(\hat{x})=\hat{\boldsymbol{\theta}}_f^{\mathrm{T}}\xi_f(\hat{x}) \tag{5-3-16}$$

又由式(5－3－11)可得

$$F(x)-\hat{F}(\hat{x})=F(x)-\hat{F}(\hat{x})+F^*(x)-F^*(x)+\\F^*(\hat{x})-F^*(\hat{x})$$

$$= [F^*(\hat{x}) - \hat{F}(\hat{x})] + [F^*(x) - F^*(\hat{x})] + [F(x) - F^*(x)]$$

$$= \tilde{\boldsymbol{\theta}}_f^{\mathrm{T}} \xi_f(\hat{x}) + \boldsymbol{\theta}_f^{*\mathrm{T}} \tilde{\xi}_f(x) + \varepsilon_f \tag{5-3-17}$$

其中,定义 $\tilde{\theta}_f = \theta_f^* - \hat{\theta}_f$ 为权值逼近误差,$\tilde{\xi}_f(x) = \xi_f(x) - \xi_f(\hat{x})$ 为模糊基函数估计误差,$w = \boldsymbol{\theta}_f^{*\mathrm{T}} \tilde{\xi}_f(x) + \varepsilon_f$ 为最小估计误差。

将上述等式代入状态观测器误差方程可得

$$\begin{cases} \dot{\tilde{e}} = (\boldsymbol{A} - \boldsymbol{K}_o \boldsymbol{C})\tilde{e} + \boldsymbol{B}[\tilde{\boldsymbol{\theta}}_f^{\mathrm{T}} \xi_f(\hat{x}) + w + d + u_{\mathrm{e}} + u_{\mathrm{s}}] \\ \tilde{y} = \boldsymbol{C}\tilde{e} \end{cases} \tag{5-3-18}$$

从上式可知,由于存在模糊逼近误差、状态观测误差、系统不确定性和外界干扰,系统不能实现理想的控制性能,因此,这里采用滑模控制来消除上述各种误差、干扰和不确定性的影响,实现对其的鲁棒控制。

采用状态观测器误差向量定义如下滑模函数

$$S = \boldsymbol{\Lambda}\tilde{e} \tag{5-3-19}$$

其中,$\boldsymbol{\Lambda} = \mathrm{diag}[\Lambda_1 \cdots \Lambda_k]$,$\boldsymbol{\Lambda}_i = [\alpha_{i,1}\ \alpha_{i,2} \cdots \alpha_{i,n_i-1}\ 1]_{1\times n_i}$。

选择合适的参数 $\alpha_{i,j}$,使得特征方程 $\Delta(s) = s^{n_i-1} + \alpha_{i,n_i-1}s^{n_i-2} + \cdots + \alpha_{i,2}s + \alpha_{i,1}$ 所有的根均在 s 的左半平面。

滑模函数两边对时间取微分

$$\dot{S} = \boldsymbol{\Lambda}\dot{\tilde{e}} \tag{5-3-20}$$

将状态观测器误差方程代入式(5-3-20)可得

$$\dot{S} = \Lambda\{(\boldsymbol{A} - \boldsymbol{K}_o \boldsymbol{C})\tilde{e} + \boldsymbol{B}[\tilde{\boldsymbol{\theta}}_f^{\mathrm{T}} \xi_f(\hat{x}) + w + d + u_{\mathrm{e}} + u_{\mathrm{s}}]\} \tag{5-3-21}$$

由上面的分析,控制量可重新写为

$$u = \boldsymbol{G}^{-1}[-\hat{F}(\hat{x}) + x_{\mathrm{d}}^{(n)} + \boldsymbol{K}_{\mathrm{c}}\hat{e} + u_{\mathrm{e}} + u_{\mathrm{s}}] \tag{5-3-22}$$

为了消除各种不确定性、系统外界干扰和模糊逼近误差,所附加的

自适应补偿量为

$$u_e = P_3 \boldsymbol{K}_o^{\mathrm{T}} P_1 \hat{e} - \hat{w} \tag{5-3-23}$$

所附加的滑模控制量为

$$u_{\mathrm{s}} = -d_{\max} \frac{\boldsymbol{B}^{\mathrm{T}} \boldsymbol{\Lambda}^{\mathrm{T}} \boldsymbol{S}}{\| \boldsymbol{S}^{\mathrm{T}} \boldsymbol{\Lambda} \boldsymbol{B} \|} \tag{5-3-24}$$

代入状态观测器方程可得

$$\dot{\hat{x}} = \boldsymbol{A}\hat{x} + \boldsymbol{B}[x_d^{(n)} + \boldsymbol{K}_{\mathrm{c}}\hat{e}] + \boldsymbol{K}_o \boldsymbol{C}\tilde{e} \tag{5-3-25}$$

又因为

$$\dot{x}_{\mathrm{d}} = \boldsymbol{A}x_{\mathrm{d}} + \boldsymbol{B}x_d^{(n)} \tag{5-3-26}$$

代入式(5－3－25)可得

$$\dot{\hat{e}} = (\boldsymbol{A} - \boldsymbol{B}\boldsymbol{K}_{\mathrm{c}})\hat{e} - \boldsymbol{K}_o \boldsymbol{C}\tilde{e} \tag{5-3-27}$$

未知参数自适应律为

$$\dot{\hat{\theta}}_f = \gamma_f \xi_f(\hat{x}) \boldsymbol{S}^{\mathrm{T}} \boldsymbol{\Lambda} \boldsymbol{B} \tag{5-3-28}$$

$$\dot{\hat{w}} = \gamma_w \boldsymbol{B}^{\mathrm{T}} \boldsymbol{\Lambda}^{\mathrm{T}} \boldsymbol{S} \tag{5-3-29}$$

其中，γ_f 和 γ_w 为自适应速率因子，均为正常数。

5.3.3　系统稳定性分析

在证明系统稳定性之前，首先给出如下假设：

假设 5.4：$(\boldsymbol{A}, \boldsymbol{B}, \boldsymbol{C})$ 可控可观。

假设 5.5：对于给定的非负定矩阵 $\boldsymbol{Q}_1$ 和 $\boldsymbol{Q}_2$，存在正定矩阵 $\boldsymbol{P}_1$ 和 $\boldsymbol{P}_2$，以及适维矩阵 $\boldsymbol{P}_3$。分别满足如下 Riccati 方程

$$(\boldsymbol{A} - \boldsymbol{B}\boldsymbol{K}_c)^{\mathrm{T}} \boldsymbol{P}_1 + \boldsymbol{P}_1 (\boldsymbol{A} - \boldsymbol{B}\boldsymbol{K}_c) = -\boldsymbol{Q}_1 \tag{5-3-30}$$

$$\begin{gathered} (\boldsymbol{A} - \boldsymbol{K}_o \boldsymbol{C})^{\mathrm{T}} \boldsymbol{P}_2 + \boldsymbol{P}_2 (\boldsymbol{A} - \boldsymbol{K}_o \boldsymbol{C}) = -\boldsymbol{Q}_2 \\ \boldsymbol{P}_2 \boldsymbol{B} \boldsymbol{P}_3 = \boldsymbol{C}^{\mathrm{T}} \end{gathered} \tag{5-3-31}$$

定理 5.1　考虑如式(5－3－3)所示的存在各种不确定性和外界

干扰的多输入多输出非线性系统，在满足假设5.1～5.5的条件下，采用如式(5－3－16)的自适应模糊逻辑系统逼近系统未知非线性函数，构成如式(5－3－14)所示的状态观测器，其中自适应参数采用如式(5－3－28、5－3－29)进行调节，采用如式(5－3－22、5－3－23、5－3－24)所示的滑模控制律，能够保证闭环系统内部所有信号有界，跟踪误差收敛为零，闭环系统渐近稳定。

证明：选取准Lyapunov函数为

$$V=\frac{1}{2}\hat{e}^{\mathrm{T}}\boldsymbol{P}_1\hat{e}+\frac{1}{2}\boldsymbol{S}^{\mathrm{T}}\boldsymbol{S}+\frac{1}{2\gamma_f}\mathrm{tr}(\tilde{\boldsymbol{\theta}}_f^{\mathrm{T}}\tilde{\boldsymbol{\theta}}_f)+\frac{1}{2\gamma_w}\tilde{\boldsymbol{w}}^{\mathrm{T}}\tilde{w} \quad (5-3-32)$$

其中，$\tilde{\theta}_f=\theta_f^*-\hat{\theta}_f$，$\tilde{w}=w-\hat{w}$。

沿着系统的轨迹对 V 求导数可得

$$\begin{aligned}\dot{V}=&\frac{1}{2}(\dot{\hat{e}}^{\mathrm{T}}P_1\hat{e}+\hat{e}^{\mathrm{T}}P_1\dot{\hat{e}}+\dot{S}^{\mathrm{T}}S+S^{\mathrm{T}}\dot{S})+\\&\frac{1}{\gamma_f}\mathrm{tr}(\tilde{\theta}_f^{\mathrm{T}}\dot{\tilde{\theta}}_f)+\frac{1}{\gamma_w}\tilde{\boldsymbol{w}}^{\mathrm{T}}\dot{\tilde{w}}\end{aligned} \quad (5-3-33)$$

因为 $\dot{\tilde{\theta}}_f=-\dot{\hat{\theta}}_f$，$\dot{\tilde{w}}=-\dot{\hat{w}}$，所以

$$\begin{aligned}\dot{V}=&\frac{1}{2}[(\boldsymbol{A}-\boldsymbol{B}\boldsymbol{K}_{\mathrm{c}})\hat{e}-\boldsymbol{K}_o\boldsymbol{C}\tilde{e}]^{\mathrm{T}}\boldsymbol{P}_1\hat{e}+\frac{1}{2}\hat{e}^{\mathrm{T}}\boldsymbol{P}_1[(\boldsymbol{A}-\boldsymbol{B}\boldsymbol{K}_{\mathrm{c}})\hat{e}-\boldsymbol{K}_o\boldsymbol{C}\tilde{e}]+\\&\frac{1}{2}\{(\boldsymbol{A}-\boldsymbol{K}_o\boldsymbol{C})\tilde{e}+\boldsymbol{B}[\tilde{\boldsymbol{\theta}}_f^{\mathrm{T}}\xi_f(\hat{x})+w+d+u_{\mathrm{e}}+u_{\mathrm{s}}]\}^{\mathrm{T}}\boldsymbol{\Lambda}^{\mathrm{T}}S+\\&\frac{1}{2}\boldsymbol{S}^{\mathrm{T}}\boldsymbol{\Lambda}\{(\boldsymbol{A}-\boldsymbol{K}_o\boldsymbol{C})\tilde{e}+\boldsymbol{B}[\tilde{\boldsymbol{\theta}}_f^{\mathrm{T}}\xi_f(\hat{x})+w+d+u_{\mathrm{e}}+u_{\mathrm{s}}]\}-\\&\frac{1}{\gamma_{\mathrm{f}}}tr(\tilde{\boldsymbol{\theta}}_f^{\mathrm{T}}\dot{\hat{\boldsymbol{\theta}}}_{\mathrm{f}})-\frac{1}{\gamma_w}\tilde{\boldsymbol{w}}^{\mathrm{T}}\dot{\hat{w}}\end{aligned} \quad (5-3-34)$$

因为 $\boldsymbol{S}=\boldsymbol{\Lambda}\tilde{e}$，所以 $\boldsymbol{\Lambda}^{\mathrm{T}}\boldsymbol{S}=\boldsymbol{\Lambda}^{\mathrm{T}}\boldsymbol{\Lambda}\tilde{e}$，则有 $\tilde{e}=(\boldsymbol{\Lambda}^{\mathrm{T}}\boldsymbol{\Lambda})^{-1}\boldsymbol{\Lambda}^{\mathrm{T}}\boldsymbol{S}=\Lambda^*\boldsymbol{S}$，代入式(5－3－34)并化简后可得

$$\begin{aligned}\dot{V}=&\frac{1}{2}\hat{e}^{\mathrm{T}}[(\boldsymbol{A}-\boldsymbol{BK}_{\mathrm{c}})^{\mathrm{T}}\boldsymbol{P}_1+\boldsymbol{P}_1(\boldsymbol{A}-\boldsymbol{BK}_{\mathrm{c}})]\hat{e}-\tilde{\boldsymbol{e}}^{\mathrm{T}}\boldsymbol{C}^{\mathrm{T}}\boldsymbol{K}_o^{\mathrm{T}}\boldsymbol{P}_1\hat{\boldsymbol{e}}+\\&\frac{1}{2}\boldsymbol{S}^{\mathrm{T}}\Lambda^{*\mathrm{T}}[(\boldsymbol{A}-\boldsymbol{K}_o\boldsymbol{C})^{\mathrm{T}}\boldsymbol{\Lambda}^{\mathrm{T}}\boldsymbol{\Lambda}+\boldsymbol{\Lambda}^{\mathrm{T}}\boldsymbol{\Lambda}(\boldsymbol{A}-\boldsymbol{K}_o\boldsymbol{C})]\boldsymbol{\Lambda}^*S+\\&\left[S^{\mathrm{T}}\boldsymbol{\Lambda}\tilde{\boldsymbol{B}}\boldsymbol{\theta}_f^{\mathrm{T}}\xi_f(\hat{x})-\frac{1}{\gamma_f}\mathrm{tr}(\tilde{\boldsymbol{\theta}}_f^{\mathrm{T}}\dot{\hat{\theta}}_f)\right]+\\&\boldsymbol{S}^{\mathrm{T}}\boldsymbol{\Lambda Bw}+\boldsymbol{S}^{\mathrm{T}}\boldsymbol{\Lambda Bd}+\boldsymbol{S}^{\mathrm{T}}\boldsymbol{\Lambda B}u_{\mathrm{e}}+\boldsymbol{S}^{\mathrm{T}}\boldsymbol{\Lambda B}u_{\mathrm{s}}-\frac{1}{\gamma_w}\tilde{\boldsymbol{w}}^{\mathrm{T}}\dot{\hat{\boldsymbol{w}}}\end{aligned}\tag{5-3-35}$$

令 $\boldsymbol{\Lambda}^{\mathrm{T}}\boldsymbol{\Lambda}=P_2$ 可得

$$\begin{aligned}\dot{V}\leqslant&\frac{1}{2}\hat{\boldsymbol{e}}^{\mathrm{T}}\boldsymbol{Q}_1\hat{\boldsymbol{e}}+\frac{1}{2}\boldsymbol{S}^{\mathrm{T}}\boldsymbol{\Lambda}^{*\mathrm{T}}\boldsymbol{Q}_2\Lambda^*\boldsymbol{S}-\tilde{\boldsymbol{e}}^{\mathrm{T}}\boldsymbol{C}^{\mathrm{T}}\boldsymbol{K}_o^{\mathrm{T}}\boldsymbol{P}_1\hat{e}+\\&\mathrm{tr}\left[\tilde{\boldsymbol{\theta}}_f^{\mathrm{T}}\left(\xi_f(\hat{x})\boldsymbol{S}^{\mathrm{T}}\Lambda B-\frac{1}{\gamma_f}\dot{\hat{\theta}}_f\right)\right]+\\&\boldsymbol{S}^{\mathrm{T}}\boldsymbol{\Lambda Bw}+\|\boldsymbol{S}^{\mathrm{T}}\boldsymbol{\Lambda}B\|d_{\max}+\boldsymbol{S}^{\mathrm{T}}\boldsymbol{\Lambda B}u_{\mathrm{e}}+\boldsymbol{S}^{\mathrm{T}}\boldsymbol{\Lambda B}u_{\mathrm{s}}-\frac{1}{\gamma_w}\tilde{w}^{\mathrm{T}}\dot{\hat{w}}\end{aligned}\tag{5-3-36}$$

将控制量代入可得

$$\begin{aligned}\dot{V}\leqslant&\frac{1}{2}\hat{\boldsymbol{e}}^{\mathrm{T}}\boldsymbol{Q}_1\hat{\boldsymbol{e}}+\frac{1}{2}\boldsymbol{S}^{\mathrm{T}}\boldsymbol{\Lambda}^{*\mathrm{T}}\boldsymbol{Q}_2\Lambda^*\boldsymbol{S}+\mathrm{tr}\left[\tilde{\theta}_f^{\mathrm{T}}\left(\xi_f(\hat{x})S^{\mathrm{T}}\boldsymbol{\Lambda}\mathrm{B}-\frac{1}{\gamma_{\mathrm{f}}}\dot{\hat{\theta}}_{\mathrm{f}}\right)\right]+\\&\tilde{w}^{\mathrm{T}}\left(\boldsymbol{B}^{\mathrm{T}}\boldsymbol{\Lambda}^{\mathrm{T}}\boldsymbol{S}-\frac{1}{\gamma_w}\dot{\hat{w}}\right)\end{aligned}\tag{5-3-37}$$

将自适应律代入可得

$$\dot{V}\leqslant\frac{1}{2}\hat{\boldsymbol{e}}^{\mathrm{T}}Q_1\hat{\boldsymbol{e}}+\frac{1}{2}\boldsymbol{S}^{\mathrm{T}}\boldsymbol{K}^*\boldsymbol{S}\leqslant 0\tag{5-3-38}$$

其中，$\boldsymbol{K}^*=\boldsymbol{\Lambda}^{*\mathrm{T}}Q_2\boldsymbol{\Lambda}^*\geqslant 0$。

由此可知，$\lim\limits_{t\to\infty}\hat{\boldsymbol{e}}=0$，$\lim\limits_{t\to\infty}\boldsymbol{S}=0$，$\lim\limits_{t\to\infty}\tilde{\boldsymbol{e}}=0$，$\lim\limits_{t\to\infty}\tilde{\theta}_f=0$，$\lim\limits_{t\to\infty}\tilde{w}=0$，闭环系统渐近稳定，所有信号有界。证明完毕。

基于自适应模糊的输出反馈姿态控制系统结构如图 5-3-1 所示。

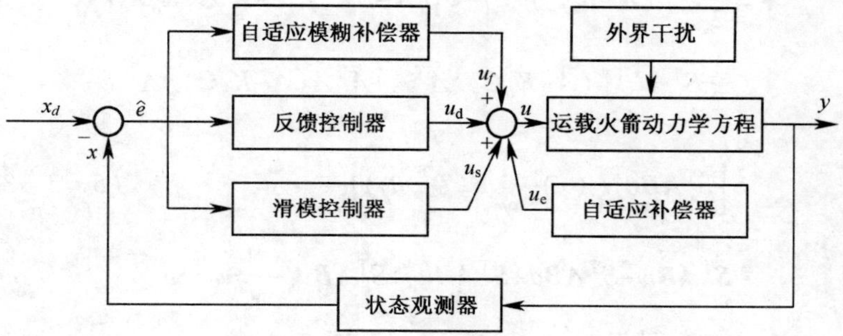

图 5-3-1 基于自适应模糊滑模的输出反馈姿态控制系统结构图

5.3.4 系统仿真验证

以 2.2.1 节中运载火箭非线性模型为例，采用上述自适应模糊滑模输出反馈控制方法设计控制律，仿真时间设置为 20s，仿真结果如图 5-3-2～图 5-3-9 所示。

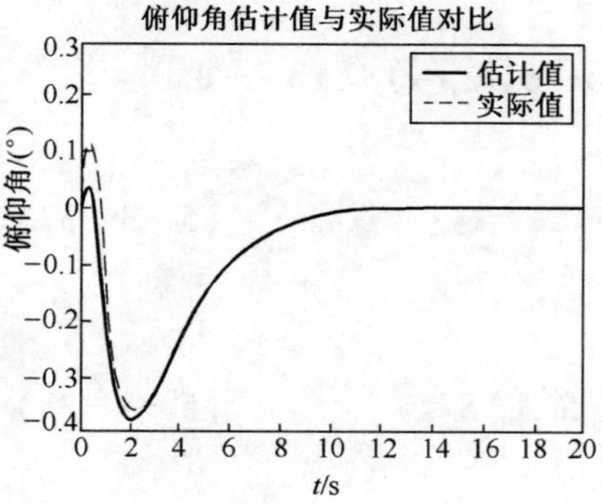

图 5-3-2 俯仰角估计值与实际值对比

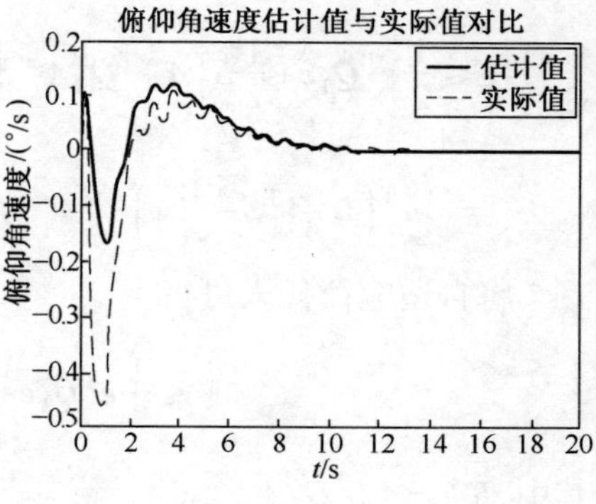

图 5-3-3 俯仰角速度估计值与实际值对比

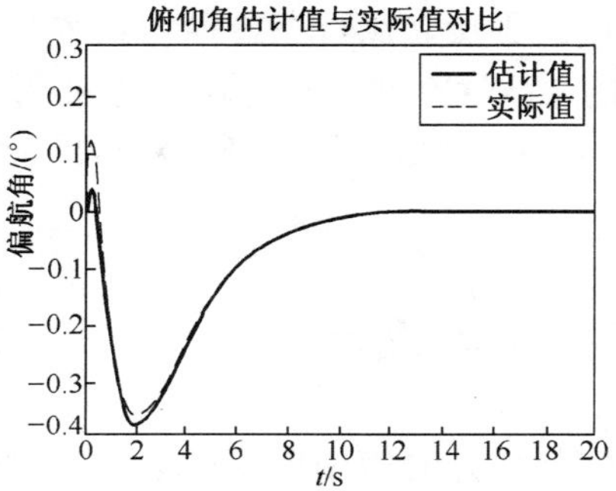

图5-3-4　偏航角估计值与实际值对比

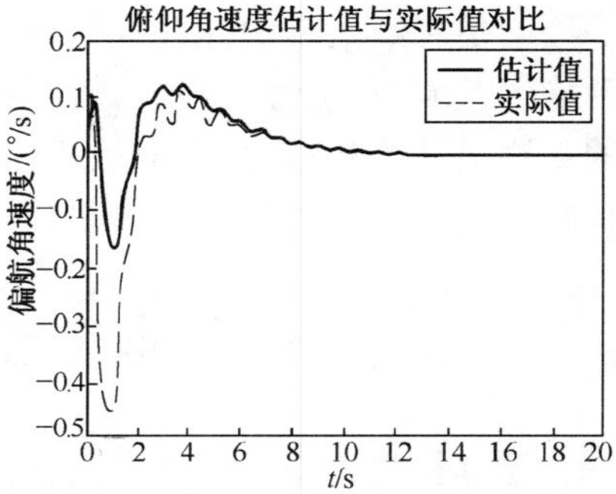

图5-3-5　偏航角速度估计值与实际值对比

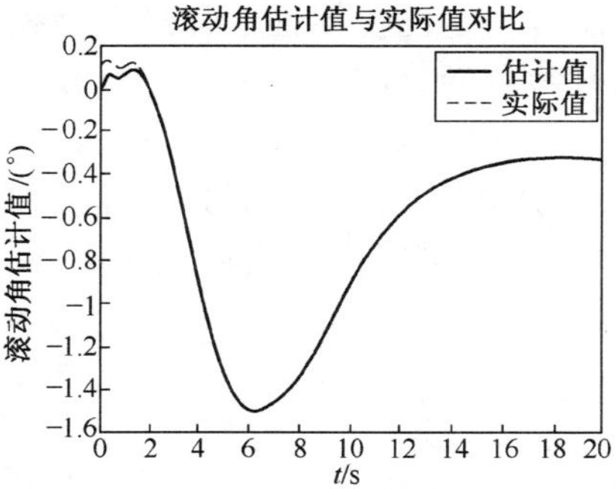

图5-3-6　滚动角估计值与实际值对比

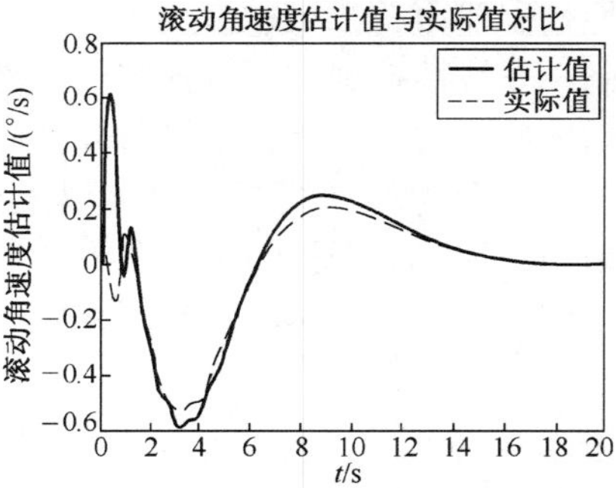

图5-3-7　滚动角速度估计值与实际值对比

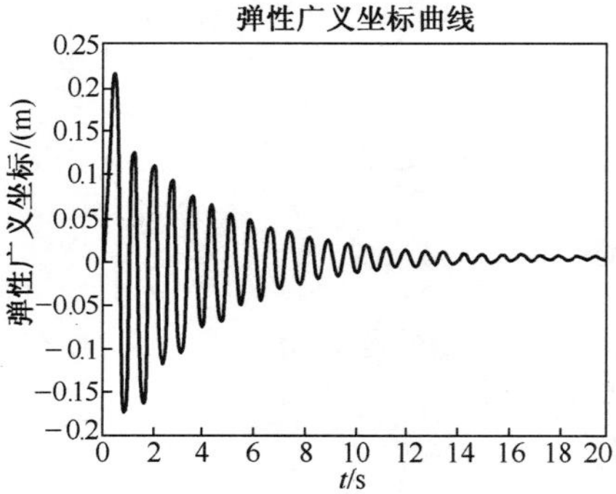

图5-3-8　弹性广义坐标

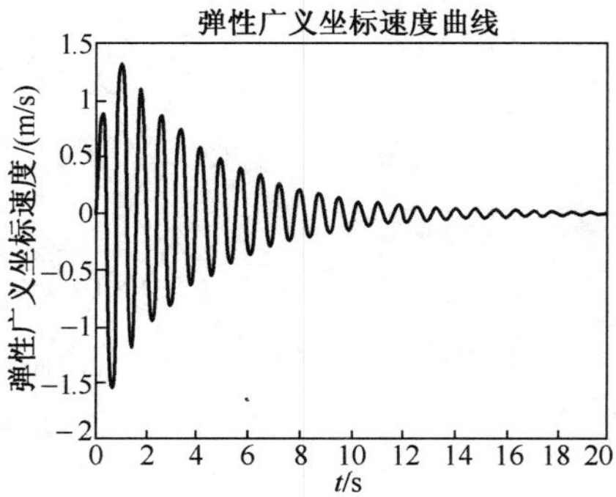

图5-3-9　弹性广义坐标速度

由仿真结果可知，由于本节所提出的方法利用自适应模糊系统的万能逼近能力，能够很好地逼近模型的非线性特性；利用输出信息很好的观测出系统状态，实现全状态反馈；采用了滑模控制实现了对外界干扰的抑制，使得系统具有良好的鲁棒性。

5.4　神经网络控制器设计

导弹在大机动飞行时，其动态特性与设计时应用模型的动态特性差别很大，这种差别称为未建模动态。再加上系统参数的剧烈变化，一般的控制方法在这种条件下难以适用。因此，要求控制系统具有非线性控制能力，对参数变化和未建模动态有一定的鲁棒性。神经网络控制在非线性控制方面有独特的优势，对参数变化和未建模动态有较强的适应能力。因此，可采用神经网络进行控制系统的设计。

RBF 神经网络是一种可以逼近任何的连续非线性函数的神经网络，它具有局部逼近网络学习收敛快的优点，同时由于它形式简单，便于作线性处理。RBF 神经网络结构如图 5－4－1 所示。

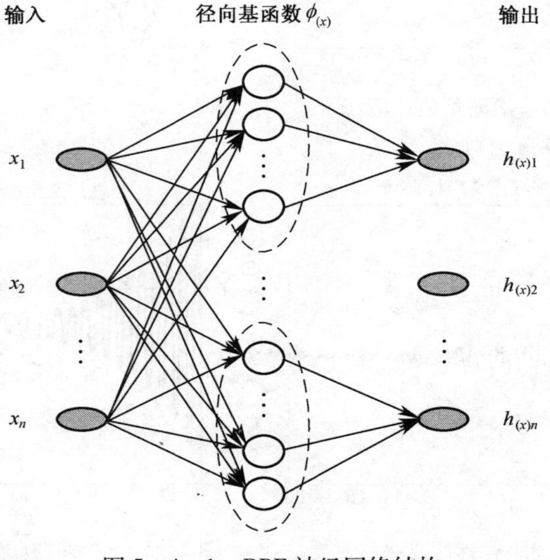

图 5－4－1　RBF 神经网络结构

本节提出一种基于 RBF 神经网络的鲁棒设计方法，综合应用反步法、积分滑模控制方法和 RBF 神经网络，针对 4.4 节介绍的导弹非线性模型进行设计和仿真。首先，基于被控对象的标称模型设计出系统的反步控制律，控制律的设计中应用了 RBF 神经网络自适应方法，避免了复杂求导的可执行性问题；然后，在反步控制律的基础上，提出了一种基于神经网络和积分滑模的补偿器，通过包含补偿器与不包含补偿器的控制系统的仿真对比，证实了补偿器可以使系统具有更强的鲁棒性。

5.4.1　基于 RBF 神经网络的反步控制律设计

第一步：定义 $e_1 = x_1 - y_r$，对 e_1 进行求导得

$$\dot{e}_1 = f_1(\theta, x_1) + g_1(\theta, x_1)x_2 - \dot{y}_r \tag{5-4-1}$$

将 x_2 作为虚拟控制输入，如果令 $\gamma_1^* = x_2$ 作为 e_1 子系统的输入，取 Lyapunov 函数为 $V_1 = \frac{1}{2}\boldsymbol{e}_1^{\mathrm{T}}\boldsymbol{e}_1$，对 V_1 进行求导得

$$\begin{aligned}\dot{V}_1 &= \boldsymbol{e}_1^{\mathrm{T}}\dot{\boldsymbol{e}}_1 \\ &= \boldsymbol{e}_1^{\mathrm{T}}(f_1(\theta, x_1) + g_1(\theta, x_1)\gamma_1^* - \dot{y}_r)\end{aligned} \tag{5-4-2}$$

取反馈控制器 γ_1^* 为

$$\gamma_1^* = -\boldsymbol{K}_1\boldsymbol{e}_1 - g_1^{-1}(\theta, x_1)[f(\theta, x_1) - \dot{y}_r] \tag{5-4-3}$$

各参数的定义与 4.5 节相同。将式(5-4-3)代入式(5-4-2)，可以证明 $\dot{V}_1 \leqslant 0$，系统稳定有界。为解决对指令信号反复求导的实际操作问题，本节应用 RBF 神经网络来逼近 γ_1^*。定义神经网络的映射函数

$$h(x) = \boldsymbol{\Phi}(x)w^* + \xi \tag{5-4-4}$$

其中，w 为神经网络中间层到输出层之间的权值，ξ 为近似误差。为方便构造 Lyapunov 函数，将 w 表示为列向量的形式

$$\boldsymbol{w} = [w_1 \quad \cdots \quad w_n]^{\mathrm{T}},$$

$$\boldsymbol{w}_i=[w_{i1} \quad \cdots \quad w_{ik}],\boldsymbol{w}\in\boldsymbol{R}^{nk\times 1} \tag{5-4-5}$$

w^* 表示神经网络理想标准权值。神经网络标准权值 w^* 与当前权值 $\hat{w}$ 之间的误差用 $\tilde{w}$ 表示，即

$$\tilde{w}=w^*-\hat{w} \tag{5-4-6}$$

$\boldsymbol{\Phi}\in\boldsymbol{R}^{n\times nk}$ 为径向基函数矩阵，可以表示为

$$\boldsymbol{\Phi}=\begin{bmatrix}\boldsymbol{\Phi}_1\\ \vdots \\ \boldsymbol{\Phi}_{\mathrm{n}}\end{bmatrix},$$

$$\boldsymbol{\Phi}_i=[0_{1\times[k\times(i-1)]} \vdots \phi_{i(1\times k)} \vdots 0_{1\times[k\times(n-i)]}],$$

$$\boldsymbol{\phi}_{\mathrm{i}}=[\phi_{i1} \quad \cdots \quad \phi_{ik}] \tag{5-4-7}$$

其中，$\boldsymbol{\phi}_{ij}$表示高斯基函数

$$\phi_{ij}(x)=\exp\left[-\frac{\|x-c_{ij}\|^2}{2\sigma_{ij}^2}\right],\quad i=1,2\cdots,n,j=1,2\cdots,k \tag{5-4-8}$$

其中，c_{ij} 是基函数的中心，与 x 具有相同的维数向量，σ_{ij} 是基宽度参数。

如果取

$$h_1(e_1)=g_1^{-1}(\theta,x_1)[f_1(\theta,x_1)-\dot{y}_r]\in\boldsymbol{R}^3 \tag{5-4-9}$$

那么可以得到

$$\begin{aligned}\gamma_1^*&=-K_1e_1-\boldsymbol{\Phi}_1(e_1)w_1^*-\xi_1\\ \gamma_1&=-K_1e_1-\boldsymbol{\Phi}_1(e_1)\hat{w}_1\end{aligned} \tag{5-4-10}$$

定义误差向量 $e_2=x_2-\gamma_1$，得到

$$\begin{aligned}\dot{e}_1&=f_1(\theta,x_1)+g_1(\theta,x_1)(e_2+\gamma_1)-\dot{y}_r\\ &=g_1(\theta,x_1)(e_2+\gamma_1-K_1e_1-\gamma_1^*)\\ &=g_1(\theta,x_1)[e_2-K_1e_1-\boldsymbol{\Phi}_1(e_1)\tilde{w}_1+\xi_1]\end{aligned} \tag{5-4-11}$$

其中，$\tilde{w}_i=w_i^*-\hat{w}_i,(i=1,2)$，取 Lyapunov 函数

$$V_1=\frac{1}{2g_1(\theta,x_1)}\boldsymbol{e}_1^{\mathrm{T}}\boldsymbol{e}_1+\frac{1}{2}\tilde{\boldsymbol{w}}_1^{\mathrm{T}}\boldsymbol{\Gamma}_1\tilde{\boldsymbol{w}}_1 \tag{5-4-12}$$

其中，$\boldsymbol{\Gamma}_i=\boldsymbol{\Gamma}_i^{\mathrm{T}},i=1,2$。则对 V_1 进行求导得

$$\begin{aligned}\dot{V}_1&=g_1(\theta,x_1)^{-1}\boldsymbol{e}_1^{\mathrm{T}}\dot{e}_1-\frac{\dot{g}(\theta,x_1)}{2g(\theta,x_1)}\boldsymbol{e}_1^{\mathrm{T}}\boldsymbol{e}_1+\tilde{w}_1^{\mathrm{T}}\boldsymbol{\Gamma}^{-1}\dot{\tilde{w}}_1\\&=g_1(\theta,x_1)^{-1}\boldsymbol{e}_1^{\mathrm{T}}\{g_1(\theta,x_1)[\boldsymbol{e}_2-K_1\boldsymbol{e}_1-\boldsymbol{\Phi}_1(e_1)\tilde{w}_1+\xi_1]\}-\\&\quad\frac{\dot{g}_1(\theta,x_1)}{2g(\theta,x_1)}\boldsymbol{e}_1^{\mathrm{T}}\boldsymbol{e}_1+\tilde{\boldsymbol{w}}_1^{\mathrm{T}}\boldsymbol{\Gamma}^{-1}\dot{\tilde{\boldsymbol{w}}}_1\\&=\boldsymbol{e}_1^{\mathrm{T}}e_2-K_1\boldsymbol{e}_1^{\mathrm{T}}\boldsymbol{e}_1-\boldsymbol{\Phi}_1(e_1)\tilde{w}_1\boldsymbol{e}_1+\boldsymbol{e}_1^{\mathrm{T}}\xi-\\&\quad\frac{\dot{g}_1(\theta,x_1)}{2g_1(\theta,x_1)}\boldsymbol{e}_1^{\mathrm{T}}\boldsymbol{e}_1+\tilde{\boldsymbol{w}}_1^{\mathrm{T}}\boldsymbol{\Gamma}^{-1}\dot{\tilde{\boldsymbol{w}}}_1\\&=\boldsymbol{e}_1^{\mathrm{T}}e_2-K_1\boldsymbol{e}_1^{\mathrm{T}}\boldsymbol{e}_1+\boldsymbol{e}_1^{\mathrm{T}}\xi-\frac{\dot{g}_1(\theta,x_1)}{2g_1(\theta,x_1)}\boldsymbol{e}_1^{\mathrm{T}}\boldsymbol{e}_1+\\&\quad\tilde{\boldsymbol{w}}_1^{\mathrm{T}}\boldsymbol{\Gamma}^{-1}[\dot{\tilde{w}}_1-\boldsymbol{\Gamma}_1\boldsymbol{\Phi}_1(e_1)e_1]\end{aligned} \tag{5-4-13}$$

取神经网络权值调整律为

$$\dot{\tilde{w}}_1=\dot{\hat{w}}_1=\boldsymbol{\Gamma}_1[\boldsymbol{\Phi}_1(e_1)e_1-k_1\hat{w}_1] \tag{5-4-14}$$

其中，$k_1>0$ 为常量参数。令 $K_1=K_{10}+K_{11}$，$\|K_{11}\|>0$，则式(5-4-13)可表示为

$$\begin{aligned}\dot{V}_1=&\boldsymbol{e}_1^{\mathrm{T}}\boldsymbol{e}_2-K_{10}\boldsymbol{e}_1^{\mathrm{T}}\boldsymbol{e}_1-K_{11}\boldsymbol{e}_1^{\mathrm{T}}\boldsymbol{e}_1+\boldsymbol{e}_1^{\mathrm{T}}\xi-\\&\frac{\dot{g}_1(\theta,x_1)}{2g_1(\theta,x_1)}\boldsymbol{e}_1^{\mathrm{T}}\boldsymbol{e}_1-k_1\tilde{\boldsymbol{w}}_1^{\mathrm{T}}\hat{\boldsymbol{w}}_1\end{aligned} \tag{5-4-15}$$

由于

$$\begin{aligned}-k_1\tilde{\boldsymbol{w}}_1^{\mathrm{T}}\hat{\boldsymbol{w}}_1&=-k_1\tilde{\boldsymbol{w}}_1^{\mathrm{T}}(\tilde{w}_1+w_1^*)\\&\leqslant-k_1\|\tilde{\boldsymbol{w}}_1\|^2+k_1\|\tilde{\boldsymbol{w}}_1\|\|\boldsymbol{w}_1^*\|\\&\leqslant-\frac{1}{2}k_1\|\tilde{\boldsymbol{w}}_1\|^2+\frac{1}{2}k_1\|\boldsymbol{w}_1^*\|^2\end{aligned} \tag{5-4-16}$$

$$-K_{11}\boldsymbol{e}_1^{\mathrm{T}}\boldsymbol{e}_1+\boldsymbol{e}_1^{\mathrm{T}}\xi\leqslant -K_{11}\boldsymbol{e}_1^{\mathrm{T}}\boldsymbol{e}_1+\boldsymbol{e}_1^{\mathrm{T}}|\xi|$$
$$\leqslant\frac{\xi_1^2}{4K_{11}}\leqslant\frac{\xi_1^{*2}}{4K_{11}} \tag{5-4-17}$$

将式(5-4-16)及式(5-4-17)代入式(5-4-15),得到如下不等式:

$$\dot{V}_1<\boldsymbol{e}_1^{\mathrm{T}}\boldsymbol{e}_2-K_{10}\boldsymbol{e}_1^{\mathrm{T}}\boldsymbol{e}_1-\frac{1}{2}k_1\ \|\tilde{\boldsymbol{w}}_1\|^2+\frac{1}{2}k_1\ \|\boldsymbol{w}_1^*\|^2+\frac{\xi_1^{*2}}{4K_{11}} \tag{5-4-18}$$

第二步:定义 $e_2=x_2-\gamma_1$,对 e_2 进行求导得

$$\dot{e}_2=f_2(\theta,x_1,x_2)+g_2(\theta,x_1,x_2)u-\dot{\gamma}_1 \tag{5-4-19}$$

式中

$$\dot{\gamma}_1=\frac{\partial\gamma_1}{\partial x_1}\dot{x}_1+\frac{\partial\gamma_1}{\partial y_r}\dot{y}_r+\frac{\partial\gamma_1}{\partial\hat{w}_1}\dot{\hat{w}}_1$$
$$=\frac{\partial\gamma_1}{\partial x_1}[f_1(\theta,x_1)+g_1(\theta,x_1)x_2]+\Theta_1 \tag{5-4-20}$$

其中

$$\Theta_1=\frac{\partial\gamma_1}{\partial y_r}\dot{y}_r+\frac{\partial\gamma_1}{\partial\hat{w}_1}\{\boldsymbol{\Gamma}_1[\Phi_1(e_1)e_1-k_1\hat{w}_1]\} \tag{5-4-21}$$

令

$$h_2(e_2)=g_2^{-1}(\theta,x_1,x_2)[f_2(\theta,x_1,x_2)-\dot{\gamma}_1]\in R^3 \tag{5-4-22}$$

选择控制律

$$u^*=-e_1-K_2e_2-\Phi_2(e_2)w_2^*-\xi_2$$
$$u=-e_1-K_2e_2-\Phi_2(e_2)\hat{w}_2 \tag{5-4-23}$$

将 u 代入,得到

$$\dot{e}_2=g_2[u+\Phi_2(e_2)w_2^*+\xi_2]$$
$$=g_2[-e_1-K_2e_2-\Phi_2(e_2)\tilde{w}_2+\xi_2] \tag{5-4-24}$$

取 Lyapunov 函数：

$$V_2 = V_1 + \frac{1}{2g_2}\boldsymbol{e}_2^{\mathrm{T}}\boldsymbol{e}_2 + \frac{1}{2}\tilde{w}_2^{\mathrm{T}}\boldsymbol{\Gamma}_2\tilde{w}_2 \tag{5-4-25}$$

取神经网络权值调整律为

$$\dot{\tilde{w}}_2 = \dot{\hat{w}}_2 = \boldsymbol{\Gamma}_2[\boldsymbol{\Phi}_2(e_2)e_2 - k_2\hat{w}_2] \tag{5-4-26}$$

对 V_2 进行求导得

$$\begin{aligned}\dot{V}_2 &= \dot{V}_1 + \frac{1}{g_2}\boldsymbol{e}_2^{\mathrm{T}}\dot{e}_2 + \tilde{\boldsymbol{w}}_2^{\mathrm{T}}\boldsymbol{\Gamma}_2\dot{\tilde{\boldsymbol{w}}}_2 \\ &= \dot{V}_1 + e_2(-e_1 - K_2e_2 - \boldsymbol{\Phi}_2(e_2)\tilde{w}_2 + \xi_2) + \tilde{\boldsymbol{w}}_2^{\mathrm{T}}\boldsymbol{\Gamma}_2\dot{\tilde{\boldsymbol{w}}}_2\end{aligned} \tag{5-4-27}$$

令 $K_2 = K_{20} + K_{21}$，$\| K_{21} \| > 0$，采取与第一步相同的推导，得到

$$\dot{V}_2 < -\sum_{i=1}^{2}K_{i0}\,\boldsymbol{e}_i^{\mathrm{T}}\boldsymbol{e}_i - \frac{1}{2}\sum_{i=1}^{2}k_i\,\|\tilde{\boldsymbol{w}}_i\|^2 + \frac{1}{2}\sum_{i=1}^{2}k_i\,\|\boldsymbol{w}_i^*\|^2 + \sum_{i=1}^{2}\frac{\xi_i^{*2}}{4K_{i1}} \tag{5-4-28}$$

令 $\delta = \frac{1}{2}\sum_{i=1}^{2}k_i\,\|\boldsymbol{w}_i^*\|^2 + \sum_{i=1}^{2}\frac{\xi_i^{*2}}{4K_{i1}}$。选取 $K_{i0} > \frac{\tau}{2}, i=1,2$，$\tau$ 为正的常数值，选取 $k_i, \boldsymbol{\Gamma}_i$ 满足 $k_i \geqslant \tau\lambda_{\max}\boldsymbol{\Gamma}_i^{-1}, i=1,2$，$\lambda_{\max}(\boldsymbol{A})$，$\lambda_{\min}(\boldsymbol{A})$ 分别代表均方阵 $\boldsymbol{A}$ 的最大及最小特征值。将式(5-4-26)代入式(5-4-28)可得

$$\begin{aligned}\dot{V}_2 &< -\sum_{i=1}^{2}K_{i0}\,\boldsymbol{e}_i^{\mathrm{T}}\boldsymbol{e}_i - \frac{1}{2}\sum_{i=1}^{2}k_i\,\|\tilde{\boldsymbol{w}}_i\|^2 + \frac{1}{2}\sum_{i=1}^{2}k_i\,\|\boldsymbol{w}_i^*\|^2 + \sum_{i=1}^{2}\frac{\xi_i^{*2}}{4K_{i1}} \\ &< -\sum_{i=1}^{2}\frac{\tau}{2}\boldsymbol{e}_i - \frac{1}{2} - \sum_{i=1}^{2}\tau\,\tilde{\boldsymbol{w}}_i^{\mathrm{T}}\boldsymbol{\Gamma}_i^{-1}\tilde{\boldsymbol{w}}_i + \delta \\ &= -\tau V_n + \delta\end{aligned} \tag{5-4-29}$$

5.4.2　基于神经网络和积分滑模的补偿器设计

对于 MIMO 不确定非线性系统

$$\dot{x} = f_{(x)} + \Delta f_{(x)} + g_{(x)}u \tag{5-4-30}$$

其中，$x \in \boldsymbol{R}^n$ 为被控对象状态，$u \in \boldsymbol{R}^m$ 为被控输入向量，$f_{(x)} \in \boldsymbol{R}^n$、$g_{(x)} \in \boldsymbol{R}^{n\times m}$ 为连续光滑的函数矩阵，$\Delta f_{(x)} \in \boldsymbol{R}^n$ 为系统不确定项。首先，基于反步法设计系统控制律 $u=\varphi(x)$ 实现标称系统

$$\dot{x}=f_{(x)}+g_{(x)}u \tag{5-4-31}$$

的渐近稳定。

由于反步控制律 $u=\varphi(x)$ 是针对被控对象的标称数学模型进行的，而实际系统通常存在不确定性干扰项 $\Delta f_{(x)}$。当不确定因素 $\Delta f_{(x)}$ 影响较严重时，就不能保证所设计控制系统的稳定性。因此，下面通过采用补偿设计的方法来增强系统的鲁棒性，从而在系统不确定性 $\Delta f_{(x)}$ 存在的情况下，能够保证闭环系统的稳定。设计思路是：在标称系统反步控制律 $\varphi(x)$ 的基础上增加补偿器 $\nu(x)$，以抑制系统参数变化、未建模动态以及外界干扰等不确定因素 $\Delta f_{(x)}$ 对系统稳定的不利影响，增强系统的鲁棒性，保证不确定系统的鲁棒稳定。控制原理如图 5-4-2所示。补偿后的系统控制律为

$$u=\varphi(x)+\nu(x) \tag{5-4-32}$$

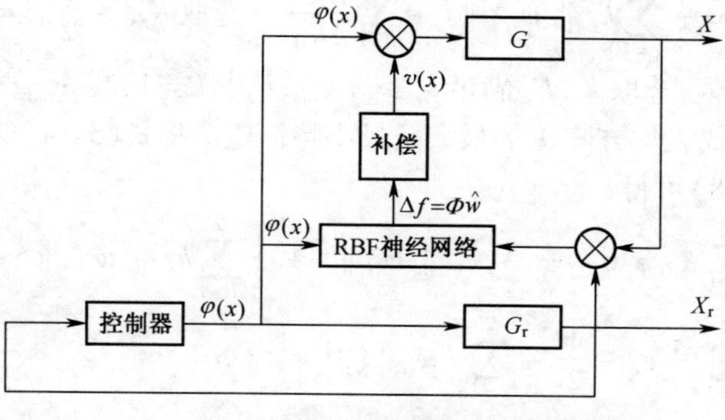

图 5-4-2 基于神经网络的反步控制原理图

对于系统(5-4-30)，代入 $u=\varphi(x)+\nu(x)$，得闭环系统方程为

$$\dot{x}=f_{(x)}+\Delta f_{(x)}+g_{(x)}[\varphi_{(x)}+\nu_{(x)}] \tag{5-4-33}$$

定义积分滑模面：

$$S = \boldsymbol{G}\left\{x_{(t)} - x_{(t_0)} - \int_{t_0}^{t}[f_{(x)} + g_{(x)}\varphi_{(x)}]\mathrm{d}\tau\right\} \quad (5-4-34)$$

其中，$\boldsymbol{G} \in \boldsymbol{R}^{3\times7}$ 为选定的常量矩阵，且满足 $\boldsymbol{G} \cdot g_{(x)}$ 为可逆矩阵。对 S 进行求导，得

$$\begin{aligned}\dot{S} &= \boldsymbol{G}\left\{\dot{x}_{(t)} - \frac{\mathrm{d}}{\mathrm{d}t}\int_{t_0}^{t}[f_{(x)} + g_{(x)}\varphi_{(x)}]\mathrm{d}\tau\right\} \\ &= \boldsymbol{G}\{\Delta f_{(x)} + g_{(x)}v_{(x)}\}\end{aligned} \quad (5-4-35)$$

在滑模面上有 $S=0$，$\dot{S}=0$，从而其状态向量满足

$$\dot{\boldsymbol{x}}_{\mathrm{d}} = f_{(x_{\mathrm{d}})} + g_{(x_{\mathrm{d}})}\varphi_{(x_{\mathrm{d}})} \quad (5-4-36)$$

式中：$\boldsymbol{x}_{\mathrm{d}}$ 表示滑模面上的状态向量。所以，当设计补偿器 $v_{(x)}$ 使 $S \to 0$ 成立，就能抑制扰动项 $\Delta f_{(x)}$ 的影响。

因此选择 RBF 神经网络在线逼近扰动项 $\Delta f_{(x)}$，当利用 RBF 神经网络完全逼近 $\Delta f_{(x)}$ 时，$\Delta f_{(x)}$ 可表示为

$$\Delta f_{(x)} = \boldsymbol{\Phi} w^{*} \quad (5-4-37)$$

其中，$\boldsymbol{\Phi}$、w^{*} 的定义如前所述。

5.4.3　系统收敛性分析

取 Lyapunov 函数

$$V = \frac{1}{2}\boldsymbol{S}^{\mathrm{T}}\boldsymbol{S} + \frac{1}{2}\tilde{\boldsymbol{w}}^{\mathrm{T}}\tilde{\boldsymbol{w}} \geqslant 0 \quad (5-4-38)$$

求其导数为

$$\begin{aligned}\dot{V} &= \boldsymbol{S}^{\mathrm{T}}\dot{\boldsymbol{S}} + \dot{\tilde{\boldsymbol{w}}}^{\mathrm{T}}\tilde{\boldsymbol{w}} \\ &= \boldsymbol{S}^{\mathrm{T}}\boldsymbol{G}\{\Delta f_{(x)} + g_{(x)}v_{(x)}\} + \dot{\tilde{\boldsymbol{w}}}^{\mathrm{T}}\tilde{\boldsymbol{w}} \\ &= \boldsymbol{S}^{\mathrm{T}}\boldsymbol{G}\boldsymbol{\Phi} w^{*} + \boldsymbol{S}^{\mathrm{T}}\boldsymbol{G}g_{(x)}v_{(x)} + \dot{\tilde{\boldsymbol{w}}}^{\mathrm{T}}\tilde{\boldsymbol{w}}\end{aligned} \quad (5-4-39)$$

取补偿控制律

$$v_{(x)} = -k_0(\boldsymbol{G}g_{(x)})^{-1}\boldsymbol{S} - (\boldsymbol{G}g_{(x)})^{-1}\boldsymbol{G}\boldsymbol{\Phi}\hat{\boldsymbol{w}} \quad (5-4-40)$$

其中，$k_0 > 0$ 为常数。取 RBF 神经网络权值调整律

$$\dot{\tilde{w}}=(-\boldsymbol{S}^{\mathrm{T}}\boldsymbol{G\Phi})^{\mathrm{T}} \tag{5-4-41}$$

将式(5－4－40)、式(5－4－41)代入式(5－4－39)得

$$\begin{aligned}\dot{V}&=\boldsymbol{S}^{\mathrm{T}}\boldsymbol{G\Phi}w^{*}+\boldsymbol{S}^{\mathrm{T}}\boldsymbol{G}\boldsymbol{g}_{(x)}v_{(x)}+\dot{\tilde{\boldsymbol{w}}}^{\mathrm{T}}\tilde{\boldsymbol{w}}\\&=\boldsymbol{S}^{\mathrm{T}}\boldsymbol{G\Phi}w^{*}+\boldsymbol{S}^{\mathrm{T}}\boldsymbol{G}\boldsymbol{g}_{(x)}[-k_0(\boldsymbol{G}\boldsymbol{g}_{(x)})^{-1}\boldsymbol{S}-\\&\quad(\boldsymbol{G}\boldsymbol{g}_{(x)})^{-1}\boldsymbol{G\Phi}\hat{w}]+(-\boldsymbol{S}^{\mathrm{T}}G\Phi)\tilde{w}\\&=\boldsymbol{S}^{\mathrm{T}}G\Phi w^{*}-\boldsymbol{S}^{\mathrm{T}}Gg_{(x)}(Gg_{(x)})^{-1}G\hat{\Phi}w-\\&\qquad k_0\boldsymbol{S}^{\mathrm{T}}Gg_{(x)}(Gg_{(x)})^{-1}\boldsymbol{S}-\boldsymbol{S}^{\mathrm{T}}G\Phi\tilde{w}\\&=\boldsymbol{S}^{\mathrm{T}}\boldsymbol{G\Phi}w^{*}-\boldsymbol{S}^{\mathrm{T}}G\hat{\Phi}w-\boldsymbol{S}^{\mathrm{T}}G\tilde{\Phi}w-k_0\boldsymbol{S}^{\mathrm{T}}\boldsymbol{S}\\&=-k_0\boldsymbol{S}^{\mathrm{T}}\boldsymbol{S}\leqslant 0\end{aligned} \tag{5-4-42}$$

因此系统渐近收敛于滑模面，即

$$\lim_{t\to\infty}\boldsymbol{S}=0$$

$$\lim_{t\to\infty}\dot{\boldsymbol{S}}=0$$

同时 RBF 神经网络完全逼近于扰动项 $\Delta f_{(Z)}$，即

$$\lim_{t\to\infty}\tilde{w}=0$$

补偿后，系统控制律为

$$u_{(t)}=\varphi_{(x)}-k_0(\boldsymbol{G}g_{(x)})^{-1}\boldsymbol{S}-(\boldsymbol{G}g_{(x)})^{-1}\boldsymbol{G\Phi}\hat{w} \tag{5-4-43}$$

RBF 神经网络权值调整律为

$$\dot{\hat{w}}=-\dot{\tilde{w}}=(\boldsymbol{S}^{\mathrm{T}}G\boldsymbol{\Phi})^{\mathrm{T}} \tag{5-4-44}$$

5.4.4　系统仿真验证

1. 无建模误差下的仿真结果

当导弹数学模型为准确模型时，仅使用基于 RBF 反步控制律进行控制；当导弹建模不准确时，在使用反步控制律的基础上加入神经网络补偿器，并与不带补偿器的系统相比较，以便分析该补偿器对控制系统的影响。标称模型的仿真结果如图 5－4－3～图 5－4－8 所示。

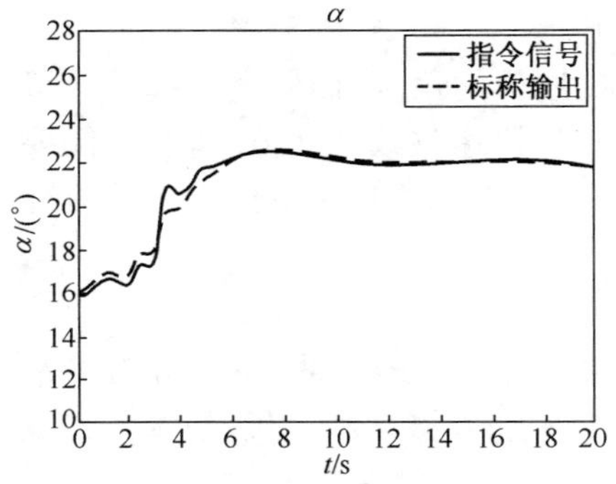

图 5-4-3　迎角的跟踪曲线

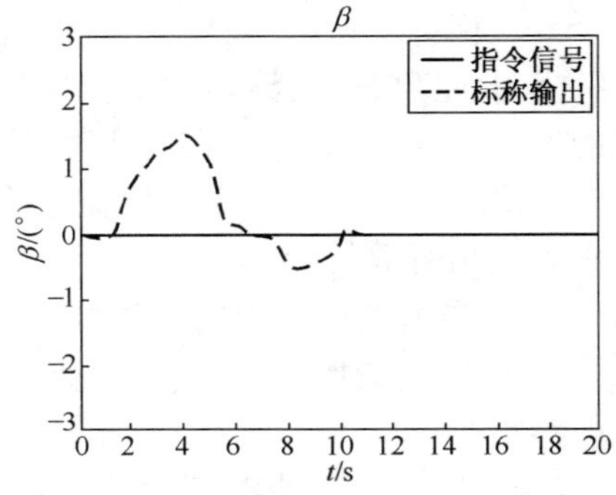

图 5-4-4　侧滑角的跟踪曲线

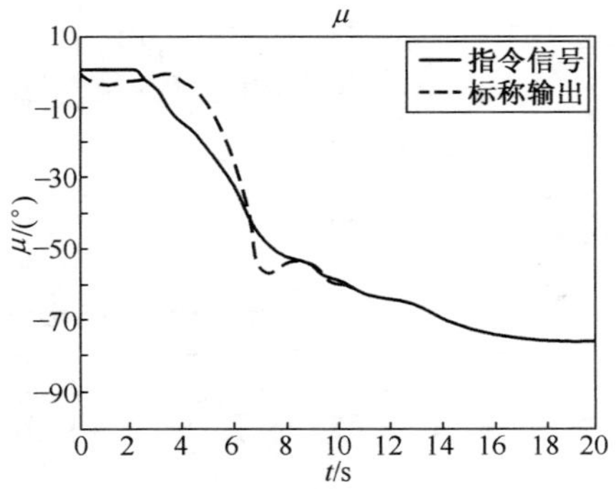

图 5-4-5　速矢滚转角的跟踪曲线

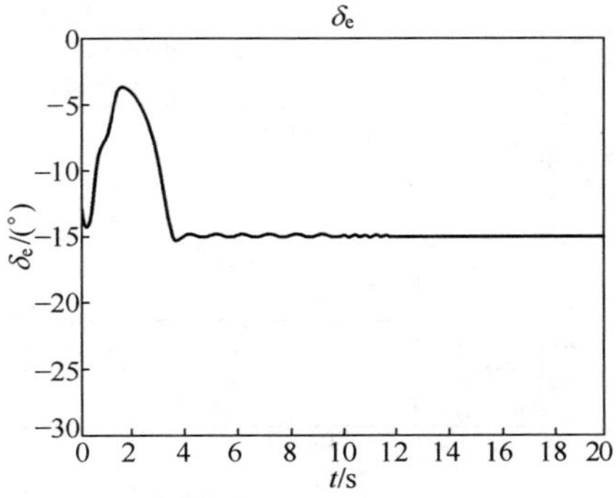

图 5-4-6　升降舵偏角的跟踪曲线

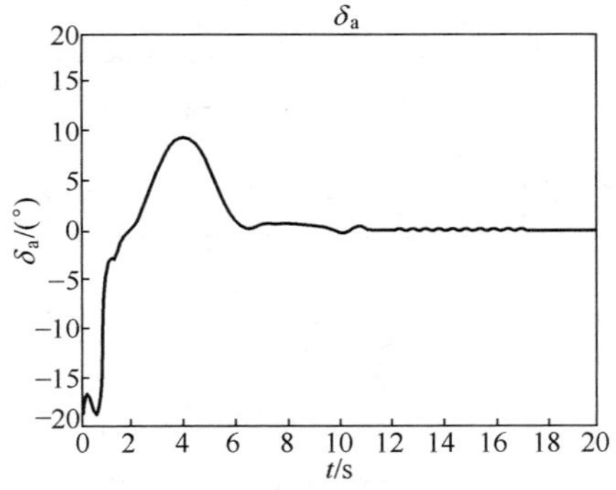

图 5-4-7　副翼偏角的跟踪曲线

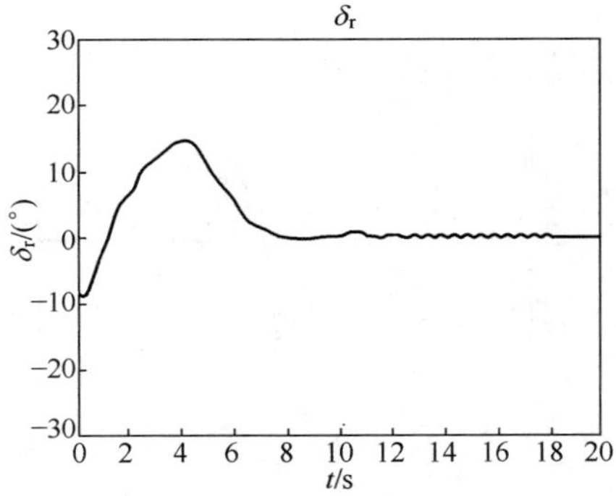

图 5-4-8　方向舵偏角的跟踪曲线

从标称模型的仿真结果可以看出,图 5-4-3、图 5-4-4 和图 5-4-5 中迎角、速矢滚转角快速跟踪到期望的角度,而侧滑角起始阶段的偏差较大,但亦保持在 2°的范围内,且快速收敛到 0 值,符合性能要求。由此可以得出所设计的基于 RBF 神经网络的反步控制律针对标称系统是有效的。

2. 有建模误差下的仿真结果

根据上面建立的再入机动数学模型,对基于 RBF 神经网络的积分滑模鲁棒补偿控制律进行仿真验证,仿真中加入摄动和干扰,仿真条件及参数摄动与 4.4 节相同。将仿真结果与不带补偿器的系统相比较,以便分析该补偿器对控制系统的影响,如图 5-4-9 ~ 图 5-4-17 所示。

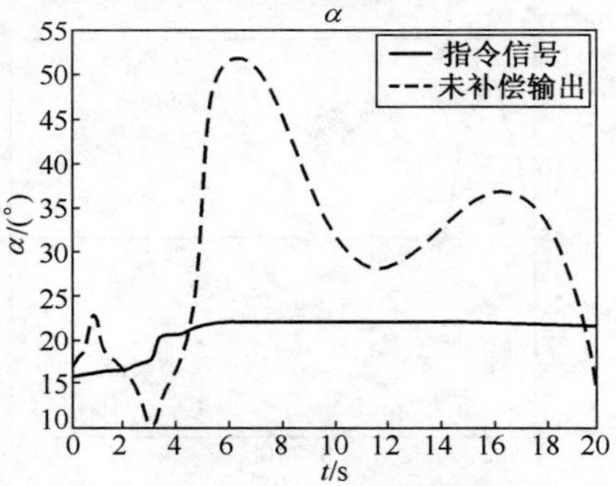

图 5-4-9 不带补偿器的迎角跟踪曲线

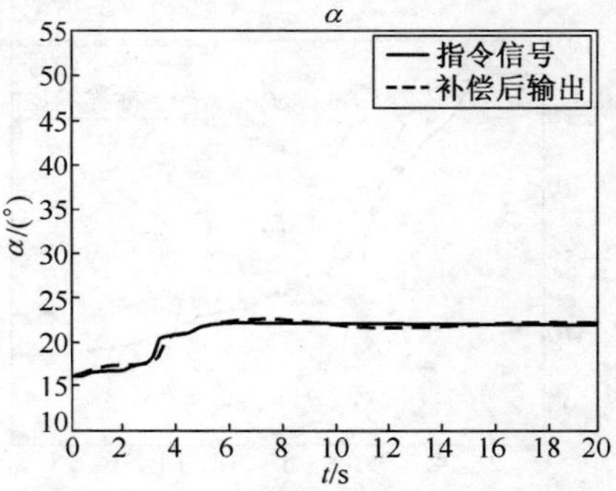

图 5-4-10 带补偿器的迎角跟踪曲线

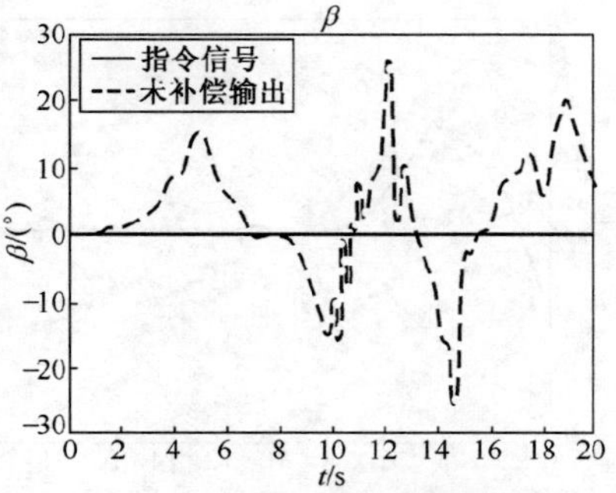

图 5-4-11 不带补偿器的侧滑角跟踪曲线

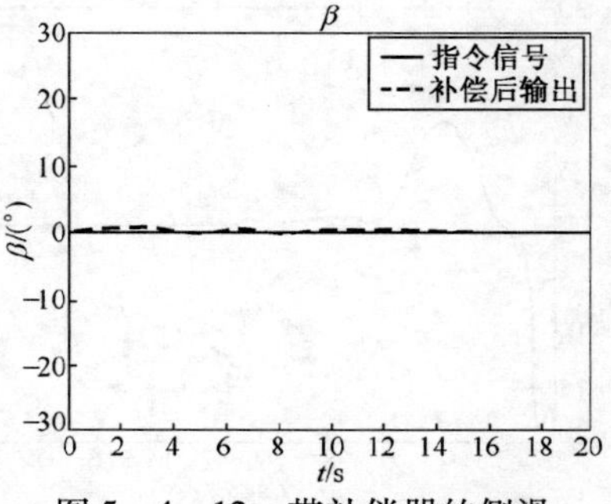

图 5-4-12 带补偿器的侧滑角跟踪曲线

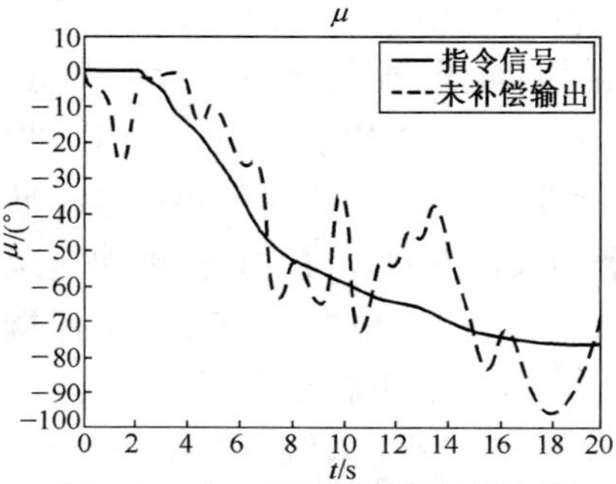

图 5－4－13　不带补偿器的速矢滚转角跟踪曲线

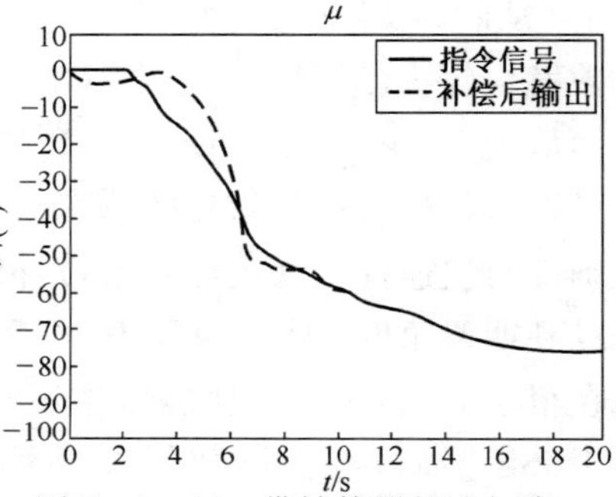

图 5－4－14　带补偿器的速矢滚转角跟踪曲线

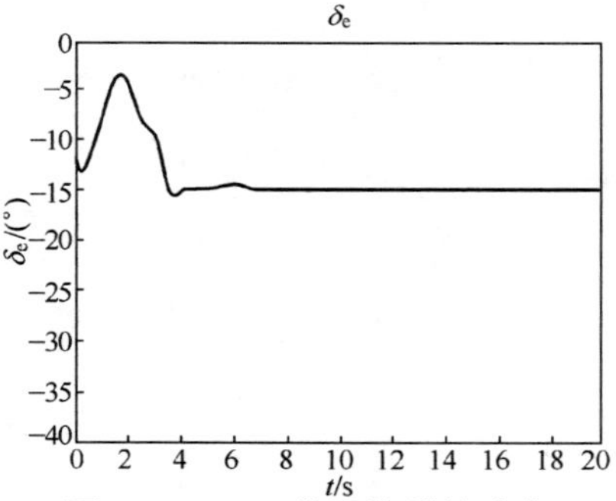

图 5－4－15　带补偿器的升降舵偏角曲线

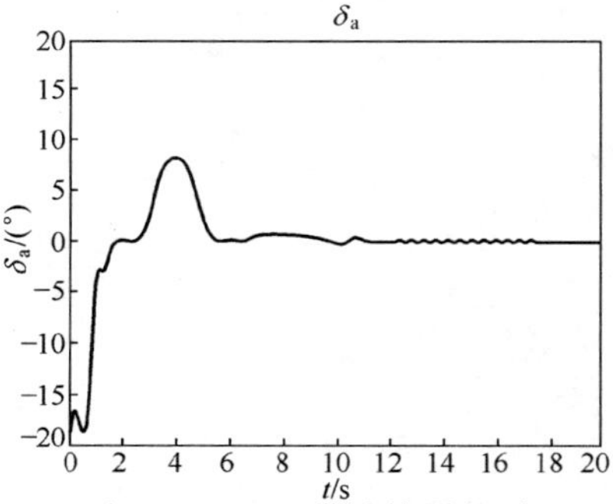

图 5－4－16　带补偿器的副翼偏角曲线

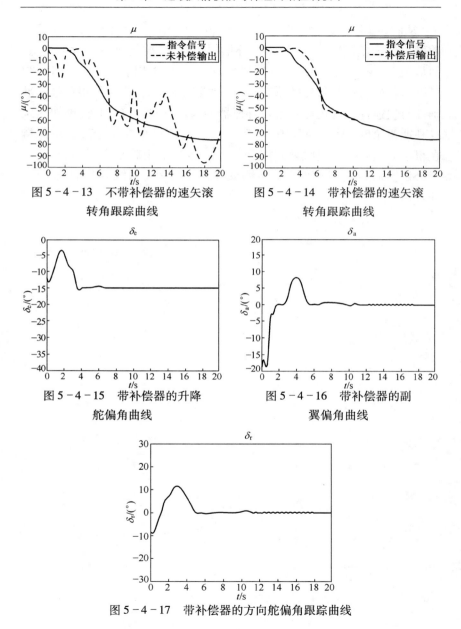

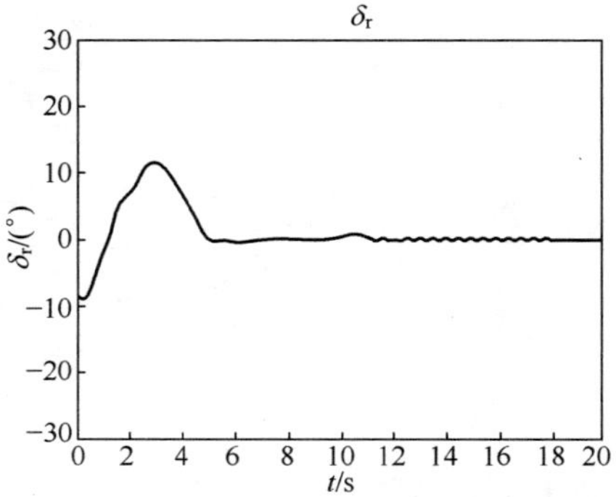

图 5－4－17　带补偿器的方向舵偏角跟踪曲线

从图 5-4-9、图 5-4-11、图 5-4-13 中可以反映出，当气动参数发生较大幅度的变化时，未加补偿器的系统，控制效果非常不理想。而从图 5-4-10、图 5-4-12、图 5-4-14 中可以看出，加入 RBF 神经网络积分滑模补偿器的系统，在气动参数变化后，指令的跟踪过程准确性与快速性都远远好于不带补偿器的系统；迎角、滚转角能够快速跟踪到期望角度(图 5-4-10、图 5-4-14)；侧滑角在整个过程中保持在很小的角度且快速收敛到零(图 5-4-12)。也就是说，加入神经网络补偿器后，其控制效果受参数变化影响很小，系统鲁棒性进一步加强。

第6章 运载火箭控制系统仿真验证

6.1 引 言

控制系统仿真技术是建立在控制理论、模型理论、相似原理、信息处理技术、计算机技术以及仿真应用领域的相关专业技术之上,以计算机和其他专用物理效应设备为工具,利用系统模型对真实或假想的系统进行科学试验研究的一个多学科的综合性技术。

它是以计算机为主体,以控制系统和控制对象数学模型为基础,建立仿真系统,通过模型测试和动态求解,对控制系统的方案、结构、参数和性能指标进行定量和定性分析,以验证系统设计的正确性。

按照实现方式的不同可以将仿真系统分为实物仿真、数学仿真和半实物仿真。

(1) 实物仿真又称物理仿真,它是指按照真实系统的物理性质构造系统的物理模型,使之能够重现原系统的各种状态。它的优点是直观形象、较为贴近现实。但也有模型构造投资大、试验限制多和参数不易改变等缺点,如风洞试验等。

(2) 数学仿真就是用数学模型来描述系统,并在计算机上编制软件来对系统进行研究的过程。将实际系统进行抽象,用数学关系(微分方程、状态方程、统计模型等)来描述,其优点就是可以方便改变结构参数,使仿真变得方便、灵活、经济,但其受限于系统的建模技术。

(3) 半实物仿真又称硬件在回路仿真,它是将数学模型、物理模型和实物联合起来进行试验的复杂仿真系统。因为其既可以发挥硬件实物直观、准确等优点,又很好地借助数学模型灵活、经济的优势,所以在航空航天、武器系统等研究领域,半实物仿真是一种不可或缺的重要手段。

运载火箭控制系统是功能多、构成复杂、可靠性要求高的关键系统之一,系统方案的制定、参数的设计需经过计算、分析、试验等多个过程,而且系统性能要通过试验来检验。一般控制系统在设计过程中都开展数学仿真试验,它采用纯数学模型代替真实系统进行试验研究,这种计算机仿真多用在系统设计的初步阶段。

为了考核某些关键设备的性能,必须将这些设备连接到仿真系统中,使试验更接近真实情况,提高仿真系统的逼真度和仿真试验结果的置信度,这样的试验就是半实物仿真试验。可以用仿真试验来模拟火箭的飞行状态和性能,在地面进行重复的仿真飞行,甚至可以模拟故障状态,为控制系统的设计、研究及评估提供一种手段。运载火箭控制系统的不断发展与复杂化,对半实物仿真的依赖性也越来越大。可以说,没有先进的半实物仿真技术及设备提供地面试验条件,发展现代运载火箭工程项目几乎是不可能的。

6.2 半实物仿真试验要求和目的

运载火箭控制系统半实物仿真试验系统的要求主要包括:

(1) 姿态控制系统仿真要求具有实时性;

(2) 制导、姿态控制和飞行综合控制(时序、安全、数据管理、可靠性管理等)全系统仿真则要求实时和逼真;

(3) 作为半实物仿真技术依托的火箭半实物仿真系统,不但应当满足控制系统研制的基本需求,还应具备一定的先进性。

半实物仿真试验的目的就是采用实物替代模型,在试验室内构造逼真的物理环境,用数学模型将系统连接起来进行仿真试验,尽可能全面地考核系统的性能。针对控制系统建模困难或不精确的情况,通过模拟实际的飞行试验环境,考核对控制系统动态特性和精度有直接影响的实际部件和子系统性能。

6.3　半实物仿真试验系统组成

6.3.1　系统组成及工作原理

传统的半实物仿真系统多为集中式仿真结构，这种结构通常采用一台仿真计算机集中完成所有仿真数学模型解算和模拟设备控制的任务。然而随着控制部件的增多，仿真环境需要模拟的对象也相应增加。尽管仿真计算机处理能力足够强大，但出于系统兼容性、可扩展性的需求，需要用到分布式实时仿真方法。分布式半实物仿真结构采用多台仿真计算机代替集中式结构中的单一仿真计算机，通过实时网络实现多台仿真计算机的连接，以保证分布式仿真的实时性。

分布式半实物仿真系统各部分连接关系如图6－3－1所示。

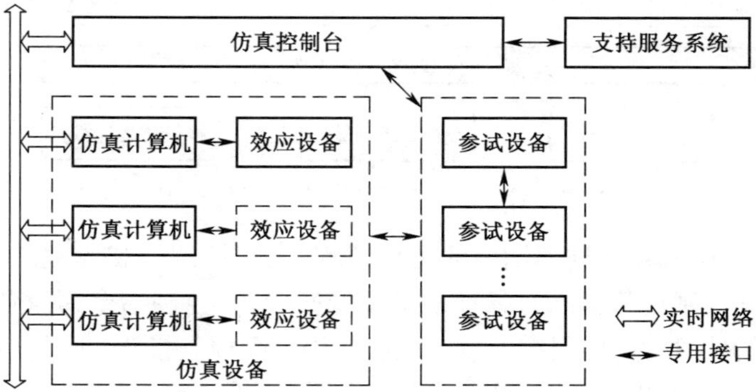

图6－3－1　分布式半实物仿真系统连接关系

由分布式半实物仿真系统组成可看出，半实物仿真试验系统一般由五个部分组成。

（1）参试设备：指控制系统箭上部件、设备，如飞行控制计算机、捷联惯组、速率陀螺、加速度表、伺服机构等。

（2）仿真设备：主要包括仿真计算机、三轴飞行转台、单轴飞行转台、负载台等环境模拟设备。

(3) 接口与网络:包括模拟量接口、数字量接口、实时通信网络等。

(4) 仿真控制台:指监视控制试验状态进程的装置,具备仿真试验进程控制、仿真设备控制信号转换与监测等。

(5) 支持服务系统:支持仿真数据记录、显示及仿真事后分析等功能。

典型的控制系统半实物仿真系统结构如图 6-3-2 所示。

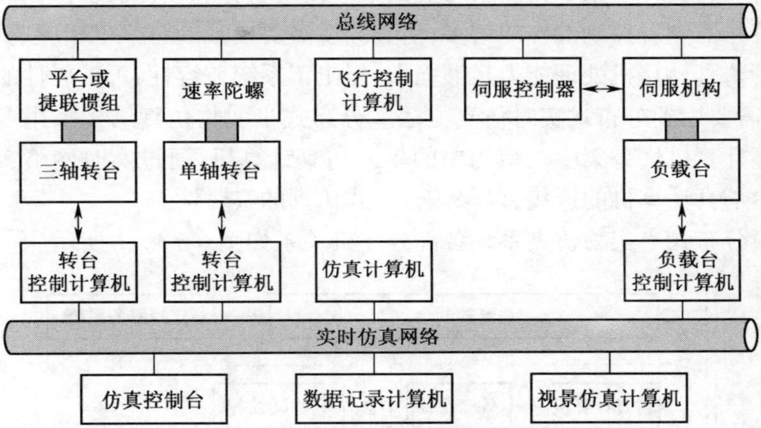

图 6-3-2 控制系统的半实物仿真系统原理结构图

参试设备在控制周期内的工作流程为:惯性测量装置敏感运动参数;飞行控制计算机从总线获取运动参数,解算控制指令,并将结果传输至伺服控制器;伺服控制器对伺服机构分配控制指令,驱动伺服机构动作产生发动机摆角/舵偏角;综合控制器解算并执行程序指令。

主要设备功能及原理如下:

(1) 仿真计算机:实现箭体运动方程,输出姿态角给三轴转台,输出姿态角速度累加量给单轴转台,同时接收摆角测量信息,形成闭环。

(2) 三轴转台:包括转台控制柜、三轴转台和其他辅助设备,提供平台或捷联惯组的安装位置。由转台控制柜控制转台绕三轴转动,模拟箭体的姿态运动,平台或惯组输出相应的信息。

(3) 单轴转台:包括转台控制柜、单轴转台和其他辅助设备,提供速率陀螺安装位置。由转台控制柜控制转台绕单轴转动，模拟箭体的角速度运动，速率陀螺输出相应的信息。

（4）负载台：复现伺服机构实际工作时的受载情况，同时把发动机摆角转换为电信号传送给负载台控制计算机。

（5）飞行控制计算机：实时接收平台/惯组、速率陀螺等测量信息，进行控制律计算，并完成控制信号的分配和分解，输出控制信号给功率放大器或直接送给执行机构。

（6）伺服机构：接收功率放大器输出的电流或直接接收飞行控制计算机的控制信号，驱动发动机运动。在半实物仿真试验时，一般要求大型摇摆发动机的执行机构直接安装在发动机负载台上，负载台上安装伺服机构和测量发动机摆角的装置，摆角测量装置输出信号给负载台控制计算机。

（7）仿真控制台：具备仿真资源配置与仿真进程控制的功能，是整个半实物仿真系统的控制中心。

（8）数据记录计算机：存储仿真数据，方便仿真数据的事后查看与分析。

（9）视景仿真计算机：将姿态、位置等运动参数以三维动画的方式直观显示出来，逼真模拟飞行任务的全过程。

6.3.2　测量模拟设备

半实物仿真系统中的测量模拟设备主要包括飞行模拟转台和线加速度模拟台。测量模拟设备为平台/捷联惯组、速率陀螺、加速度表等参试测量设备提供安装位置，由转台控制柜控制转台绕轴转动，模拟箭体的姿态运动，由线加速度模拟台模拟箭体的质心运动，使得参试测量设备能够敏感并输出测量信息。

1. 飞行模拟转台

飞行模拟转台（简称转台）用于在地面试验室中模拟箭体绕自身体轴坐标系旋转的姿态运动。在半实物仿真系统中，转台接收来自仿真计算机的指令信号，控制台体的框架轴旋转，将数学描述的箭体姿态特性以物理运动的方式实现,为参试设备中的姿态敏感测量装置提供工作环境,进而为控制器接入仿真回路实现闭环仿真创造条件。

飞行模拟转台由机械台体、动力能源系统、伺服控制系统三部分构成。机械台体通常由基座、运动框架等组成,构成转台的主体部分。它是姿态运动的执行体与伺服控制系统元件的承载体。动力能源系统为整个转台系统的运动提供支持,可以是液动或电动。伺服控制系统是转台运动的控制核心,可以是模拟式或数字式,通常由控制器、驱动元件、执行元件、测量元件等组成。其中,控制元件用以执行控制算法,综合控制信号;驱动元件和执行元件按照控制电压产生相应的机械运动;测量元件包括测速和测角两种,用以将物理量转换为电信号,形成闭合控制回路。

转台伺服控制系统工作原理如图 6－3－3 所示。

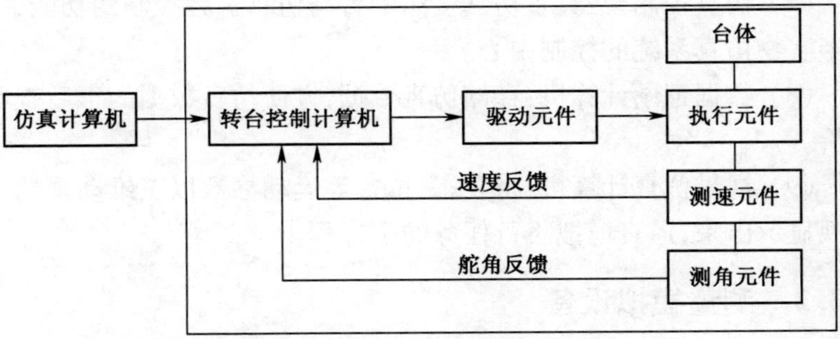

图 6－3－3　转台伺服控制系统的工作原理图

仿真计算机负责产生输入信号,各种类型的反馈装置反馈转台的实际速度或角度等信息,由转台控制计算机(控制器)对这些输入信号和反馈信号进行综合,生成控制信号送给驱动元件,产生驱动电压或电流,驱动执行元件带动转台框架运动。图 6－3－4 中由测速元件构成速度内环,提高系统的抗干扰能力;测角元件构成位置外环,形成了位置伺服控制。

根据驱动元件和驱动方式不同,转台可分为电动转台、液压转台和复合驱动转台。对于液压转台,其运动部分转动惯量小,加速性能好,系统响应速度快，提供的扭矩一般较大，且输出受外界负载的影响小，精度较高，其伺服回路增益也较高，频带也较宽。由于制造技术的发展，现在的电动转台逐步克服了诸如频带窄、扭矩小等特点，且不存在液压转台的液压油泄漏问题，应用越来越广泛。

三轴转台具有三个独立转动的环架，分别用以代表火箭在空间运动时绕三个坐标轴的转动，三个环架的布局与火箭在空间运动的坐标系紧密相关，是在半实物仿真试验中用途最广、性能要求最高的一种。三轴飞行转台台体包括立式结构和卧式结构两种基本结构形式，分别如图6-3-4和图6-3-5所示。

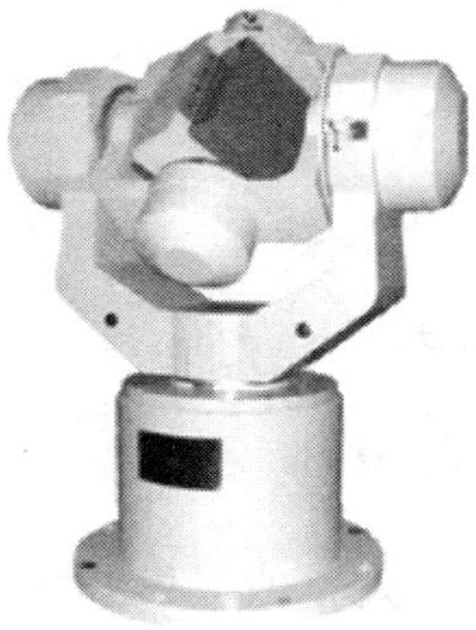

图6-3-4　立式转台

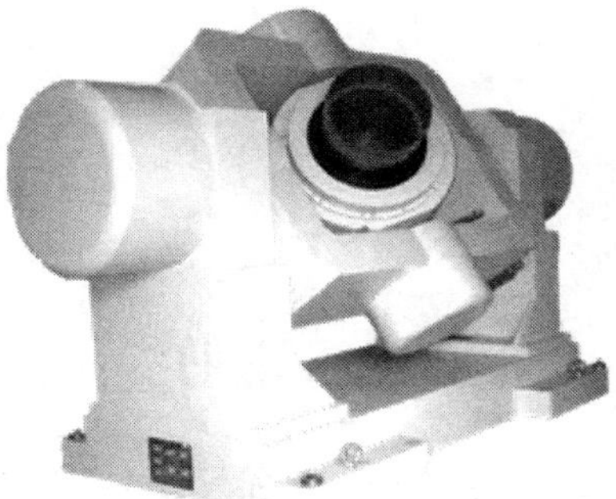

图6-3-5　卧式转台

2. 线加速度模拟台

线加速度模拟台将仿真计算机输出的运动体质心各向线加速度电信号转换成加速度表等能够敏感的机械线加速度，常用的线加速度模拟台有倾斜台和振动台、火箭橇、振动台、离心机、运动平台等。其中离心机能够模拟的加速度范围最大，可达1g～50g，因此实际应用也最广。本节主要对离心机的组成与工作原理进行介绍。

加速度计实物接入控制系统进行半实物仿真的最直观的想法是使用离心机系统，通过改变离心机的旋转角速率而改变加速度计所感受的加速度。由于离心机具有很大的惯量，要实现加速度的快速变化是不现实的。因此采用稳速台和随动台组成的线加速度模拟台，是实现加速度变化的最有效手段。稳速台根据需要的最大加速度提供一个准确且均匀的角速率,随动台惯性小,具有较高的动态响应品质,通过改变加速度计的输出轴与稳速台半径方向的夹角,可实现加速度计接入控制回路的半实物仿真。

离心机工作原理如图 6－3－6 所示。

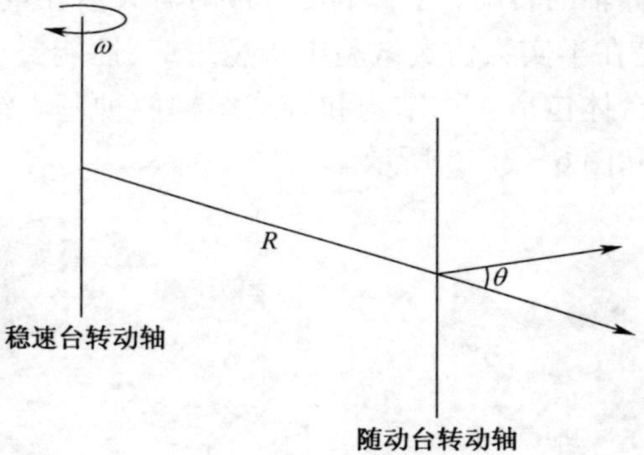

图 6－3－6　离心机工作原理示意图

如图 6－3－6 所示,稳速台根据需要的最大 g 值提供一个准确且均匀的角速度,此时加速度计感受到的加速度为

$$a_1 = R\omega^2\cos\theta \tag{6-3-1}$$

式中: R 为稳速台半径; ω 为稳速台旋转角速度; θ 为加速度计输出轴与稳速台半径的夹角。

6.3.3　负载模拟设备

在飞行中,伺服机构会承受不同类型的负载力矩,这将影响伺服机构的稳定性与操纵性,进而影响整个控制系统的性能。为评价和测试伺服机构的工作特性,需要在半实物仿真时准确复现负载力矩对伺服机构及整个控制系统的影响。

对于不同类型的火箭,其控制实现方式各不相同,伺服机构所承受的负载力矩存在差异,负载模拟器主要分为摆发动机负载台、气动负载模拟器等不同类型。

1. 摆发动机负载台

发动机负载台在控制系统半实物仿真中用来复现伺服机构实际工作时承受的负载,同时将发动机摆角转换成电信号送给仿真计算机。发动机负载台及液压加载系统为发动机喷管和机架提供安装工位,并对发动机喷管加载,模拟发动机飞行推力和负载力矩的变化。因此,它是控制系统半实物仿真试验不可缺少的一部分,负载台组成如图6-3-7所示。

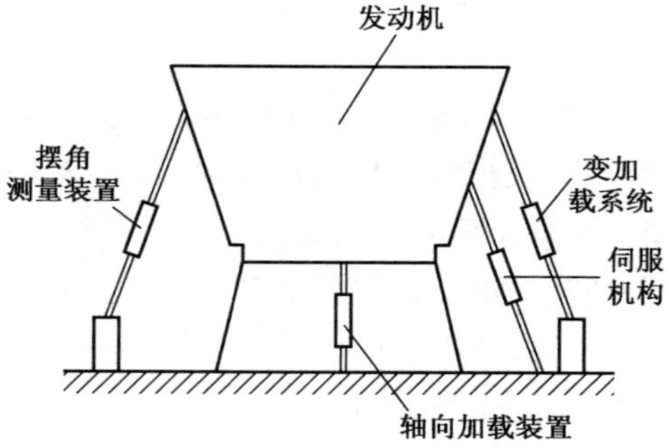

图6-3-7　发动机负载台组成图

伺服机构模拟的负载和实现方法有:

(1) 转动惯量,与被执行机构推力的产生控制力的活动部分(如发动机喷管)的质量有关。

(2) 摩擦力,发动机工作时产生的推力作用在喷管支承轴承上,轴和轴套间产生的摩擦力。

(3) 惯性力矩,与加速度和摆动部分的质量有关,通过拉力力臂分别与加速度和转角成正比的加力系统实现。

(4) 偏心力矩,是由发动机喷管轴线偏移引起的,通过偏心推力组件及常平座,在轴和轴套间拉偏加压实现。

(5) 燃料输送软管刚度(充满高压燃料时刚度增加)。通过往软管注入高压液体实现。

传统的仿真试验中，负载台只有轴向加载系统，模拟发动机的推力，产生摩擦力矩。某些控制系统在仿真试验中，负载台除了轴向加载装置模拟发动机的推力，同时还安装侧向变加载系统，模拟发动机质量偏心产生的负载力矩，更加真实地模拟伺服机构在飞行中所承受的负载力矩。

变加载系统模拟摆动发动机喷管的伺服机构在实际飞行中所受的各种力和力矩（如喷管推力、偏心惯性力矩等）。当发动机存在较大的质量偏心时，其载荷随着飞行过载、喷管的摆角位置不同而变化较大，由于在地面仿真试验中，发动机并不点火且无过载，因此，只能根据实际飞行状态进行模拟。

变加载系统总体原理如图6－3－8所示。计算机发出数字指令信号 F_0，通过D/A转换成模拟量输出到放大器，放大器将信号转换放大后驱动伺服阀动作，进而控制液压缸输出力到杠杆钢索组件，同时压力传感器将力信号 F 转换成电压信号经A/D采样返回计算机，与理论值进行比较，产生偏差信号，经数字校正环节后输出调整伺服机构向减小误差的方向动作，从而实现时变加载。

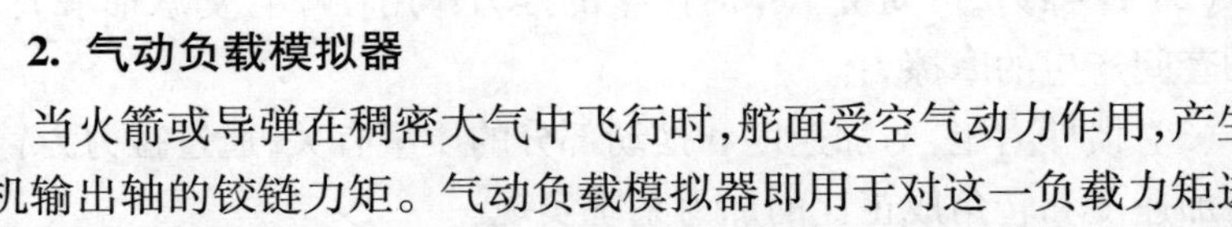

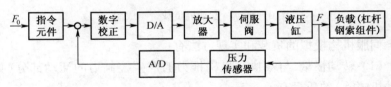

图6－3－8　变加载系统原理图

2. 气动负载模拟器

当火箭或导弹在稠密大气中飞行时，舵面受空气动力作用，产生对舵机输出轴的铰链力矩。气动负载模拟器即用于对这一负载力矩进行模拟。气动负载模拟器根据其工作原理可以简单地分为两类：一是定点式负载模拟器；二是随动式负载模拟器。

1）定点式负载模拟器

定点式负载模拟器的工作原理比较简单，利用了弹簧工作时的胡克定律。即将弹簧的一端与固定基座相连，另一端与舵系统相连。当舵系统工作时，带动连接的弹簧一起运动，使弹簧发生形变，从而使弹性力反作用到舵系统上。但由于在系统工作时，其弹簧的弹性系数是定值，固定角度或位移的舵系统运动产生的负载力矩是相同的。因此，定点式负载模拟器一般应用于负载特性变化不大的仿真场合或舵系统研制的初始阶段。

2）随动式负载模拟器

随动式负载模拟器的控制方式分为两类：一是位置反馈式控制；二是力矩反馈式控制。不同控制方式下的系统结构如图 6－3－9 和图 6－3－10所示。

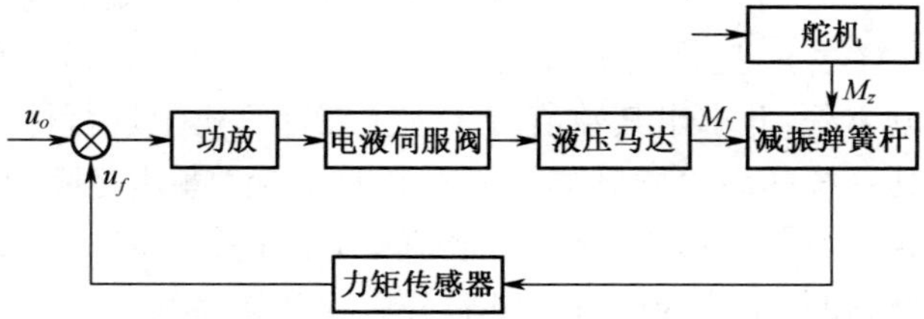

图 6－3－9　位置反馈式控制系统结构图

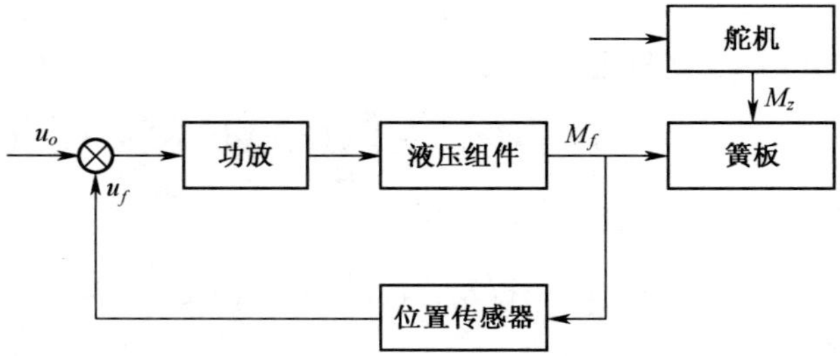

图 6－3－10　力矩反馈式控制系统结构图

位置反馈式系统通过控制位置间接实现对力矩的控制。这种控制方式下，一般要求舵系统和负载模拟器之间的连接刚度应保持很好的线性度、反应灵敏度，同时要求位置测量具有较高的精度。力矩反馈式系统直接通过力矩传感器对系统输出的力矩信号进行测量，克服了位置反馈式系统中液压元件死区对控制性能的影响，因此，力矩反馈式控制的精度高于位置反馈式控制，是目前随动式负载模拟器的主要控制模式。

6.4 半实物仿真试验

6.4.1 仿真试验算法

1. 数值积分法的基本原理

连续系统的数学模型，一般可以用微分方程的形式给出，因此连续系统仿真算法可归结为用计算机求解微分方程的问题。数值积分法（或称数值解法），就是对常微分方程（组）建立离散形式的数学模型——差分方程，并求出其数值解。为了在计算机上进行仿真，通常先要对描述其系统的高阶微分方程进行模型变换，将其变换为一阶微分方程组或状态方程的形式，然后用数值积分法进行计算。

例如，已知某系统的一阶向量微分方程及初值为

$$\begin{cases}\dot{y}=f(t,y)\\ y(t_0)=y_0\end{cases} \tag{6-4-1}$$

对式(6-4-1)两边积分，则

$$y(t)=y(t_0)+\int_{t_0}^{t}f(t,y)\mathrm{d}t \tag{6-4-2}$$

在 $t=t_0,t_1,\cdots,t_{m+1}$ 时的连续解为

$$\begin{aligned}y(t_{m+1})&=y(t_0)+\int_{t_0}^{t_{m+1}}f(t,y)\mathrm{d}t\\ &=y(t_m)+\int_{t_m}^{t_{m+1}}f(t,y)\mathrm{d}t\end{aligned} \tag{6-4-3}$$

令

$$q_m=\int_{t_m}^{t_{m+1}}f(t,y)\mathrm{d}t \tag{6-4-4}$$

则

$$y(t_{m+1}) = y(t_m) + q_m \tag{6-4-5}$$

或表示为

$$y_{m+1} = y_m + q_m \tag{6-4-6}$$

式(6-4-5)、式(6-4-6)即为该系统的差分方程。

数值解法就是寻求初值问题式(6-4-1)的解在一系列离散点 t_0，$t_1,\cdots,t_m,t_{m+1}$ 的近似解 $y_1,y_2,\cdots,y_m,y_{m+1}$（即数值解）。相邻两个离散点的间距 $h=t_{m+1}-t_m$，称为计算步长或步距。根据已知的初始条件 y_0，可逐步递推计算出以后各时刻的数值 Y_i，采用不同的递推算法，就出现了各种各样的数值积分方法。常用的基本方法有三类：单步法、多步法和预估—校正法，并可分为显式公式和隐式公式。不同的积分方法，对系统求解的精度、速度和数值稳定性等均有不同的影响。对 $\frac{dy}{dx}=f(t,y)$，数值积分可写成统一公式

$$y_{m+1} = \sum_{i=0}^{n} a_i y_{m-i} + h\sum_{i=-1}^{n} b_i f_{m-i} \tag{6-4-7}$$

2. Adams 方法

1）显式 Adams 方法

设 $y(t)$ 是初值问题式(6-4-1)的解，在区间 $[t_n,t_{n+1}]$ 上进行积分可得

$$y(t_{n+1}) = y(t_n) + \int_{t_n}^{t_{n+1}} f(t,y(t))\,dt \tag{6-4-8}$$

给定步长 h，假如已经计算得到解 $y(t)$ 在等距点 $t_m=t_0+mh$，$(t_0=a,m=0,1,\cdots,n)$ 处的近似值 $y_0,y_1,\cdots,y_n$，以

$$f_m = f(t_m,y_m),\ m=0,1,\cdots,n$$

作为 $f(t_m,y(t_m))$ 的近似值，用经过 $k+1$ 个点

$$(t_n,y_n),(t_{n-1},y_{n-1}),\cdots,(t_{n-k},y_{n-k})$$

的插值多项式 $p_k(t)\,(k\leqslant n)$ 作为 $f(t,y(t))$ 在 t_n 与 t_{n+1} 之间的近似式，并将式(6-4-8)换成

$$y_{n+1} = y_n + \int_{t_n}^{t_{n+1}} p_k(t)\,dt \tag{6-4-9}$$

若取 $p_k(t)$ 为 Newton 后差插值多项式

$$p_k(t)=p_k(t_n+sh)$$
$$=f_n+s\nabla f_n+\frac{s(s+1)}{2}\nabla^2 f_n+\cdots+\frac{s(s+1)\cdots(s+k-1)}{k!}\nabla^k f_n$$
$$=f_n+(-1)(-s)\nabla f_n+(-1)^2\frac{(-s)(-s-1)}{2}\nabla^2 f_n+\cdots+$$
$$(-1)k\frac{(-s)(-s-1)\cdots(-s-k+1)}{k!}\nabla^k f_n \tag{6-4-10}$$

其中 $s=(t-t_m)/h$，记

$$\binom{s}{m}=\frac{s(s-1)\cdots(s-m+1)}{m!}\ ,\ \binom{s}{0}=1 \tag{6-4-11}$$

则

$$p_k(t)=\sum_{m=0}^{k}(-1)^m\binom{-s}{m}\nabla^m f_n \tag{6-4-12}$$

将 $p_k(t)$ 代入式(6－4－9)，得到 Adams-Bashforth 公式

$$y_{n+1}=y_n+h\sum_{m=0}^{k}\gamma_m\nabla^m f_n \tag{6-4-13}$$

其中

$$\gamma_m=(-1)^m\frac{1}{h}\int_{t_n}^{t_{n+1}}\binom{-s}{m}\mathrm{d}t=(-1)^m\int_0^1\binom{-s}{m}\mathrm{d}s,m=0,1,\cdots,k \tag{6-4-14}$$

$\gamma_0,\gamma_1,\cdots,\gamma_m$ 的值见表6－4－1。

表6－4－1 显式 Adams 公式系数

m	0	1	2	3	4	5	6
γ_m	1	1/2	5/7	3/8	251/720	95/288	19087/60480

式(6－4－13)又称为 Adams 外插公式，这是因为插值多项式的基点是 $t_{n-k},\cdots,t_{n-1},t_n$，而积分区间是$[t_n,t_{n+1}]$。如果已计算得到近似值 $y_{n-k},\cdots,y_{n-1},y_n$，则可根据式(6－4－13)计算 y_{n+1}，因此，假如通

过其他方法计算得出 $y_1, y_2, \cdots, y_k$，便可以对 $n = k, k+1, \cdots, N-1$ 用递推式(6－4－13)计算初值问题式(6－4－1)的解在等距点 $t_n = t_0 + nh(n = k+1, \cdots, N)$ 处的近似值。但因式(6－4－13)中用到后差，不便于计算机实现，改用函数值表示后差

$$\nabla^m f_n = \sum_{j=0}^{m} (-1)^j \binom{m}{j} f_{n-j} \tag{6-4-15}$$

这样

$$\begin{aligned}\sum_{m=0}^{k} \gamma_m \nabla^m f_n &= \sum_{m=0}^{k} \gamma_m \sum_{j=0}^{m} (-1)^j \binom{m}{j} f_{n-j} \\ &= \sum_{m=0}^{k} (-1)^j \sum_{j=0}^{m} \binom{m}{j} \gamma_m f_{n-j}\end{aligned} \tag{6-4-16}$$

从而式(6－4－13)可写成

$$y_{n+1} = y_n + h \sum_{j=0}^{k} \beta_{kj} f_{n-j} \tag{6-4-17}$$

其中

$$\beta_{kj} = (-1)^j \sum_{m=j}^{k} \binom{m}{j} \gamma_m, \ j = 0, 1, \cdots, k \tag{6-4-18}$$

系数 β_{kj} 依赖于两个参数 k 和 j，将 k、j 的值代入式(6－4－18)，不难得到 β_{kj} 的值，见表6－4－2。

表6－4－2　显式 Adams 公式后差系数

j	0	1	2	3	4	5
β_{0j}	1					
$2\beta_{1j}$	3	−1				
$12\beta_{2j}$	23	−16	5			
$24\beta_{3j}$	55	−59	37	−9		
$720\beta_{4j}$	1901	−2774	2616	−1274	251	
$1440\beta_{5j}$	4277	−7923	9982	−7298	2877	−475

因为式(6-4-13)或式(6-4-18)为显式公式,所以又称它们为显式 Adams 公式。显然,显式 Adams 公式(6-4-13)或式(6-4-18)是线性 $k+1$ 步公式。例如,当 $k=1$ 时,得到二步公式

$$y_{n+1}=y_n+\frac{h}{2}(3f_n-f_{n-1}) \tag{6-4-19}$$

当 $k=3$ 时,得到四步公式

$$y_{n+1}=y_n+\frac{h}{24}(55f_n-59f_{n-1}+37f_{n-2}-9f_{n-3}) \tag{6-4-20}$$

2)隐式 Adams 方法

假设,取插值多项式是基点为

$$t_{n+1},t_n,t_{n-1},\cdots,t_{n-k+1}$$

则 Newton 后差插值多项式 $p_k(t)$ 为

$$\begin{aligned}p_k(t)&=p_k(t_{n+1}+sh)\\&=f_{n+1}+s\,\nabla f_{n+1}+\frac{s(s+1)}{2}\nabla^2 f_{n+1}+\cdots+\\&\quad\frac{s(s+1)\cdots(s+k-1)}{k!}\nabla^k f_{n+1}\\&=\sum_{m=0}^{k}(-1)^m\binom{-s}{m}\nabla^m f_{n+1}\end{aligned} \tag{6-4-21}$$

其中 $S=\dfrac{t-t_{n+1}}{h}$。将 $p_k(t)$ 代入式(6-10)得

$$\begin{aligned}y_{n+1}&=y_n+\int_{t_n}^{t_{n+1}}p_k(t)\,\mathrm{d}t\\&=y_n+\int_{-1}^{0}\sum_{m=0}^{k}(-1)^m\binom{-s}{m}\nabla^m f_{n+1}\,\mathrm{d}s\end{aligned} \tag{6-4-22}$$

即

$$y_{n+1}=y_n+h\sum_{m=0}^{k}\gamma_m^*\ \nabla^m f_{n+1} \tag{6-4-23}$$

其中

$$\gamma_m^* = (-1)^m \int_{-1}^{0} \binom{-s}{m} \mathrm{d}s, m = 0,1,\cdots,k \quad (6-4-24)$$

称式(6－4－23)为 Adams－Moulton 公式,因所使用的插值多项式的基点为 $t_{n-k+1},\cdots,t_n,t_{n+1}$,而积分区间为 $[t_n,t_{n+1}]$,因此,或称式(6－4－23)为 Adams 外插公式,又因它是隐式公式,所以又称它们为隐式 Adams 公式。γ_m^* 的部分数值见表6－4－3。

表6－4－3　隐式 Adams 公式系数

m	0	1	2	3	4	5	6
γ_m^*	1	−1/2	−1/12	−1/24	−19/720	−3/160	−863/60480

由于

$$\nabla^m f_{n+1} = \sum_{j=0}^{m} (-1)^j \binom{m}{j} f_{n-j+1} \quad (6-4-25)$$

因此,式(6－4－23)可改写成

$$y_{n+1} = y_n + h\sum_{j=0}^{k} \beta_{kj}^* \nabla^m f_{n-j+1} \quad (6-4-26)$$

其中

$$\beta_{kj}^* = (-1)^j \sum_{m=j}^{k} \binom{m}{j} \gamma_{kj}^*, j = 0,1,\cdots,k \quad (6-4-27)$$

系数 β_{kj}^* 的部分数值见表6－4－4。

表6－4－4　隐式 Adams 公式后差系数

j	0	1	2	3	4	5
β_{kj}^*	1					
$2\beta_{kj}^*$	1	1				
$12\beta_{kj}^*$	5	8	−1			
$24\beta_{kj}^*$	9	19	−5	1		
$720\beta_{kj}^*$	251	646	−264	106	−19	
$1440\beta_{kj}^*$	475	1427	−798	482	−173	27

显然,隐式 Adams 方法式(6-4-25)或式(6-4-26)是线性 k 步法(k=0时,仍是单步法)。例如,当 k = 1 时,得到一步公式(梯形公式)

$$y_{n+1} = y_n + \frac{h}{2}(f_{n+1} + f_n) \tag{6-4-28}$$

当 k = 2 时,得到二步公式

$$y_{n+1} = y_n + \frac{h}{12}(5f_{n+1} + 8f_n - f_{n-1}) \tag{6-4-29}$$

当 k = 3 时,得到三步公式

$$y_{n+1} = y_n + \frac{h}{24}(9f_{n+1} + 19f_n - 5f_{n-1} + f_{n-2}) \tag{6-4-30}$$

3) Adams 方法的离散误差

由于

$$f(t,y(t)) = y'(t) = \sum_{m=0}^{k} (-1)^m \binom{-s}{m} \nabla^m y'(t_m) + (-1)^{k+1} \binom{-s}{k+1} h^{k+1} y^{(k+2)}(\varepsilon) \tag{6-4-31}$$

因此,据式(6-4-8)和式(6-4-31)有

$$\begin{aligned} y(t_{n+1}) &= y(t_n) + \int_{t_n}^{t_{n+1}} y'(t)\,\mathrm{d}t \\ &= y(t_n) + h\sum_{m=0}^{k} \gamma_m \nabla^m y'(t_n) + \\ &\quad (-1)k^{+1}h^{k+1} \int_{t_n}^{t_{n+1}} \binom{-s}{k+1} y^{(k+2)}(\varepsilon)\,\mathrm{d}t \end{aligned} \tag{6-4-32}$$

经比较,显式 Adams 公式(6-4-13)或式(6-4-17)的局部离散误差为

$$R_{n,k}^{(1)} = (-1)^{k+1} h^{k+1} \int_{t_n}^{t_{n+1}} \binom{-s}{k+1} y^{(k+2)}(\varepsilon)\,\mathrm{d}t \tag{6-4-33}$$

注意到 $\binom{-s}{k+1}$ 在区间 $[t_n, t_{n+1}]$ 中保持定号。$y^{(k+2)}(\varepsilon)$ 为 t 的连续函数，应用推广的积分中值定理，得

$$R_{n,k}^{(1)} = h^{k+2} y^{(k+2)}(\eta)\gamma_{k+1},\ t_{n-k} < \eta < t_{n+1} \quad (6-4-34)$$

$k+1$ 步显式 Adams 公式(6－4－13)或(6－4－17)的阶数至少为 $k+1$。

类似地，可推导得隐式 Adams 公式(6－4－23)或(6－4－26)的局部离散误差为

$$R_{n,k}^{(2)} = h^{k+2} y^{(k+2)}(\xi)\gamma_{k+1}^{*},\ t_{n-k+1} < \xi < t_{n+1} \quad (6-4-35)$$

k 步隐式 Adams 公式(6－4－23)或式(6－4－26)的阶数至少为 $k+1$。

例如，四步显式 Adams 公式(6－4－13)的局部离散误差为

$$R_{n,3}^{(1)} = -\frac{1}{24} h^5 y^{(5)}(\eta) \quad (6-4-36)$$

二步隐式 Adams 公式(6－4－23)的局部离散误差为

$$R_{n,2}^{(2)} = -\frac{1}{24} h^4 y^{(4)}(\xi) \quad (6-4-37)$$

3. 龙格—库塔(Runge－Kutta)法

将泰勒展开式多取几项后截断，能提高截断误差的阶次，即可提高精度。但直接采用泰勒展开法计算函数 f 的高阶导数，运用起来很不方便。通过几个点上函数 f 值的线性组合来确定其中的系数，既可避免计算高阶导数，又可提高数值积分的精度，这就是龙格—库塔法(RK 法)的基本思想。后经改进和发展而形成了现在的多种形式。RK 法包含有显式、隐式或半隐式等方法。下面主要介绍显式 RK 法。

将式(6－4－1)中微分方程在其初值附近展开成泰勒级数，并只取前三项，则有

$$\begin{aligned} y_1 &\approx y_0 + h\left.\frac{\mathrm{d}y}{\mathrm{d}t}\right|_{t=t_0} + \frac{1}{2}h^2\left.\frac{\mathrm{d}^2 y}{\mathrm{d}t^2}\right|_{t=t_0} \\ &= y_0 + hf(t_0, y_0) + \frac{1}{2}\left.\left(\frac{\partial f}{\partial t} + f\frac{\partial f}{\partial y}\right)h^2\right|_{t=t_0} \end{aligned} \quad (6-4-38)$$

设式(6-4-1)的解可写成如下形式

$$\begin{cases} y_1 = y_0 + (a_1 k_1 + a_2 k_2) h \\ k_1 = f(t_0, y_0) \\ k_2 = f(t_0 + b_1 h, y_0 + b_2 k_1 h) \end{cases} \tag{6-4-39}$$

将 k_2 用二元函数泰勒级数展开,并只取前三项,则

$$k_2 \approx f(t_0, y_0) + b_1 h \left.\frac{\partial f}{\partial t}\right|_{t=t_0} + b_2 k_1 h \left.\frac{\partial f}{\partial y}\right|_{y=y_0} \tag{6-4-40}$$

将 k_1, k_2 代入式(6-4-39)第一式,有

$$y_1 = y_0 + a_1 h f(t_0, y_0) + a_2 \left[f(t_0, y_0) + b_1 h \frac{\partial f}{\partial t} + b_2 k_1 h \cdot \frac{\partial f}{\partial y} \right] h \tag{6-4-41}$$

比较式(6-4-38)与式(6-4-41),得

$$\begin{cases} a_1 + a_2 = 1 \\ a_2 b_1 = \dfrac{1}{2} \\ a_2 b_2 = \dfrac{1}{2} \end{cases} \tag{6-4-42}$$

3 个方程中含 4 个未知数,因而解不是唯一的。若限定 $a_1 = a_2$,则 $a_1 = a_2 = \dfrac{1}{2}$, $b_1 = b_2 = \dfrac{1}{2}$,代入式(6-39)得

$$\begin{cases} y_1 = y_0 + \dfrac{h}{2}(k_1 + k_2) \\ k_1 = f(t_0, y_0) \\ k_2 = f(t_0 + h, y_0 + k_1 h) \end{cases} \tag{6-4-43}$$

写成一般形式

$$\begin{cases} y_{m+1} = y_m + \dfrac{h}{2}(k_1 + k_2) \\ k_1 = f(t_m, y_m) \\ k_2 = f(t_m + h, y_m + k_1 h) \end{cases} \tag{6-4-44}$$

此即为二阶龙格—库塔法公式。其截断误差正比于 h^3，同理在式(6-4-1)的计算中，取到 y 的三阶或四阶导数项，则有相应的三阶或四阶龙格—库塔法，相应其截断误差也就正比于 h^4 或 h^5。

显式 RK 法的一般公式可以写为

$$\begin{cases} y_{m+1} = y_m + \sum_{i=1}^{r} \omega_i k_i h \\ k_i = f(t_m + c_i h, y_m + \sum_{j=1}^{i-1} a_{ij} k_j) \end{cases} \tag{6-4-45}$$

$$c_1 = 0, i = 1, 2, \cdots, r$$

式中：ω_i 为权因子；r 为使用的 k 值的个数（即阶数）；k_i 为不同点的导数 f 值；c_i、a_{ij} 为待定系数。

当 $r=1$ 时，得到的数值解即为欧拉公式

$$y_{m+1} = y_m + hf(t_m, y_m) \tag{6-4-46}$$

当 $r=2$ 时，则式(6-4-45)可表示为

$$\begin{cases} y_{m+1} = y_m + \omega_1 k_1 h + \omega_2 k_2 h \\ k_1 = f(t_m, y_m) \\ k_2 = f(t_m + c_2 h, y_m + a_{21} k_1) \end{cases} \tag{6-4-47}$$

由前面的推导过程可知，此为二阶龙格—库塔法公式。

令 $r=3$，则得三阶 RK 公式，而当 $r=4$ 时，可得到如下的四阶 RK 公式（称为经典 RK 公式）

$$\begin{cases} y_{m+1} = y_m + \frac{h}{6}(k_1 + 2k_2 + 2k_3 + k_4) \\ k_1 = f(t_m, y_m) \\ k_2 = f(t_m + \frac{h}{2}, y_m + \frac{h}{2}k_1) \\ k_3 = f(t_m + \frac{h}{2}, y_m + \frac{h}{2}k_2) \\ k_4 = f(t_m + h, y_m + hk_3) \end{cases} \tag{6-4-48}$$

四阶 RK 法是数字仿真中最常用的一种方法，其截断误差的阶数

为 $o(h^5)$ 。它的计算精度较高,但每步需要对 f 进行 4 次计算,因而计算量较大。通常仿真中比较不同算法的计算精度时,常以四阶 RK 法的计算结果作为标准。

从以上分析可以看出,欧拉法能统一在 RK 法的计算公式中,可看作是在初值附近展开成泰勒级数所产生的,其局部截断误差分别正比于 h^2、h^5。从理论上来说,取的项数愈多,计算精度愈高,但是,精度的阶数并非随计算函数 f 的次数的增加而等量增加,其关系见表 6-4-5。

表 6-4-5 f 的计算次数与精度阶数的关系

每一步计算 f 的次数	2	3	4	5	6	7	$n \geqslant 8$
精度阶数	2	3	4	4	5	6	$n-2$

由此可见,经典的 RK 法有其优越性,而四阶以上的 RK 公式,所需计算的 f 值的次数要比阶数多,将大大增加计算工作量,从而限制了更高阶的 RK 法的应用。对于大量的实际问题,四阶 RK 法已可满足仿真精度的要求。

6.4.2 仿真试验测试

在进行半实物仿真试验之前需要对试验系统进行测试,主要包括以下部分。

1. 仿真模型测试

半实物仿真软件在编写、调试完成之后,需进行模型的频域特性和时域特性测试。频域特性测试时,在控制器输出端叠加正弦信号获得测试系统输入量,经模型计算后获得测试系统的输出量,通过测试系统计算模型的动态特性,将此动态特性与专用软件计算的动态特性进行比较,一致后认为仿真模型正确。

2. 飞行控制参数测试

飞行控制参数运行在飞行控制计算机中,需要对其正确性进行测试,测试设备产生正弦信号 $A \cdot \sin(\omega t)$,送给飞行控制计算机,飞行控制软件经过计算，将得到的结果返回到测试设备，测试设备将输入的正弦信号 $A \cdot \sin(\omega t)$ 和飞行控制计算机输出的结果进行运算，可得到控制参数的频率特性，将此动态特性与专用软件计算的动态特性进行比较，一致后认为飞行控制参数正确。

3. 伺服机构特性测试

伺服机构作为重要的控制设备，需要测试其特性，一般是在上述负载台上进行，在轴向加载的情况下进行测试，包括其阶跃响应测试、回环测试和动态特性测试。

阶跃响应测试是通过测试设备给伺服机构一常值指令，测量负载的摆角，分析其阶跃响应情况；回环测试是通过测试设备给伺服机构正弦指令，测量负载的摆角，分析其回环非线性情况；动态特性测试是通过测试设备给伺服机构一定幅值、不同频率的正弦指令，测量负载的摆角，分析其不同频率点的幅值和相位特性。

4. 系统接口测试

半实物仿真试验中，必须保证系统各种单机之间接口的正确性，以捷联惯性组合接口的测试为例，一般包括接口静态测试和动态测试。

1）静态测试

依次选取惯组通道中的一路发送常值，保证飞行控制计算机接收通路和发送通路是一一对应的，同时验证发送通路使用的当量和飞行软件使用的当量，从而保证接收数据与发送数据的一致性。

2）动态测试

仿真计算机依次给惯组通道中的每一路发送正弦信号，同时飞行软件将接收到的数据保存并发送给仿真计算机，然后仿真计算机将发送出去的数据与接收到的数据进行一致性对比。

系统中其他单机接口的测试可采用类似的方法。

6.4.3 仿真试验内容

半实物仿真系统的实际组成取决于具体的对象、研制阶段以及仿真目的。就运载火箭控制系统而言，在研制过程的不同阶段，其仿真系统中设备参试情况如图 6－4－1 所示。在系统研制初期，通常采用全数字仿真辅助控制系统设计；在飞行控制计算机样机研制阶段，可采用仿真计算机模拟除飞行控制计算机外的其他部件的特性，单独验证飞行控制计算机样机软硬件系统的有效性和可靠性；系统研制后期的全系统仿真将尽可能多的设备实物接入仿真系统，同时采用高精度的环境模拟设备对设备运行环境进行模拟，从而以较高的置信度完成对制导和控制系统整体性能的评价。

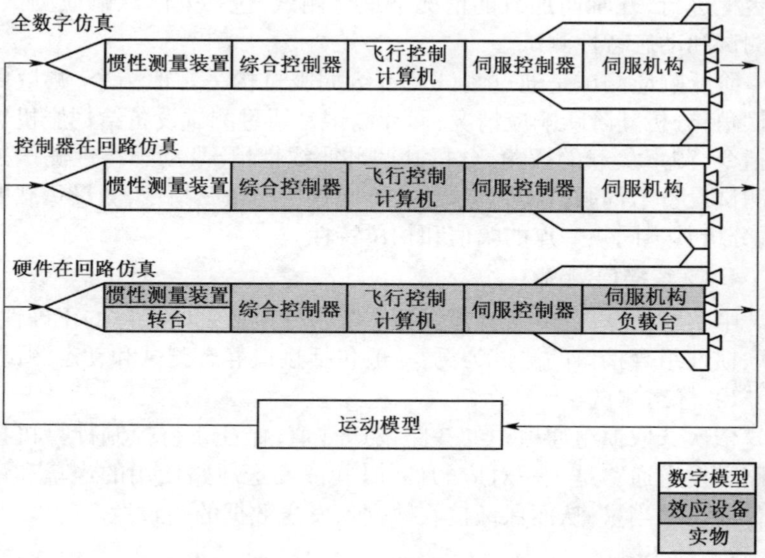

图 6－4－1　不同研制阶段的仿真系统中的设备参试情况

控制系统一般开展如下仿真试验：

1. 设计验证仿真试验

为便于分析，设计验证仿真试验可分级、分通道进行数学或半实物仿真试验，其目的是检验系统性能、验证设计，对改进系统设计提出建议。

2. 产品性能鉴定仿真试验

产品性能鉴定仿真试验是在实物样机做出后进行的单通道、多通道分级的半实物仿真试验。目的是检验控制系统实物的性能,并对实物改进设计提出建议。

3. 控制系统稳定性仿真试验

将提供飞行试验用的控制装置尽可能全地接入仿真系统,进行三通道全程半实物仿真试验,通过考查系统对环境(干扰)的适应性等项目来鉴定和验收控制系统。

4. 全系统仿真试验

全系统仿真试验是将控制系统的所有控制装置,包括电缆网等都接进仿真系统,最后鉴定系统的性能指标,检查控制和制导两个系统的协调性,和控制装置工作的有效性,特别是飞行控制计算机的硬、软件功能等。

试验过程中,除了开展正常状态的仿真试验外,还需要进行故障状态仿真试验和抗干扰仿真试验,用于检验系统在各种可能故障情况下工作的可靠性及系统的抗干扰能力。

6.4.4　仿真试验评估

1. 覆盖性评估

在半实物仿真试验时,测试项目与参数的选择需满足测试性要求,在不同测试阶段根据不同层次分级考虑,测试性应覆盖控制系统工作的所有状态,满足系统功能与性能测试要求。

一般覆盖以下情况:

(1) 覆盖火箭或导弹的射程、飞行时序和流程。

(2) 覆盖对边界条件的检验。包括各种干扰状态下的测试,以及各种工具误差状态下的测试。

(3) 覆盖典型的故障状态。

(4) 覆盖额定、上下限等偏差状态。

(5) 覆盖初始条件摸底、增益摸底、延时摸底、抗干扰等试验。

(6) 全面考核软硬件接口的协调匹配性。

2. 有效性评估

半实物仿真试验时，应充分考虑试验项目的合理性、试验内容的充分性、覆盖性和试验方法的有效性。特别对试验条件（如边界条件，环境条件等）应进行认真分析，明确其是否能模拟和充分覆盖火箭的实际飞行工况。对地面试验验证不到的环节或项目，应通过理论分析计算和旁证给出分析结果，一般对半实物仿真试验进行如下有效性评估。

1）仿真试验与上下级试验的衔接关系评估

半实物仿真试验是控制系统级试验项目，其上一级试验是控制系统单机试验，需阐述并评估各级试验的衔接关系。

2）试验物理边界的有效性分析

需分析控制系统与外系统接口的边界，对边界考核的全面性进行分析，内容包括各级发动机与控制系统的接口等。

3）试验环境条件与真实飞行的差异性分析

一般情况下，半实物仿真试验是在室内环境下的试验，没有力、热、电磁等环境因素，设备处于较好的环境，与飞行状态差异性较大，但在条件允许的情况下，尽量模拟飞行环境条件。开展半实物仿真试验需分析试验环境条件的差异性，这包括温度、湿度、力学环境、安装布局及磁场环境等。

4）测试项目的有效性分析

半实物仿真试验的测试项目包括正常状态试验、研究性试验等。正常状态测试包括额定状态试验及偏差状态试验等；研究性试验包括增益摸底、初始条件摸底、抗干扰试验、延时摸底试验等。

6.5 半实物仿真试验实例

本节介绍某火箭半实物仿真系统，该系统用于控制系统的仿真验证。系统组成结构如图 6-5-1 所示。

在图 6-5-1 所示的半实物仿真系统中，仿真设备包括 dSPACE 仿真机系统、三轴转台、转台控制计算机、负载台以及负载台控制计算

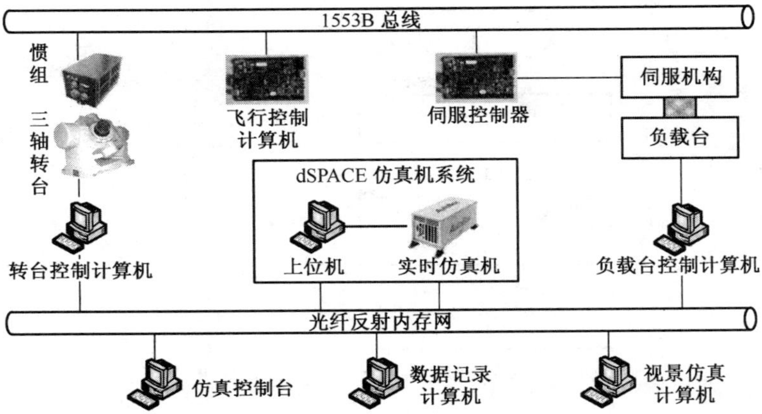

图 6-5-1　火箭半实物仿真系统结构图

机;控制系统参试部件包括惯组、飞行控制计算机、伺服控制器以及伺服机构;支持服务系统包括数据记录计算机和视景仿真计算机。参试设备(除伺服机构)间通过 1553B 总线互联,以真实模拟信息流;仿真控制台、仿真设备及支持服务系统设备采用光纤反射内存网完成数据交互,以保证半实物仿真的实时性。

半实物仿真的具体流程如图 6-5-2 所示,具体包含如下步骤:

(1) 开始仿真,箭上各电气设备上电;

(2) 仿真控制台进行仿真初始设置,并下载到各仿真节点;

(3) 按下发射,箭上各电气设备进行初始化并开始运行;

(4) 按下起飞,仿真计算机模型开始运算;

(5) 得到运行命令后,飞行控制计算机通过总线向伺服控制器发送解算出的控制量,伺服控制器向各伺服作动器发送指令,数据记录计算机对控制指令加以记录;

(6) 主仿真计算机采样发动机摆角,经实时解算,得到姿态、位置,并解算出转台的转动量,送至转台,数据记录计算机对运动参数加以记录;

(7) 惯组平台敏感转台的转动,测算结果通过总线送至飞行控制计算机;

(8) 若仿真未完成,则重复步骤(4)~(7),否则结束。

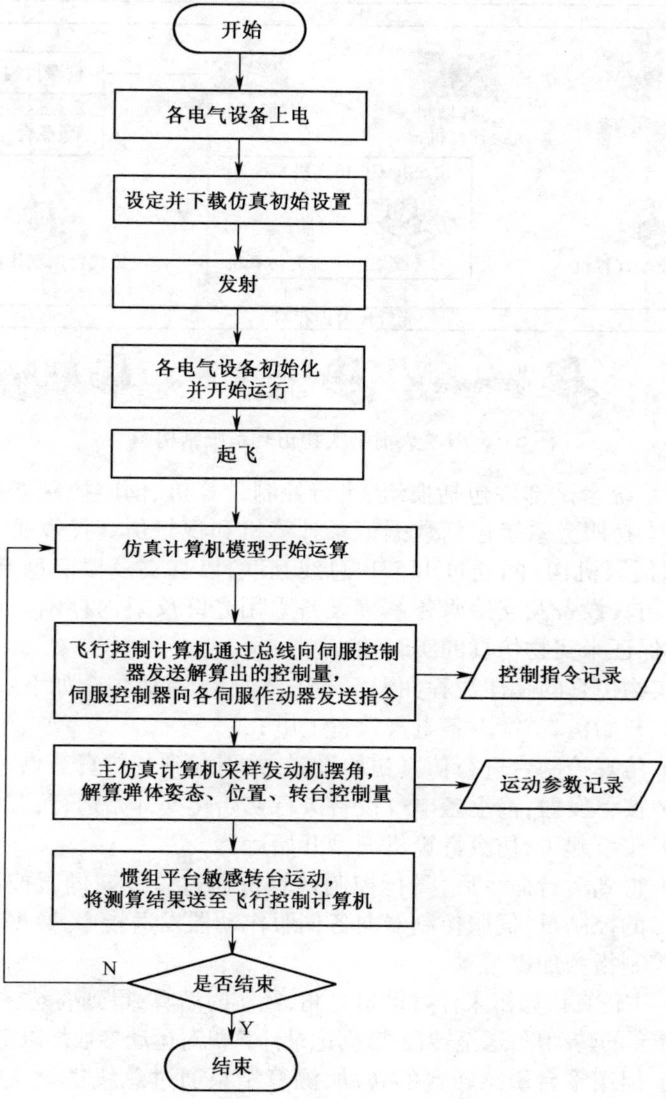

图 6－5－2　半实物仿真试验流程图

参 考 文 献

[1] 屠守锷,等．导弹与航天丛书——液体弹道导弹与运载火箭系统[M]．北京：宇航出版社，1989.

[2] 李福昌．运载火箭工程[M]．北京：中国宇航出版社，2002.

[3] Yanze Hou, Chaoyang Dong, Qing Wang. Gain Scheduled Control: Switched Polytopic System Approach[J], Journal of Guidance, Control and Dynamics, 2011, Vol. 34, No. 2, pp. 396－403.

[4] 徐延万．弹道导弹、运载火箭控制系统设计与分析[M]．北京:宇航出版社,1999.

[5] 李学锋．自适应模糊控制理论与应用研究[D]．西安：西北工业大学，1996.

[6] 钱杏芳，林瑞雄，赵亚男．导弹飞行力学[M]．北京：北京理工大学出版社，1997.

[7] Chaoyang Dong, Yanze Hou, Yingxin Zhang, Qing Wang. Model Reference Adaptive Switching Control of a Linearized Hypersonic Flight Vehicle Model with Actuator Saturation [J], *IMech Journal of Systems and Control Engineering*, 2010, Vol. 224, No. 3, pp. 283–303.

[8] 陈士橹，吕学富,等．导弹飞行力学[M]．航空专业教材编审组，1983.

[9] 李学锋，黄万伟，周凤岐．自适应模糊逻辑系统的聚类学习算法研究[J]．控制与决策，1995，11(4)：514－516.

[10] 王辉，章虹虹．高精度偏置比例导引末制导律研究[J]．航天控制，2009，27(121)：19–22.

[11] 李家文．大型捆绑火箭姿态控制系统的建模、设计与分析[D]．长沙：国防科技大学，2011.

[12] 李学锋，周凤岐．模糊线性规划在合金烧结炉温度控制系统中的应用研究．控制理论与应用，1995，12(2)：190–194.

[13] Yanze Hou, Chaoyang Dong, Qing Wang. Stability Analysis for Switched Linear Systems with Locally Overlapped Switching Law [J], *Journal of Guidance, Control and Dynamics*, 2010, Vol. 33, No. 2, pp. 623-629.

[14] 胡昌华, 李学锋. 由 PETRI 网模型求系统最小割集的自顶向下法[J]. 航天控制, 1999, 2; 67-71.

[15] 王青, 王昭, 董朝阳. 一种基于二阶滑模的柔性运载火箭姿态控制[J]. 系统仿真学报, 2009, 07:2006-2009.

[16] 徐延万. 控制系统[M]. 北京:中国宇航出版社,1989.

[17] 王辉,徐锦法, 高正. 基于开放平台和神经网络的自主飞行控制系统研究[J]. 信息与控制, 2005, 34(2): 240-244.

[18] 刘金琨. 智能控制[M]. 北京: 电子工业出版社, 2005.

[19] 王青. 分散鲁棒自适应控制理论及应用[D]. 西安: 西北工业大学, 1996.

[20] 胡昌华, 李学锋, 陈新海,等. 一种新的基于模型和参数估计的过程故障诊断. 西北工业大学学报, 1995, 13(1): 61-64.

[21] 王青, 陈宇, 张颖昕, 等. 最优控制——理论、方法与应用[M]. 北京: 高等教育出版社, 2011. 5.

[22] Qing Wang, Yanze Hou, Chaoyang Dong. Model Reference Robust Adaptive Control for a Class of Uncertain Switched Linear Systems [J], *International Journal of Robust and Nonlinear Control*, published online, doi: 10. 1002/rnc. 1744.

[23] 李学锋, 严殿启. 自适应模糊逻辑系统的 PID 型梯度学习算法研究. 航天控制, 1997, 4: 30-33.

[24] Lijie Xu, Qing Wang, Wei Li, et al. Stability analysis and stabilisation of full-envelope networked flight control systems: switched system approach [J], *IET Control Theory & Applications*, 2012, Vol. 6, No. 2, pp. 286-296.

[25] Quan Yuan, Chaoyang Dong, Qing Wang. An Adaptive Fusion Algorithm Based on ANFIS for Radar Infrared Measurement [J], *Expert Systems with Application*, 2009, Vol. 36, No. 1, pp. 111-120.

[26] 李学锋,周风岐. 多变量模糊预报式解耦控制研究[J]. 西北工业大学学报, 1995, 13(3): 383-387.

[27] 王青，胡昌华．柔性空间结构的分散模糊变结构控制[J]．宇航学报，2000，01:23-27.

[28] 李学锋，苏磊．捷联惯性测量组合综合评估方法研究．航天控制，2007，25(3)：10-12.

[29] 王青，华莹，董朝阳,等．基于模糊变结构的空间飞行器姿态控制[J]．航空学报，2006,06:1181-1184.

[30] Chaoyang Dong, Lijie Xu, Yu Chen, Qing Wang. Networked Flexible Spacecraft Attitude Maneuver based on Adaptive Fuzzy Sliding Mode Control [J]. *Acta Astronautica*, 2009, Vol. 65, No. 11-12, pp. 1561-1570.

[31] 迟学谦，王青，侯砚泽，等．倾斜转弯导弹的鲁棒跟踪切换控制[J]．上海交通大学学报，2011，45(2):284－289.

[32] 王辉．无人直升机自主飞行控制系统的设计与实现[D]．南京：南京航空航天大学，2005.

[33] 李少远，王景成．智能控制[M]．北京：机械工业出版社，2005.

[34] 王辉，徐锦法，高正．基于组件的飞行控制系统软件设计方法[J]．计算机仿真，2004，21(9)：170-174.

[35] Wang Hui, Xu JinFa, Gao Zheng. Adaptive Neural Network Attitude Control for an Unmanned Helicopter. Transaction of Nanjing University of Aeronautics & Astronautics, 2004, 21(3): 168-173.

[36] 李学锋，张斌．模糊聚类辨识在导弹自动驾驶仪横滚通道设计中的应用[J]．航天控制，1999，3：43-46.

[37] 王辉,徐锦法，高正．基于事件的无人直升机分布式飞行控制系统实现[J]．南京航空航天大学学报，2005，37(2)：212-216.

[38] Chaoyang Dong, Quan Yuan, Qing Wang. A combined wavelet analysis-fuzzy adaptive algorithm for radar/infrared data fusion[J], *Expert Systems with Application*, 2010, Vol. 37, No. 1, pp. 2563-2570.

[39] 王辉,徐锦法，高正．基于神经网络的无人直升机姿态控制系统设计[J]．航空学报，2005，26(6)：670-674.

[40] Qing Wang, Changhua. Hu, Xinhai Chen. Decentralized Variable-Structure Control and its Application to Uncertain Flexible Structures [J], *Space Technology*, 1996, Vol. 16, No. 5, pp. 349-353.

[41] 王辉,徐锦法，高正．基于 CORBA 中间件的分布式飞行控制研究[J].

计算机应用与软件, 2006, 23(5): 15 - 18.

[42] WangHui. Adaptive Neural Network Attitude Control for an Unmanned Aircraft. 2009 年航天控制系统专业学术研讨会投稿.

[43] 黄喜元, 王青, 董朝阳. 基于 Backstepping 的高超声速飞行器鲁棒自适应控制[J]. 系统工程与电子技术,2011,06:1321-1326.

[44] 王辉, 张宇. 迭代制导情况下姿态控制系统稳定性分析方法研究[M]. 航天控制, 2012, 30(136): 7-11.

[45] 周克敏, J. C. Doyle, K. Glover. 鲁棒与最优控制[M]. 北京: 国防工业出版社, 2002.

[46] 高黛陵, 吴麒. 多变量频率域控制理论[M]. 北京: 清华大学出版社, 1998.

[47] 胡昌华, 李学锋, 张军波. 一种基于小波和人工神经网络的故障检测与诊断方法. 航天控制, 2000, 2: 64 - 71.

[48] 刘藻珍, 魏华梁. 系统仿真[M]. 北京: 北京理工大学出版社, 1998.

[49] 王恒霖, 曹建国, 等. 仿真系统的设计与应用[M]. 北京: 科学出版社, 2003.

[50] 彭晓源. 系统仿真技术[M]. 北京: 北京航空航天大学出版社, 2006.

[51] 刘兴堂. 导弹控制系统分析、设计与仿真[M]. 西安: 西北工业大学出版社, 2006.

[52] 单家元, 孟秀云, 丁艳. 半实物仿真[M]. 北京: 国防工业出版社, 2008.

[53] 符文星, 于云峰, 黄勇, 等. 精确制导导弹控制系统仿真[M]. 西安: 西北工业大学出版社, 2010.

[54] 方辉煜. 防空导弹武器系统仿真[M]. 北京: 宇航出版社, 1995.

[55] 李兴伟, 曹娟. 仿真计算机的过去、现在和未来[J]. 系统仿真学报, 2009, 21(Suppl. 2): 106 - 111.

[56] 高扬, 唐声权, 张新磊, 等. 线加速度台中稳速台转动对随动台定位稳定性的影响[J]. 宇航计测技术, 2012, 32(4): 29-32.

[57] 高立娥, 康凤举, 王彦恺. 一种基于反射内存实时网络的半实物仿真系统[J]. 计算机仿真, 2004, 22(3): 29-32.

[58] 王辉, 徐锦法, 高正. 基于事件服务的分布式飞行控制系统实现[J]. 系统仿真学报, 2005, 17(5): 1192-1194.

[59] 唐中娟. 基于卫星导航模拟器的控制系统设计[D]. 中北大学, 2012.
[60] 王辉, 张宇, 胡煜荣. 多星轨道转移飞行器姿态控制技术研究[C]. 2010年先进导航、制导与控制技术学术会议.
[61] 孙友, 谭芸, 杨静. GPS模拟器在GPS/INS组合导航系统地面仿真试验的应用[J]. 航天控制, 2007, 25(1): 68-71.
[62] 王辉, 黄万伟. 基于动态逆和神经网络的机动弹头姿态控制系统设计[J]. 航天控制, 2007, 25(105): 13-16.
[63] 姜玉宪, 朱恩, 王卫红. 控制系统仿真[M]. 北京: 北京航空航天大学出版社, 1998.
[64] 黄喜元, 王青, 董朝阳. 基于归一化神经网络的航天器自适应姿态跟踪控制[J]. 宇航学报, 2010, 11:2542-2549.
[65] (以)杜比(Dubi, A.). 卫军胡,译. 蒙特卡洛方法在系统工程中的应用[M]. 西安: 西安交通大学出版社, 2007.
[66] 黄柯棣,等. 系统仿真技术[M]. 长沙: 国防科技大学出版社, 1998.
[67] 孙培磊. 运载火箭姿态控制系统冗余方案分析研究[J]. 导航与航天运载技术, 2009, 6:9-14.
[68] 王辉,徐锦法, 高正. 基于模型逆的在线神经网络自主飞行控制系统设计[J]. 哈尔滨工业大学学报, 2006, 38(11): 682-686.
[69] 李雪莲, 孙尧, 莫宏伟,等. 一种基于MIMU的九陀螺冗余配置[J]. 哈尔滨工业大学学报, 2009, 41(5): 90-94.

内容简介

本书集中介绍了运载火箭飞行控制系统的设计理论与方法，并对所提出的方法进行了仿真验证。在第1章绪论中，介绍了运载火箭飞行控制系统设计的特点、研究现状以及本书所研究内容的内在联系；第2章～第5章，论述了运载火箭飞行控制系统模型及设计方法，包括频域设计方法、冗余设计及控制系统现代设计方法，重点介绍了自适应控制技术和模糊与神经网络控制技术，并给出仿真实例进行验证。第六章结合实际工程经验，重点介绍了半实物仿真的特点、应用和评估方法。

本书内容简明扼要，理论紧密结合实际，具有很好的实用性。本书可作为从事运载火箭控制系统分析、设计与验证工作工程技术人员和研究人员的参考书，亦可作为导航、制导与控制相关专业研究生和高年级本科生的教材。

This book is assembled to cover the design theory and methods for flight control system of launch vehicle. Numerical simulations have been performed to validate the effectiveness of the proposed methods. In the first chapter, we introduce the characteristics and the research status of launch vehicle flight control system design, and show the internal relations of the contents in this book. The second chapter to the fifth chapter discusses the model and design methods of launch vehicle flight control system, including the design method in frequency domain, the redundancy design and the modern design method of control system, especially focus on the adaptive control and fuzzy neural network control technology, and gives the simulation results. The sixth chapter, combined with practical engineering experience, describes the characteristics, applications and evaluation methods of hardware–in–the–loop simulation.

The contents of this book are concise and to the point, and the theory is closely integrated with practice. This book can be used as a reference book for engineers or researchers working in the analysis, design and verification of launch vehicle flight control system, and can also be used as a textbook for senior undergraduates and postgraduates in navigation, guidance and control or related specialtres.